21世纪高等学校计算机专业实用规划教材

ADO.NET数据访问技术

龚根华　王炜立　主编

清华大学出版社
北京

内容简介

本书是一本专门介绍 ADO. NET 基本功能和新特性的技术参考书。全书共分 10 章，主要介绍了 ADO. NET 的数据连接、数据集、事务、LINQ 基础以及 ADO. NET 与 XML 的交互等一系列重要问题。全书结构严密、层次清晰，以浅显易懂的语言进行描述，并结合大量实例向读者阐述了较为复杂的数据访问问题，帮助读者理解掌握。

本书的读者对象是对 Visual Studio. NET 和 Visual Basic 有一定了解的中级用户。本书可作为大学本科计算机专业软件方向的教材以及高等职业院校的实训教材，还可以作为广大用户自学的参考书。

图书在版编目(CIP)数据

ADO. NET 数据访问技术/龚根华，王炜立主编. --北京：清华大学出版社，2012. 4 (2022.12 重印)
(21 世纪高等学校计算机专业实用规划教材)
ISBN 978-7-302-27508-4

Ⅰ. ①A…　Ⅱ. ①龚…　②王…　Ⅲ. ①软件工具－程序设计　Ⅳ. ①TP311. 56

中国版本图书馆 CIP 数据核字(2011)第 261089 号

责任编辑：魏江江　薛　阳
封面设计：傅瑞学
责任校对：白　蕾
责任印制：刘海龙

出版发行：清华大学出版社
　　网　　址：http://www. tup. com. cn，http://www. wqbook. com
　　地　　址：北京清华大学学研大厦 A 座　　**邮　　编**：100084
　　社 总 机：010-83470000　　**邮　　购**：010-62786544
　　投稿与读者服务：010-62776969，c-service@tup. tsinghua. edu. cn
　　质量反馈：010-62772015，zhiliang@tup. tsinghua. edu. cn
　　课件下载：http://www. tup. com. cn，010-83470236
印 装 者：北京国马印刷厂
经　　销：全国新华书店
开　　本：185mm×260mm　　**印　张**：17. 75　　**字　　数**：435 千字
版　　次：2012 年 4 月第 1 版　　**印　　次**：2022 年 12月第 11次印刷
印　　数：11501～12000
定　　价：45. 00 元

产品编号：034086-02

编审委员会成员

（按地区排序）

出版说明

随着我国改革开放的进一步深化，高等教育也得到了快速发展，各地高校紧密结合地方经济建设发展需要，科学运用市场调节机制，加大了使用信息科学等现代科学技术提升、改造传统学科专业的投入力度，通过教育改革合理调整和配置了教育资源，优化了传统学科专业，积极为地方经济建设输送人才，为我国经济社会的快速、健康和可持续发展以及高等教育自身的改革发展做出了巨大贡献。但是，高等教育质量还需要进一步提高以适应经济社会发展的需要，不少高校的专业设置和结构不尽合理，教师队伍整体素质亟待提高，人才培养模式、教学内容和方法需要进一步转变，学生的实践能力和创新精神亟待加强。

教育部一直十分重视高等教育质量工作。2007 年 1 月，教育部下发了《关于实施高等学校本科教学质量与教学改革工程的意见》，计划实施"高等学校本科教学质量与教学改革工程(简称'质量工程')"，通过专业结构调整、课程教材建设、实践教学改革、教学团队建设等多项内容，进一步深化高等学校教学改革，提高人才培养的能力和水平，更好地满足经济社会发展对高素质人才的需要。在贯彻和落实教育部"质量工程"的过程中，各地高校发挥师资力量强、办学经验丰富、教学资源充裕等优势，对其特色专业及特色课程(群)加以规划、整理和总结，更新教学内容、改革课程体系，建设了一大批内容新、体系新、方法新、手段新的特色课程。在此基础上，经教育部相关教学指导委员会专家的指导和建议，清华大学出版社在多个领域精选各高校的特色课程，分别规划出版系列教材，以配合"质量工程"的实施，满足各高校教学质量和教学改革的需要。

本系列教材立足于计算机专业课程领域，以专业基础课为主、专业课为辅，横向满足高校多层次教学的需要。在规划过程中体现了如下一些基本原则和特点。

(1) 反映计算机学科的最新发展，总结近年来计算机专业教学的最新成果。内容先进，充分吸收国外先进成果和理念。

(2) 反映教学需要，促进教学发展。教材要适应多样化的教学需要，正确把握教学内容和课程体系的改革方向，融合先进的教学思想、方法和手段，体现科学性、先进性和系统性，强调对学生实践能力的培养，为学生知识、能力、素质协调发展创造条件。

(3) 实施精品战略，突出重点，保证质量。规划教材把重点放在公共基础课和专业基础课的教材建设上；特别注意选择并安排一部分原来基础比较好的优秀教材或讲义修订再版，逐步形成精品教材；提倡并鼓励编写体现教学质量和教学改革成果的教材。

(4) 主张一纲多本，合理配套。专业基础课和专业课教材配套，同一门课程有针对不同层次、面向不同应用的多本具有各自内容特点的教材。处理好教材统一性与多样化，基本教材与辅助教材、教学参考书，文字教材与软件教材的关系，实现教材系列资源配套。

(5) 依靠专家，择优选用。在制定教材规划时要依靠各课程专家在调查研究本课程教材建设现状的基础上提出规划选题。在落实主编人选时，要引入竞争机制，通过申报、评审确定主题。书稿完成后要认真实行审稿程序，确保出书质量。

繁荣教材出版事业，提高教材质量的关键是教师。建立一支高水平教材编写梯队才能保证教材的编写质量和建设力度，希望有志于教材建设的教师能够加入到我们的编写队伍中来。

21世纪高等学校计算机专业实用规划教材

联系人：魏江江 weijj@tup.tsinghua.edu.cn

前 言

ADO.NET 是.NET 框架的组成部分，是数据访问技术接口。ADO.NET 是为帮助开发人员使用高效多层数据库应用程序而设计的，它作为 Windows 平台下开发应用系统的数据访问技术，已经在企业信息系统的开发中得到了广泛应用。ADO.NET 是一些类的集合，对松散耦合的多层应用程序体系结构可提供一致的数据访问。ADO.NET 可以访问各种数据源，包括 Microsoft SQL Server、Oracle 和 Microsoft Access 等关系数据库，以及像 XML、OLDDB 和 ODBC 这样的数据源。应用程序可以使用 ADO.NET 来连接到这些数据源，利用 ADO.NET 提供的接口，检索、操作和更新数据库中的数据。

全书共分 10 章，包括的主要内容有关系数据库的基础知识，创建数据库连接，数据命令和数据阅读器，使用数据集、数据表，数据的编辑和修改，事务处理，用 ADO.NET 读写 XML 以及 LINQ 技术基础等。本书使用的开发环境是 Visual Studio 2010＋SQL Server 2008，全书各知识点的叙述由浅入深，并辅以大量的实例对各知识点进行说明，在大部分的实例中，数据都来源于一个完整的数据库案例。

本书在叙述上简洁明了，内容涵盖了 ADO.NET 技术的大部分知识点。本书适合于有一定编程基础、想要学习和扩展数据库开发技术的读者，也可作为大学以及高职、高专等学校的相关专业或培训教材和程序设计编程人员的参考书。如果熟悉 C＃基础编程知识，具有使用 Visual Studio .NET 和 C＃命令行编译器的经验，则效果更佳。无论想使用 ASP .NET 开发 Web 应用程序、Windows 窗体应用程序，本书都将有助于理解如何运用.NET 的数据访问技术以提高软件开发效率。本教材在编写指导思想上以实际操作为主、强调动手能力，在内容的选取上涉及了 ADO.NET 开发技术的大部分内容。

本书由南昌大学信息工程学院计算机系李向军教授统筹安排，由南昌大学计算中心龚根华、南昌大学计算机系王炜立老师主编。

本书在撰写过程中得到了清华大学出版社魏江江老师的鼎力支持，非常感谢魏江江老师对该书出版给予的莫大帮助。

江西微软技术中心在本书的编写过程中，从研发案例、软件项目管理经验等多个方面对本书的编写给予了积极的帮助。

同时本书在编著和校稿过程中得到了李向军教授、武友新教授、王明文教授的悉心指点，在校稿过程中还得到了江西微软技术中心王新阳、彭仁夔、刘常昱、曾卫强、胡卫强、胡步云、董媛媛、唐寅以及南昌大学张睿涵、张雅芬、韩梅、纪广翠、郭传俊、邱慧风、黄超等研究生的大力帮助，在此对他们付出的辛勤劳动和细致的工作致以诚挚的谢意。

本书的出版得到了高等学校本科教学质量与教学改革工程项目(TS2465)、江西省青年科学家培养计划项目(20112BCB23004)、江西省南昌市“521”学术技术带头人项目(洪人字

[2009]129 号)以及江西省科技支撑计划重点项目(20111BBE50008)的资助,在此表示特别的谢意。

由于作者水平有限,书中难免有不足之处,恳请广大专家和读者批评指正,以便使该书得以不断完善。

作　者

2012 年 1 月

目　录

第1章 关系数据库基础

当今社会是一个信息化的社会，信息已经成为社会上各行各业的重要资源。数据是信息的载体，数据库是互相关联的数据集合。数据库能利用计算机保存和管理大量复杂的数据，快速而有效地为多个不同的用户和应用程序提供数据，帮助人们有效利用数据资源。严格地讲，数据库是长期存储在计算机内、有组织的、可共享的大量数据的集合。数据库中的数据按一定的数据模型组织、描述和存储，具有较小的冗余度、较高的数据独立性和易扩展性，并可为各种用户共享。

关系模型(Relational Model)是目前最重要的一种数据模型。关系模型用二维表(即集合论中的关系)来表示实体和实体之间的联系，它是经典数据模型中建模能力最强的一种，对于各种类型数据联系都可以描述。关系模式以关系理论为基础，有严密的数学理论支持，是当今实用数据库系统的主流数据模型。且该模型对数据的检索和更新结果也是关系，所以其数据结构简单、清晰，用户易懂易用。关系数据库系统采用关系模型作为数据的组织方式。

本章概要介绍关系数据库的基本知识和结构化查询语言(Structured Query Language, SQL)，并在 Microsoft SQL Server 2008 环境中创建一个数据库实例，能让读者更深刻地体会如何在一个数据库中组织数据。

1.1 表、行、列、约束和表间关系

从用户观点来看，关系模型中数据的逻辑结构就是一张二维表，每张表都有一个唯一的名字；从计算机存储表示来看，一张表就是一个数据文件。表由行和列组成，表中的一行代表的是一系列值之间的联系，一张表就是这种联系的一个集合。表和数学上的关系是密切相关的，这正是关系数据库名称的由来。表 1-1 所示的是一个快餐店网上预订配送系统中的客户表(Customer)，该客户表中保存了快餐店注册客户的信息，包含有客户 ID、注册名、密码、客户姓名、客户地址、客户电话、电子邮件和备注等。下面以表 1-1 为例介绍关系数据库的基本概念。

1. 元组

二维表中的一行即为一个元组(tuple)，它描述一个具体实体，在关系数据库中称为记录。如(2010002，施儿，****，李宇，北京东路，18956798950，liveower@163.com，爱甜)就是一个元组。

表 1-1 关系数据库中的二维表格

客户 ID	注册名	密码	客户姓名	客户地址	客户电话	电子邮件	备注
2010001	水上漂	****	潘阳	青山路	13970624359	Shui@sina.com	爱辣
2010002	施儿	****	李宇	北京东路	18956798950	liveower@163.com	爱甜
2010003	百合	****	陈东	南京西路	16952364782	baihe@yahoo.com	不爱辣
2010004	雨中梧桐	****	刘虹飞	天祥大道	13978514584	yuzhong@21cn.cn	不爱甜
2010005	冰冻记忆	****	赵前门	学院路口	13944456343	bindong@sina.com	爱酸

2. 属性

表中的一列即为一个属性(attribute),给每一个属性起一个名称即为属性名。在关系数据库中也称为数据项或字段,如客户表有 8 列,对应 8 个属性(客户 ID,注册名,密码,客户姓名,客户地址,客房电话,电子邮件和备注)。

3. 主码

表中能唯一标识一个元组的属性或属性集称为主码(key),或称为关键字。例如,客户表中的客户 ID 号可以唯一确定一个客户,所以客户 ID 是该表的主码。

4. 域

属性的取值范围称为属性的域(domain)。例如,人的年龄一般在 1～150 岁之间,性别的域是(男、女),部门的域是一个包含所有部门的集合。

5. 关系

元组的集合称为关系(relation),它描述一个实体集中的各个实体。在关系数据库中也称为表。如表 1-1 所示的客户表就是一个关系。

6. 关系模式

关系模式是对关系的描述,一般形式为

关系名(属性 1,属性 2,…,属性 n)。

例如,客户表的关系模式可以表示为

客户(客户 ID,注册名,密码,客户姓名,客户地址,客房电话,电子邮件,备注)。

7. 表间关系

在现实世界中,事物内部以及事物之间是有联系的,这些联系在信息世界中反映为实体内部的联系和实体之间的联系,也即体现表与表之间的联系。两个实体集之间的联系主要体现为三种情况。

一对一联系:如果对于实体集 A 的每一个实体,实体集 B 中至多有一个(也可以没有)实体与之联系,反之亦然,则称实体集 A 与实体集 B 具有一对一联系,记为 1∶1。例如,在火车上,一个乘客拥有一个座位,一个座位只供一个乘客坐,则乘客与座位之间具有一对一联系。

一对多联系:如果对于实体集 A 中的每一个实体,实体集 B 中有 n 个实体($n\geqslant0$)与之联系,反之,对于实体集 B 中的每一个实体,实体集 A 中至多只有一个实体与之联系,则称实体集 A 与实体集 B 有一对多联系,记为 1∶n。例如,一个父亲有若干个小孩,而每一个小孩只有一个父亲与之对应,则父亲与小孩之间具有一对多联系。

多对多联系:如果对于实体集 A 中的每一个实体,实体集 B 中有 n 个实体($n\geqslant0$)与之联系；反之，对于实体集 B 中的每一个实体，实体集 A 中也有 m 个实体($m \geqslant 0$)与之联系，则称实体集 A 与实体集 B 具有多对多联系，记为 $m : n$。例如，一门课程同时有若干个学生选修，而一个学生可以同时选修多门课程，则课程与学生之间具有多对多联系。

8. 操作与约束

关系模型的操作主要包括查询、插入、删除和修改数据等，这些操作必须满足关系的完整性约束条件。关系的完整性约束条件包括三大类：实体完整性、参照完整性和用户定义的完整性。其中实体完整性和参照完整性是关系模型必须满足的完整性约束条件，称为关系的两个不变性，应该由关系系统自动支持。

实体完整性是指关系中主码取值的约束，即主属性不能取空值。所谓空值就是"不知道"或"不确定"的值。例如，学生选课的关系中成绩(学号，课程号，分数)的学号和课程号共同组成主关键字，则学号和课程号两个属性不能为空，因为没有学号的成绩或没有课程号的成绩都是不存在的。

参照完整性是指关系之间存在着属性的引用，这种存在关系与关系之间的引用称之为"参照完整性"。例如：点餐订单(点餐订单 ID，客户 ID，点餐数量，送餐地点，送餐片区，套餐 ID，预订送餐时间，订单提交时间)，套餐价目(套餐 ID，套餐名称，套餐价格，套餐折扣，套餐有效位，套餐图片，套餐描述)，即点餐订单关系引用了套餐价目关系的主码"套餐 ID"。

用户定义完整性是根据某一具体应用的需求，对其数据进行必要的约束，它反映某一具体应用所涉及的数据必须满足的要求。关系模型应提供定义和检验这类完整性的机制，以便用统一的系统的方法处理它们，而不要由应用程序承担这一功能。例如，学生成绩管理数据库中的"成绩"表，可由用户在设计数据库时定义一个约束为"成绩的取值必须在 0～100 之间"，企业人事管理数据库中的"员工"表，也可以由用户在设置数据库时定义一个约束为"用户的年龄必须是 18～60 之间的整数"等。使得这个约束条件不必放在应用程序中去检验，而由数据库系统去检验这一完整性约束，以减少应用程序的工作量。

关系模型中的数据操作是集合操作，操作对象和操作结果都是关系，即若干元组的集合，而不像非关系模型中那样是单记录的操作方式。另外，关系模型把存取路径隐蔽起来，用户只要指出"做什么"，不必详细说明"怎么做"，从而大大提高了用户的操作效率。

1.2 在 Microsoft SQL Server 2008 中创建表

Microsoft SQL Server 2008(简称 SQL Server)是微软公司开发的大型关系型数据库管理系统，具有非常强大的关系数据库创建、开发、设计及管理功能，在各个行业中均得到了广泛应用，成为众多数据库产品中的杰出代表。下面介绍如何在 Microsoft SQL Server 2008 环境创建一个数据库实例，如何组织和管理相关的数据。

在 Microsoft SQL Server 2008 环境创建"快餐店网上预订配送系统"项目中用到的数据库 FastFood，步骤如下。

步骤 1：单击【开始】按钮，单击【所有程序】菜单中 Microsoft SQL Server 2008 下的 SQL Server Management Studio，弹出如图 1-1 所示的【连接到服务器】对话框，其中的服务器名称会因机器而异，单击【连接】按钮。

步骤 2：选择【对象资源管理器】窗体的【数据库】选项，右击，弹出如图 1-2 所示的快捷菜单。

图 1-1　Microsoft SQL Server 2008 启动界面

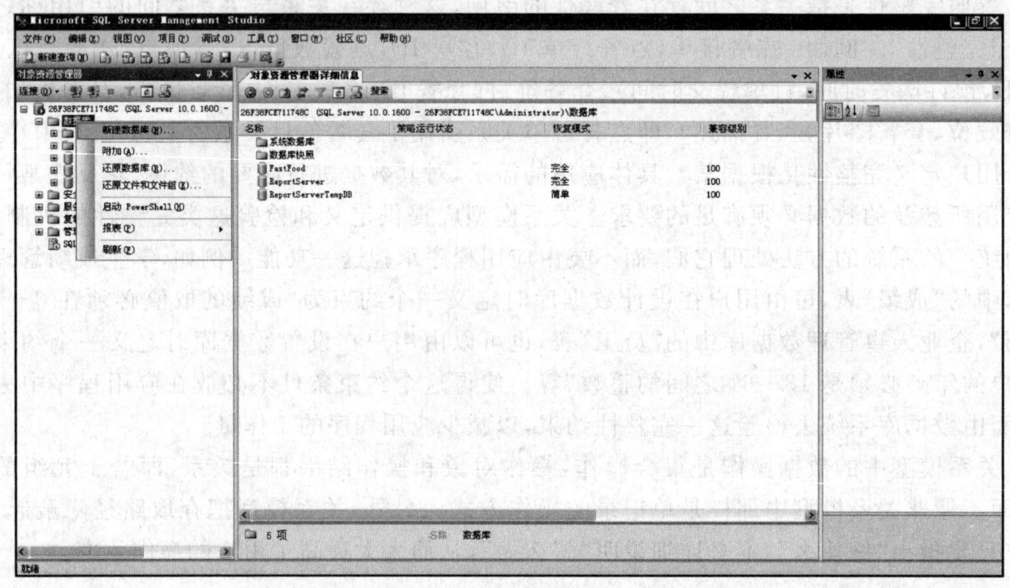

图 1-2　Microsoft SQL Server 2008 中新建数据库

步骤 3：选择【新建数据库】命令，弹出如图 1-3 所示的【新建数据库】窗口，在【常规】选项卡的【数据库名称】文本框中输入 FastFood，单击【确定】按钮。此时，系统会以数据库名称作为前缀创建主数据库 FastFood. mdf 文件和事务日志 FastFood_log. ldf 文件，主数据库文件和事务日志文件的初始大小与系统数据库指定的默认大小相同。用户可以选中【数据库文件】中的【初始大小】选项，对数据文件的默认属性进行修改，可以设置数据库文件夹路径、文件的增长方式和文件增长限制等属性，同时也可以数据库的事务日志文件的默认属性进行修改。

步骤 4：如果要创建一个具有其他限制条件的数据库，可以在【选项】选项卡进行设置一些选项，如恢复模式等。如图 1-4 所示，在各属性的下拉列表框中可以做出选择。

步骤 5：单击【文件组】选项卡，可以设置数据库文件所属的文件组，如图 1-5 所示，单击【添加】按钮可以增加自定义名字的文件组。

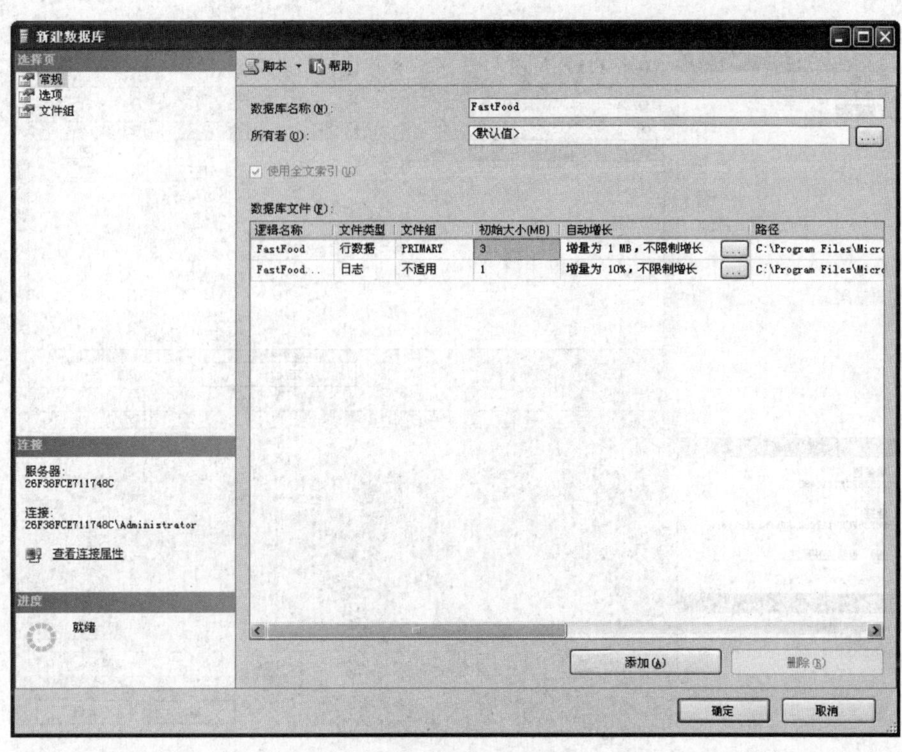

图 1-3 【新建数据库】窗口的【常规】选项卡

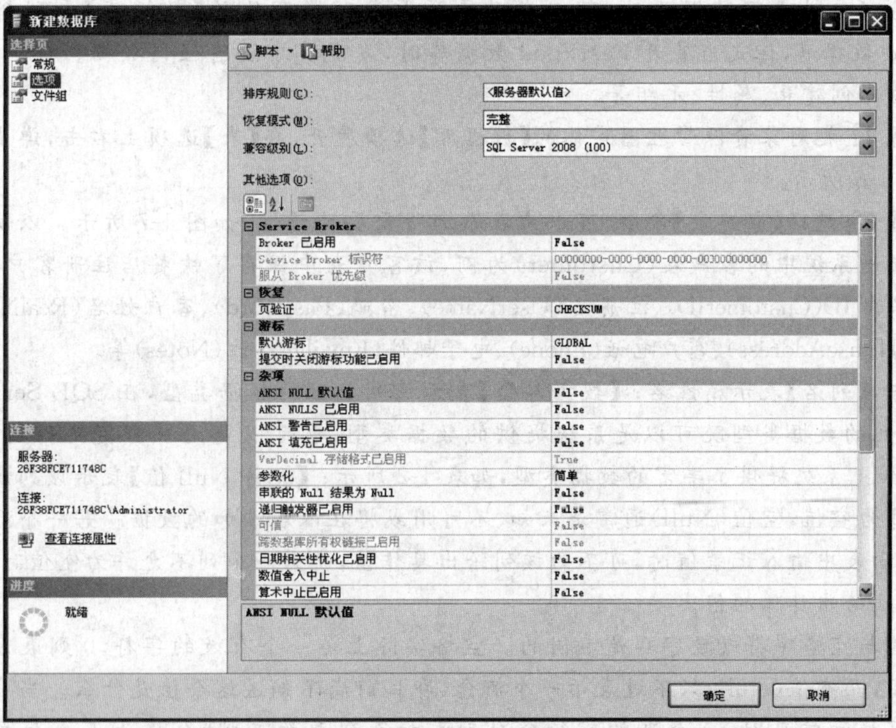

图 1-4 【新建数据库】窗口的【选项】选项卡

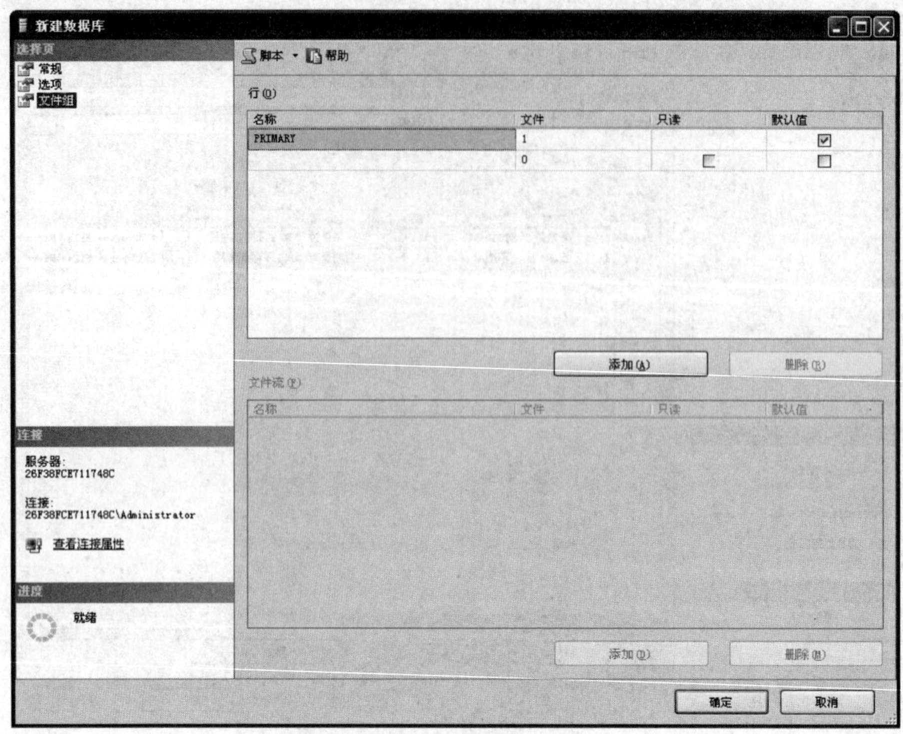

图 1-5 【新建数据库】窗口的【文件组】选项卡

步骤 6：创建完数据库后，可以在对象资源管理器窗体的【数据库】看到新建立的 FastFood 数据库，但是当展开 FastFood 数据库时，发现其中没有任何数据。接下来，就需要在数据库创建表、属性、元组等。

步骤 7：把对象资源管理器窗体的【数据库】选项展开，在【表】选项上右击，弹出快捷菜单，如图 1-6 所示。

步骤 8：选择【新建表】命令，可以为表添加所需要的属性，如图 1-7 所示。以快餐店网上预订配送系统中的客户表(Customer)为例，该客户表中保存了快餐店注册客户的信息，包含有客户 ID(CustomerID)、注册名(UserName)、密码(Password)、客户姓名(RealName)、客户地址(HouseAddress)、客户电话(Phone)、电子邮件(Email)、备注(Notes)等。

其中，【列名】表示属性名；【数据类型】表示该列属性的数据类型，在 SQL Server 的数据表中，列的数据类型既可以是系统提供的数据类型，也可以是用户自定义的数据类型，SQL Server 系统提供了丰富的数据类型，如表 1-2 所示；【允许 Null 值】表示该列属性的值是否允许为空值，空值(Null)通常是未知、不可用或将在以后添加的数据。若一个列允许为空值，则向表中输入记录值时，可不为该列给出具体值，而若一个列不允许为空值时，则在输入时，必须给出具体的值。

空值与空格字符或数字 0 是不同的。空格实际上是一个有效的字符，0 则表示一个有效的数字，而空值(Null)只不过表示一个概念，即目前尚不知道这个值是什么。当向表中的某列填写详细信息时，一个新的空行会自动添加至列表的末端，允许为下一个添加详细信息。

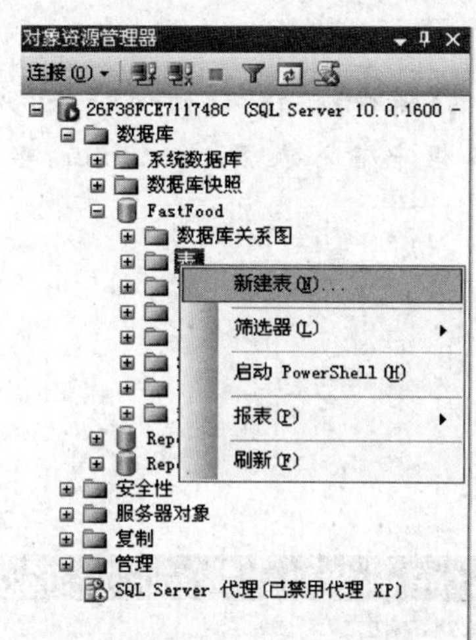

图 1-6　Microsoft SQL Server 2008 中新建表

26F38FCE711...o.Customer*　对象资源管理器详细信息

	列名	数据类型	允许 Null 值
🔑	CustomerID	int	☐
	UserName	nvarchar(20)	☑
	Password	nvarchar(20)	☑
	RealName	nvarchar(20)	☑
	HouseAddress	nvarchar(50)	☑
	Phone	nvarchar(16)	☑
	Email	nvarchar(30)	☑
	Notes	nvarchar(255)	☑
▶			☐

图 1-7　客户表(Customer)的列定义

表 1-2　Microsoft SQL Server 2008 支持的数据类型

数据类型	说　明
Bigint	-2^{63}(−9 223 377 036 854 775 808)～$2^{63}-1$(9 223 377 036 854 775 807)
Int	-2^{31}(−2 147 483 648)～$2^{31}-1$(2 147 483 647)的整型数据(所有数字)
smallint	-2^{15}(−62 768)～$2^{15}-1$(62 767)的整数数据
tinyint	0～255 的整数数据
bit	0 或 1 的整数数据
decimal	$-10^{38}+1$～$10^{38}-1$ 的固定精度和小数位的数字数据
money	货币数据值介于-2^{63}与$2^{53}-1$之间,精确到货币单位的 1%
smallmoney	货币数据值介于−214 748.364 8～214 748.364 7 之间,精确到货币单位的 1%
float	−1.79E+308～1.79E+308 的浮点精度数字
real	−3.40E+38～3.40E+38 的浮点精度数字
datetime	1953 年 1 月 1 日～9999 年 12 月 31 日的日期和时间数据,精确到 1/300 秒
samlldatetime	1900 年 1 月 1 日～2079 年 6 月 6 日的日期和时间数据,精确到分钟
char	固定长度的非 Unicode 字符数据,最大长度为 8000 个字符
nvarchar	可变长度的非 Unicode 数据,最大长度为 8000 个字符
text	可变长度的非 Unicode 数据,最大长度为 $2^{31}-1$(2 147 483 647)个字符
nchar	固定长度的 Unicode 数据,其最大长度为 4000 个字符
nvarchar	可变长度的 Unicode 数据,其最大长度为 4000 个字符。Sysname 是系统提供的用户定义的数据类型,在功能上等同于 nvarchar(128),用于引用数据库对象名
ntext	可变长度的 Unicode 数据,其最大长度为 $2^{30}-1$(2 147 483 647)个字符
binary	固定长度的二进制数据,其最大长度为 8000 个字节
varbinary	可变长度的二进制数据,其最大长度为 8000 个字节
image	可变长度的二进制数据,其最大长度为 $2^{31}-1$(2 147 483 647)个字节
sql_variant	一种存储 SQL Server 支持的各种数据类型(text ntext timestamp 和 sql_variant 除外)
timestamp	数据库范围的唯一数字,每次更新行时也进行更新
uniqueidentifier	全局唯一标识符(GUID)

步骤 9:新建【客户表】的各个列属性后,选定 CustomerID 列,右击弹出菜单,选择【设置主键】选项,把该列设置为主键,如图 1-8 所示。注意,一旦将某列设置为主键,【允许 Null

值】列默认设置为不能选择。

步骤 10：列属性都设置完成后，可以单击工具栏上的【保存】按钮，弹出如图 1-9 所示的【选择名称】对话框来保存这张表，在【输入表名称】文本框中输入表名 Customer，单击【确定】按钮完成。

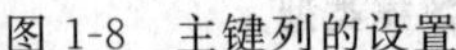

图 1-8 主键列的设置

图 1-9 表的保存选择

步骤 11：保存表结构后，就可以在【对象资源管理器】窗体中把【数据库】选项下的【表】选项扩展开，可以看到新建立的 Customer 数据表，如图 1-10 所示。

步骤 12：有了 Customer(客户)表后，可以为 Customer 表添加一些元组(记录)，在对象资源管理器窗体中把 Customer 表选中，右击出现弹出菜单，选择【编辑前 200 行】选项，如图 1-11 所示。

图 1-10 Customer(客户)表

图 1-11 编辑 Customer(客户)表

步骤 13：编辑 Customer（客户）表，直接可以增加客户相关信息，如图 1-12 所示，其中 CustomerID 列属性一定不能为空。

26F38FCE711...dbo.Customer　对象资源管理器详细信息

CustomerID	UserName	Password	RealName	HouseAddress	Phone	Email	Notes
2010001	水上飘	******	潘阳	青山路	13970624359	Shui@sina.com	爱辣
2010002	施儿	******	李宇	北京东路	18956798950	liveower@163.com	爱甜
2010003	百合	******	陈东	南京西路	16952364782	baihe@yahoo.com	不爱辣
2010004	雨中梧桐	******	刘虹飞	天祥大道	13978514584	yuzhong@21cn.cn	不爱甜
2010005	冰冻记忆	******	赵前门	学院路口	13944456343	bindong@sina.com	爱酸
NULL	NULL	NULL	NULL	NULL		NULL	NULL

图 1-12　Customer（客户）表记录

1.3　视图和索引

1.3.1　视图

1. 视图的概念

视图是一种常用的数据库对象，它将查询的结果以虚拟表的形式存储在数据库中。视图并不在数据库中以存储数据集的形式存在。视图的结构和内容是建立在对表的查询基础之上的，和表一样包括行和列，这些行列数据都来源于其所引用的表，并且是在引用视图过程中动态生成的。

视图中的内容是由查询定义来的，并且视图和查询都是通过 SQL 语句定义的，它们有着许多相同之处，但又有很多不同之处，如表 1-3 所示。

表 1-3　视图与查询的比较

区　别　点	说　　明
存储	视图存储为数据库设计的一部分，而查询则不是。视图可以禁止所有用户访问数据库中的基表，而要求用户只能通过视图操作数据。这种方法可以保护用户和应用程序不受某些数据库修改的影响，同样也可以保护数据表的安全性
排序	可以排序任何查询结果，但是只有当视图包括 TOP 子句时才能排序视图
加密	可以加密视图，但不能加密查询

2. 视图的优点

视图是一个虚拟的数据表，可以是多张表的查询结果，视图的优点包括以下几个方面。

1）简化操作

视图可以是比较复杂的多表关联查询，每次执行相同的查询，只需要一条简单的查询视图语句，就可以解决复杂查询的问题。视图简化了操作的复杂性，使初学者不必掌握复杂的查询语句就可以实现多个数据表间的复杂查询工作。而且，对一个视图的访问要比对多张表的访问容易得多，大大简化了用户的操作复杂度。

2）建立前台和后台的缓冲

在数据库开发过程中，可以通过调用视图来实现查询功能。通过对视图的调用，在数据表结构更改时，只要视图的输出列不发生变化，就可以避免对应用程序进行修改，大大提高了数据库的开发效率，降低了开发成本。

3）合并分割数据

通过视图可以对表中数据进行水平分割或垂直分割。用户可以对一张表或多张表中的数据列进行有选择的查看，简化数据结构，并可以通过在视图中使用 WHERE 子句水平分割数据，限制表中显示的数据。

4）提高安全性

视图可以作为一种安全机制，通过视图可以限定用户查看和修改的数据表或列，其他数据信息只能是有访问权限的用户才能查看和修改。如对于工资表中的信息，一般员工只能看到表中的姓名、办公室、工作电话和部门等，只有负责相关操作的人才有权限查看或修改信息。

3. SQL Server 2008 中视图的创建

在 SQL Server 2008，通过视图设计器创建视图。视图设计器是以可视化的形式创建视图，视图设计器分为 4 个部分。

（1）【关系图窗格】以图形方式显示正在查询的表和其他表结构化对象，如视图。同时也显示它们之间的连接关系。每个矩形代表一张表或表结构化对象，并显示可用的数据列以及表示每列如何用于查询的图标，如排序图标等。在矩形之间连线表示两张表之间的连接。

（2）【条件窗格】是一个类似电子表格的网格，用户可以在其中指定视图的选项，如要在视图中显示哪些数据列、哪些行等。通过【网格窗格】可以指定要显示列的别名、列所属的表、计算列的表达式、查询的排序次序、搜索条件、分组准则等。

（3）【SQL 窗格】显示用于查询或视图的 SQL 语句。可以对设计器自动生成的 SQL 语句进行编辑，也可以输入自己的 SQL 语句。对于不能用【关系图窗格】和【网格窗格】创建的 SQL 语句（如联合查询），就可以使用该窗格写入相应的 SQL 语句。

（4）【结果窗格】显示最近执行的选择查询的结果。可以通过编辑该网格单元中的值对数据库进行修改，而且可以添加或删除行。在视图设计器中，【结果窗格】也可以显示视图的定义信息。

在视图设计器中，可以在任意窗格内进行操作以创建视图，可以通过在【关系图窗格】中选择某列，将该列输入到【网格窗格】中，或者在【SQL 窗格】中的 SELECT 语句中写入相应的列名等方法，指定要显示的列。【关系图窗格】、【网格窗格】和【SQL 窗格】都是同步的——当在某一窗格中更改时，其他窗格自动反映所做的更改。

接着，在 SQL Server 2008 环境中仍然以“快餐店网上预订配送系统”项目中用到的数据库 FastFood，来新建一个示例视图，步骤如下。

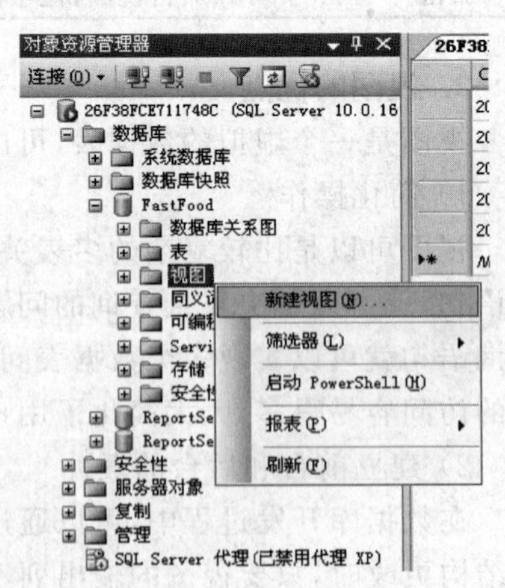

图 1-13　SQL Server 2008 中新建视图

步骤 1：在【对象资源管理器】窗体中先展开 FastFood 数据库，选中【视图】选项，并右击，弹出如图 1-13 所示的快捷菜单。在快捷菜单中选择【新建视图】命令。

步骤 2：选择【新建视图】命令后，弹出【添加表】对话框，如图 1-14 所示。在该对话框中选择要添加的数据表，然后单击【添加】按钮，添加完毕后关闭对话框。在添加数据表时，数据表选择是可以多选的，根据用户的需要添加数据表，而且在视图创建的同时也可以添加视图和函数。

步骤 3：在该示例中分别添加了 Customer(客户表)和 BookingOrder(点餐订单表)，如图 1-15 所示。添加完后单击【关闭】按钮。

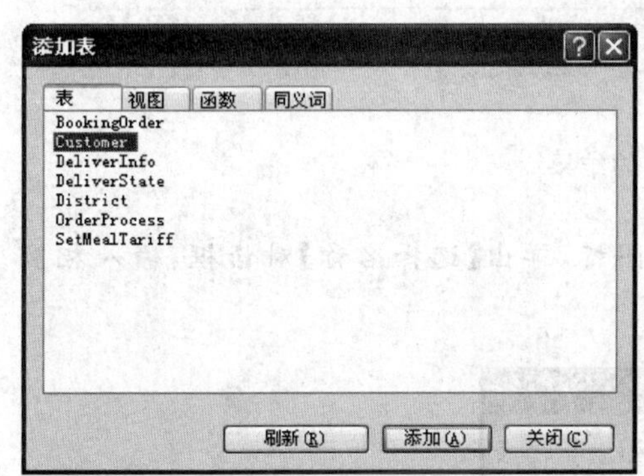

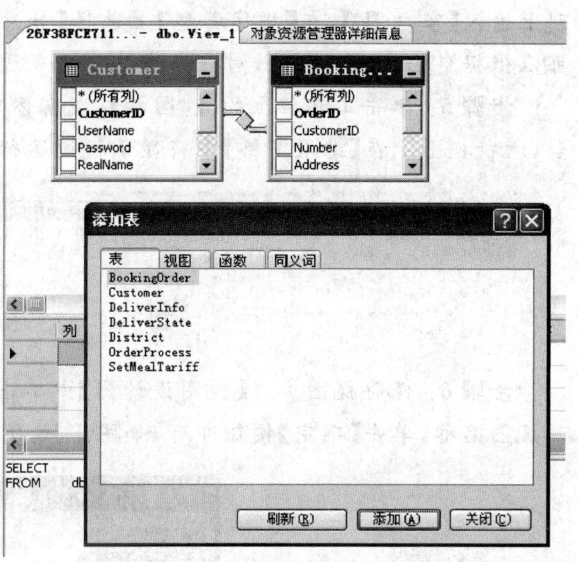

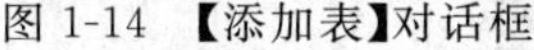
图 1-14 【添加表】对话框

图 1-15 添加多表情况

步骤 4：添加完成后，在【关系图】窗格中即可看到添加的数据表。单击表中字段前的复选框，即可选择在视图中显示的字段，视图设计器会在【SQL 窗格】中自动生成相应的 SQL 语句，如图 1-16 所示。

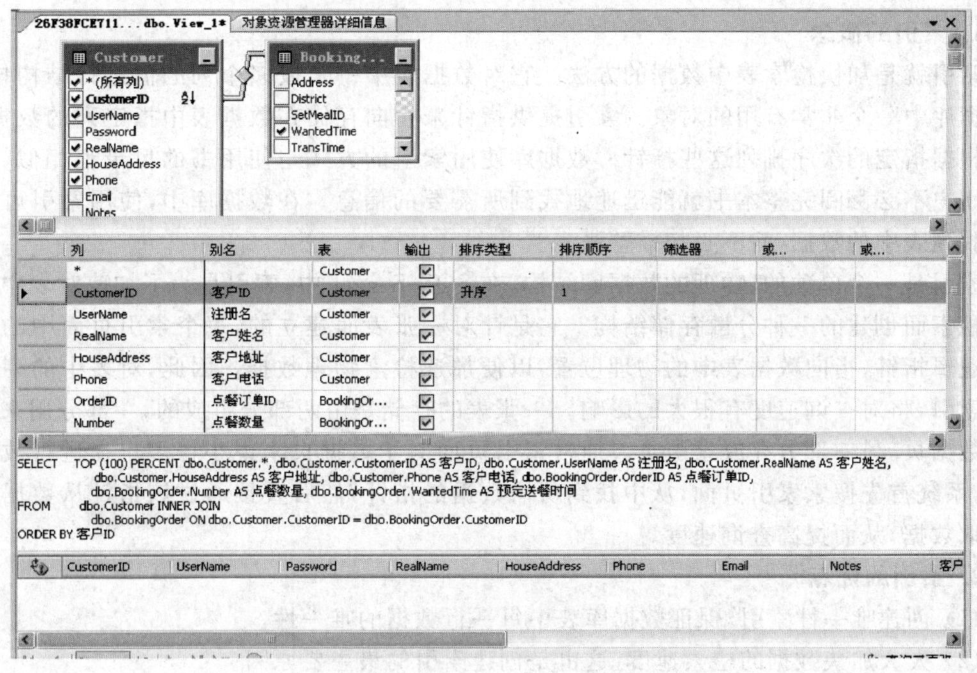

图 1-16 视图设计器

在【关系图窗格】中,可以看到两个数据表是以矩形显示的,并通过连线来表示两张表之间的关系。通过字段前的复选框,选择在视图中显示的字段。

在【条件窗格】中可以编辑视图中的字段规则,如对于 CustomerID 字段,在【别名】属性列上输入【客户 ID】,在【排序类型】上选择【升序】选项。视图设计器的使用方法灵活,用户可以根据自己喜欢的方法,对任一窗格中的表进行编辑,创建符合用户需求的视图。

步骤 5:单击工具栏上的 ! 图标或在窗体中右击,在弹出的菜单中选择【执行 SQL】命令,运行视图。在【结果窗格】中将显示视图运行后的结果,如图 1-17 所示。

dbo.BookingOrder ON dbo.Customer.CustomerID = dbo.BookingOrder.CustomerID

	CustomerID	UserName	Password	RealName	HouseAddress	Phone	Email	Notes	客户ID	注册名
▶	2010001	水上飘	******	潘阳	青山路	13970624359	Shui@sina.com	爱辣	2010001	水上飘
	2010002	施儿	******	李宇	北京东路	18956798950	liveower@163.com	爱甜	2010002	施儿

图 1-17 运行视图后的结果

步骤 6:保存视图。在【视图设计器】中单击 图标,弹出【选择名称】对话框,输入相应的视图名称,单击【确定】按钮即可,如图 1-18 所示。

图 1-18 【选择名称】对话框

1.3.2 索引

1. 索引的概念

索引就是加快检索表中数据的方法。它对数据表中一个或多个列的值进行结构排序,是数据库中一个非常有用的对象。索引提供指针来指向存储在数据表中指定列的数据值,然后根据指定的次序排列这些指针。数据库使用索引的方式与使用书的目录很相似,索引允许用户不必翻阅完整本书就能迅速地找到所需要的信息。在数据库中,使用索引可以迅速地找到表中的数据,而不必扫描整张表。

索引是一个单独的、物理的数据库结构,在 SQL Server 中,索引是为了加速对表中数据行的检索而创建的一种分散存储结构。它是针对一张表而建立的,每个索引页面中的行都含有逻辑指针,指向数据表中的物理位置,以便加速检索物理数据。因此,对表中的列是否创建索引,将对查询速度有很大的影响。一张表的存储是由两部分组成的,一部分用来存放表的数据页,另一部分存放索引页。通常索引页面对于数据页来说小得多。在进行数据检索时,系统首先搜索索引页面,从中找到所需数据的指针,然后直接通过该指针从数据页面中读取数据,从而提高查询速度。

2. 索引的优点

(1) 创建唯一性索引,保证数据库表中每一行数据的唯一性。

(2) 大大加快数据的检索速度,这也是创建索引的最主要原因。

(3) 加速表与表之间的连接,特别是在实现数据的参考完整性方面特别有意义。

(4) 在使用分组和排序子句进行数据检索时,同样可以减少查询中分组和排序的时间。

(5) 通过使用索引,可以在查询的过程中使用优化隐藏器,提高系统的性能。

3. 索引的分类

索引有 3 种类型:聚集索引、非聚集索引和唯一索引。如果表中存在聚集索引,则非聚集索引使用聚集索引来加快数据查询。

1) 聚集索引

聚集索引会对表和视图进行物理排序,所以这种索引对查询非常有效,在表和视图中只能有一个聚集索引。当建立主键约束时,如果表中没有聚集索引,SQL Server 会用主键列作为聚集索引键。可以在表的任何列或组合上建立索引,实际应用中一般为定义成主键约束的列建立聚集索引。

2) 非聚集索引

非聚集索引不会对表和视图进行物理排序。如果表中不存在聚集索引,则表是未排序的。在表和视图中,最多可以建立 250 个非聚集索引,或者 249 个非聚集索引和 1 个聚集索引。

3) 唯一索引

根据数据库的功能,可在数据库设计器中创建 3 种类型的索引——唯一索引、主题索引和聚集索引。唯一索引不允许两行具有相同的索引值。例如,如果在表中的"姓名"字段上创建了唯一索引,则以后输入的姓名将不能同名。

聚集索引和非聚集索引都可以是唯一的。因此,只要列中数据是唯一的,就可在同一张表上创建一个唯一的聚集索引。如果必须实施唯一性以确保数据的完整性,则应在列上创建 UNIQUE 或 PRIMARY KEY 约束,而不要创建唯一索引。

创建 PRIMARY KEY 或 UNIQUE 约束会在表中指定的列上自动创建唯一索引。创建 UNIQUE 约束与手动创建唯一索引没有明显的区别。进行数据查询的方式相同,而且查询优化器不区分唯一索引是由约束创建还是手动创建的。如果存在重复的键值,则无法创建唯一索引和 UNIQUE 约束。

在同一个列组合上创建唯一索引而不是非唯一索引,可为查询优化器提供附加信息,所以最好创建唯一索引。

4. SQL Server 2008 中索引的创建

在 SQL Server 2008 环境中仍然以"快餐店网上预订配送系统"项目用到的数据库 FastFood,来创建一个示例索引,步骤如下。

步骤 1:在【对象资源管理器】窗体中先展开 FastFood 数据库,选中 Customer 表选项,并右击,在弹出的快捷菜单中选中【设计】命令。在表的设计视图中右击,在弹出的快捷菜单中选中【索引/键】命令,如图 1-19 所示。

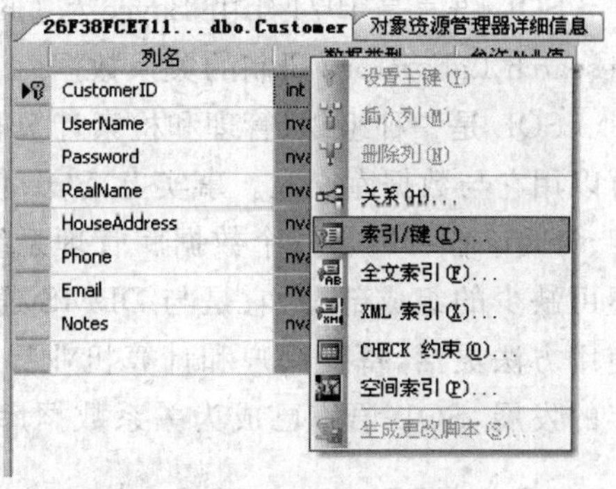

图 1-19 【索引/键】选项

步骤 2:选定【索引/键】命令后,弹出【索引/键】对话框,如图 1-20 所示。可以单击【添加】按钮来新建各种类型的索引。

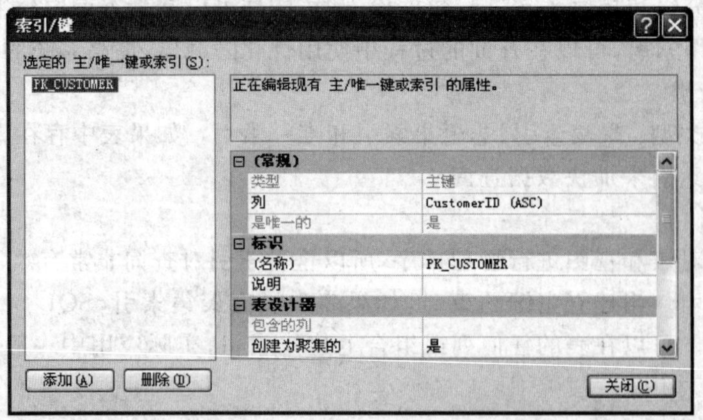

图 1-20 【索引/键】对话框

5. 创建索引的原则

使用索引虽然可以提高系统的性能,增强数据的检索速度,但它需要占用大量的物理存储空间,建立索引的一般原则如下。

(1) 只有表的所有者可以在同一张表中创建索引。

(2) 每张表中只能创建一个聚集索引。

(3) 每张表中最多可以创建 249 个非聚集索引。

(4) 在经常查询的字段上建立索引。

(5) 定义 text、image 和 bit 数据类型的列上不要建立索引。

(6) 在外键列上可以建立索引。

(7) 主键列上一定要建立索引。

(8) 在那些重复值比较多、查询较少的列上不要建立索引。

1.4 SQL 语言

1.4.1 SQL 概述

SQL 语言是 1974 年由 Boyce 和 Chamberlin 提出的,1975—1979 年,IBM 公司的 San Jose Research Laboratory 研制的关系数据库管理系统(原形系统 System R)实现了这种语言。

SQL 是一种组织、管理和检索计算机数据库存储数据的工具。SQL 是一种计算机语言,可以用它与数据库交互。事实上,SQL 使用的是一个特殊类型的数据库,即关系数据库。

SQL 本身不是一个数据库管理系统,也不是一个独立的产品。SQL 是数据库管理系统不可缺少的组成部分,它是与 DBMS 通信的一种语言和工具。由于它功能丰富、语言简洁、使用方法灵活,备受用户和计算机业界的青睐,被众多计算机公司和软件公司采用。经过多年的发展,SQL 语言已成为关系数据库的标准语言。

1.4.2 SQL 语言的组成

SQL 语言是具有强大查询功能的数据库语言。除此以外,SQL 还可以控制 DBMS 为其用户提供的所有功能，包括以下几项。

(1) 数据定义语言(Data Definition Language，DDL)：SQL 让用户定义存储数据的结构和组织，以及存储数据项之间的关系。

(2) 数据检索语言：SQL 允许用户或应用程序从数据库中检索存储的数据并使用它。

(3) 数据操纵语言(Data Manipulation Language，DML)：SQL 允许用户或应用程序通过添加新数据、删除旧数据和修改以前存储的数据对数据库进行更新。

(4) 数据控制语言(Data Control Language，DCL)：可以使用 SQL 来限制用户检索、添加和修改数据的能力，保护存储的数据不被未授权的用户所访问。

(5) 数据共享：可以使用 SQL 来协调多个并发用户共享数据，确保他们不会相互干扰。

(6) 数据完整性：SQL 在数据库中定义完整性约束条件，使它不会由不一致的更新或系统失败而遭到破坏。

因此，SQL 是一种综合性语言，用来控制并与数据库管理系统进行交互作用。SQL 是数据库子语言，包含大约 40 条专用于数据库管理任务的语句。各类 SQL 语句分别如表 1-4～表 1-8 所示。

数据操作类 SQL 语句，如表 1-4 所示。

表 1-4　数据操作类 SQL 语句

语　句	功　能	语　句	功　能
SELECT	从数据库表中检索数据行和列	DELETE	从数据库中删除数据记录
INSERT	把新的数据记录添加到数据库中	UPDATE	修改现有数据库中的数据

数据定义类 SQL 语句，如表 1-5 所示。

表 1-5　数据定义类 SQL 语句

语　句	功　能
CREATE TABLE	在一个数据库中创建一个数据库表
DROP TABLE	从数据库中删除一张表
ALTER TABLE	修改一个现存表的结构
CREATE VIEW	把一个新的视图添加到数据库中
DROP VIEW	从数据库中删除视图
CREATE INDEX	为数据库表中的一个字段构建索引
DROP INDEX	从数据库表中的一个字段中删除索引
CREATE PROCEDURE	在一个数据库中创建一个存储过程
DROP PROCEDURE	从数据库中删除存储过程
CREATE TRIGGER	创建一个触发器
DROP TRIGGER	从数据库中删除触发器
CREATE SCHEMA	向数据库添加一个新模式
DROP SCHEMA	从数据库中删除一个模式
CREATE DOMAIN	创建一个数据值域
ALTER DOMAIN	改变域定义
DROP DOMAIN	从数据库中删除一个域

数据控制类 SQL 语句,如表 1-6 所示。

事务控制类 SQL 语句,如表 1-7 所示。

表 1-6 数据控制类 SQL 语句

语句	功能
GRANT	授予用户访问权限
DENY	拒绝用户访问
REVOKE	删除用户访问权限

表 1-7 事务控制类 SQL 语句

语句	功能
COMMIT	结束当前事务
ROLLBACK	中止当前事务
SET TRANSACTION	定义当前事务数据访问特征

程序化 SQL 语句,如表 1-8 所示。

表 1-8 程序化 SQL 语句

语句	功能	语句	功能
DECLARE	定义查询游标	CLOSE	关闭游标
EXPLAN	描述查询描述数据访问计划	PREPARE	为动态执行准备 SQL 语句
OPEN	检索查询结果打开一个游标	EXECUTE	动态地执行 SQL 语句
FETCH	检索一条查询结果记录	DESCRIBE	描述准备好的查询

1.5 存储过程

1.5.1 存储过程的概念

存储过程(Stored Procedure)是一组预先编译好的 Transact-SQL 语句。将其放在服务器上,由用户通过指定存储过程的名字来执行它。存储过程可以作为一个独立的数据库对象,也可以作为一个单元被用户的应用程序调用。存储过程可以接收和输出参数,返回执行存储过程的状态值,还可以嵌套调用。

存储过程同其他编程语言中的过程(Procedure)类似,主要体现在以下几个方面。

(1) 存储过程可以接收参数,并以接收参数的形式返回多个参数给调用存储过程和批处理。

(2) 包含执行数据库操作的编程语句,也可以调用其他存储过程。

(3) 向调用过程或批处理返回状态值,以反映存储过程的执行情况。

提示:存储过程跟函数不同,存储过程不能在被调用的位置上返回数据,也不能被应用在语句当中,例如不可以用类似"@Proc=存储过程名"的方式使用存储过程。但是,存储过程可以使用变量的形式来返回参数。

1.5.2 存储过程的优点

存储过程的优点表现在以下几个方面。

1. 执行速度快

存储过程在创建时就经过了语法检查和性能优化,因此在执行时不必再重复这些步骤。存储过程在第一次调用后,就驻留在内存中,不必再经过编译和优化,所以执行速度很快。在有大量批处理的 Transact-SQL 语句要重复执行的时候,使用存储过程可以极大地提高运行效率。

2. 模块化程序设计

只需创建存储过程一次，并将其存储在数据库中，可以在程序中多次调用该存储过程。用户可以独立于应用程序而对存储过程进行修改。

3. 减少网络通信量

存储过程中可以包含大量的 Transact-SQL 语句。在进行调用时，只需要使用一条语句就可以实现，而不需要在网络中发送数百行代码。

4. 保证系统的安全性

可以设置用户通过存储过程来对某些关键数据进行访问，但不允许用户直接使用 Transact-SQL 语句或企业管理器来对数据进行访问。

1.5.3 SQL Server 2008 中存储过程的使用

以"快餐店网上预订配送系统"项目用到的数据库 FastFood，来说明如何在 SQL Server 2008 使用存储过程。

1. 在 SQL Server 2008 创建存储过程

步骤 1：在【对象资源管理器】窗体中先展开 FastFood 数据库，再展开【可编程性】，选中其中的【存储过程】，并右击，在弹出的快捷菜单中选中【新建存储过程】命令，如图 1-21 所示。

步骤 2：选择【新建存储过程】命令后，会将在主设计窗口中加载存储过程编程模板，如图 1-22 所示，可以利用自行编写功能语句来代替自动生成的模板。

步骤 3：将在存储过程的主设计窗口编写创建存储过程，并写上自己所需要的功能语句，仍然以 Customer(客户)表为例，要求把客户表的客户 ID、客户姓名和 Email 信息取出，如图 1-23 所示。

其中 spGetCustomer 是存储过程名。

步骤 4：单击工具栏上的"! 执行(X)"命令，那么就创建好了存储过程。

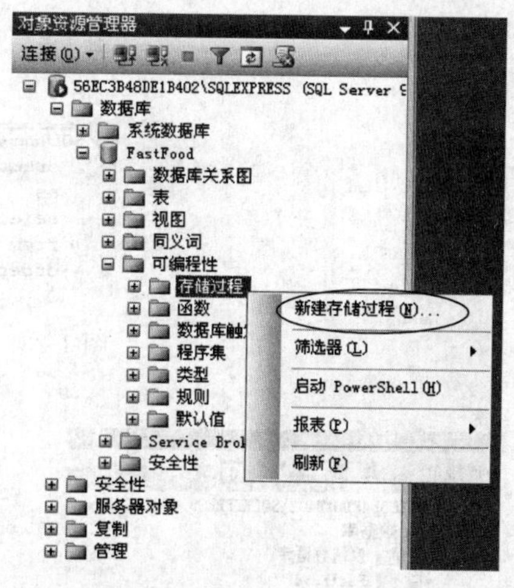

图 1-21　新建存储过程

步骤 5：接着单击"对象资源管理器"窗体中的【存储过程】，右击，在弹出的快捷菜单中选择【刷新】命令，将看到 spGetCustomer 存储过程已被添加，如图 1-24 所示。

步骤 6：在【对象资源管理器】窗体中，右击 spGetCustomer，弹出快捷菜单，选择【执行存储过程】命令，存储过程将被执行，如图 1-25 所示。

步骤 7：spGetCustomer 存储过程是一个无参数命令，因此在执行过程对话框中，单击【确定】按钮，则可以看到存储过程执行得到的结果出现在输出窗口，如图 1-26 所示。

2. 在 SQL Server 2008 修改存储过程

步骤 1：在【对象资源管理器】窗体中展开 FastFood 数据库下的【可编程性】，再展开其中的【存储过程】，选中 dbo. spGetCustomer 的存储过程项，并右击，在弹出的快捷菜单中选中【修改】命令，如图 1-27 所示。

```
SQLQuery2.s...rator (52))
-- ================================================
-- Template generated from Template Explorer using:
-- Create Procedure (New Menu).SQL
--
-- Use the Specify Values for Template Parameters
-- command (Ctrl-Shift-M) to fill in the parameter
-- values below.
--
-- This block of comments will not be included in
-- the definition of the procedure.
-- ================================================
SET ANSI_NULLS ON
GO
SET QUOTED_IDENTIFIER ON
GO
-- =============================================
-- Author:       <Author,,Name>
-- Create date: <Create Date,,>
-- Description: <Description,,>
-- =============================================
CREATE PROCEDURE <Procedure_Name, sysname, ProcedureName>
    -- Add the parameters for the stored procedure here
    <@Param1, sysname, @p1> <Datatype_For_Param1, , int> = <Default_Value_For_Param1, ,
    <@Param2, sysname, @p2> <Datatype_For_Param2, , int> = <Default_Value_For_Param2, ,
AS
BEGIN
    -- SET NOCOUNT ON added to prevent extra result sets from
    -- interfering with SELECT statements.
    SET NOCOUNT ON;
```

图 1-22　存储过程编写的主设计窗口

```
SQLQuery9.s...rator (56))*
create procedure spGetCustomer
as
select CustomerID,UserName,Email
from Customer
order by userName
```

图 1-23　存储过程编写的主设计窗口

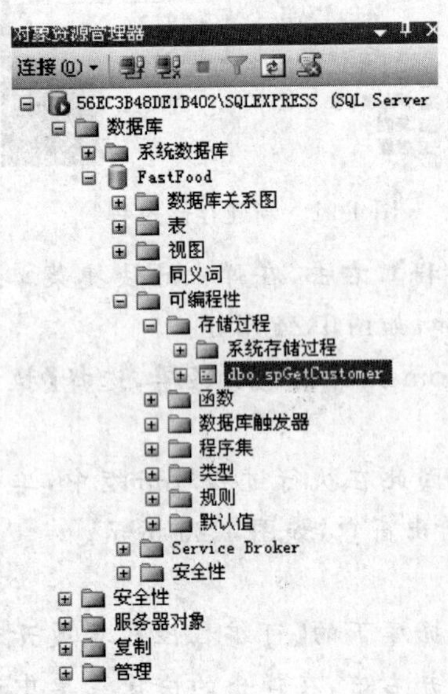

图 1-24　存储过程已被创建

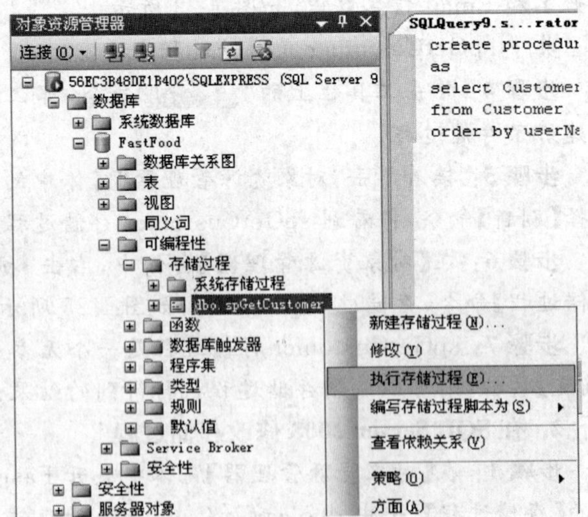

图 1-25　存储过程已被创建

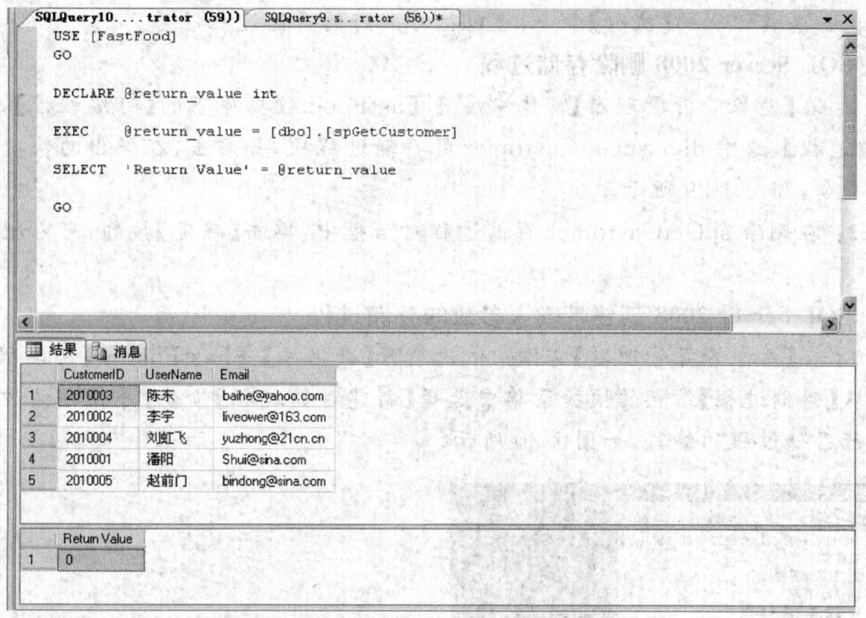

图 1-26　存储过程执行结果

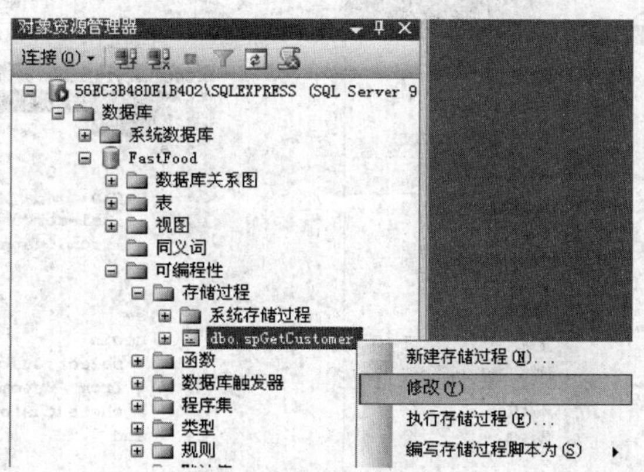

图 1-27　修改存储过程

步骤 2：可以在存储过程的主设计窗口对之前创建的存储过程进行相应的修改，其中的指令变成了 ALTER procedure [dbo].[spGetCustomer]，如图 1-28 所示。

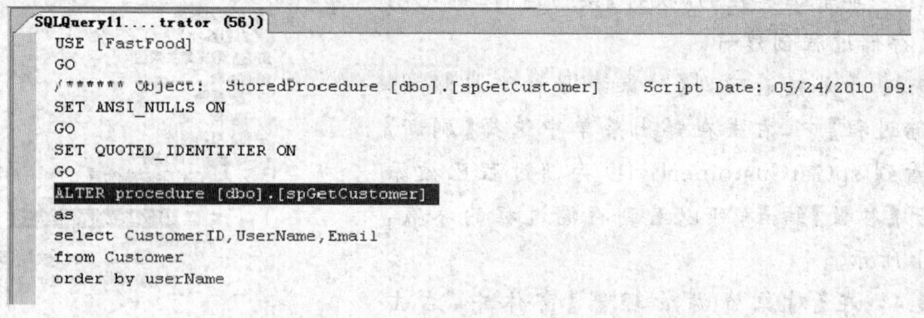

图 1-28　修改存储过程窗体

然后单击工具栏上的【执行】命令，可以把修改好的存储过程保存。

3. 在 SQL Server 2008 删除存储过程

步骤 1：在【对象资源管理器】窗体中展开 FastFood 数据库下的【可编程性】，再展开其中的【存储过程】，选中 dbo.spGetCustomer 的存储过程项，并右击，在弹出的快捷菜单中选中【删除】命令，如图 1-29 所示。

步骤 2：在删除 spGetCustomer 存储过程对话框中，单击【确定】按钮，可以把该存储过程删除。

4. 在 SQL Server 2008 创建带输入参数的存储过程

步骤 1：在【对象资源管理器】窗体中依次展开【数据库】→FastFood→【可编程性】→【存储过程】，从【存储过程】结点的快捷菜单中选择【新建存储过程】命令，并在存储过程的主设计窗口进行存储过程的编写，如图 1-30 所示。

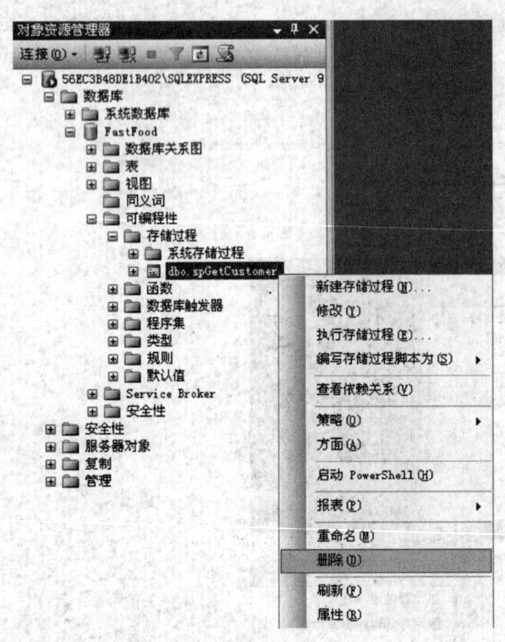

图 1-29　修改存储过程

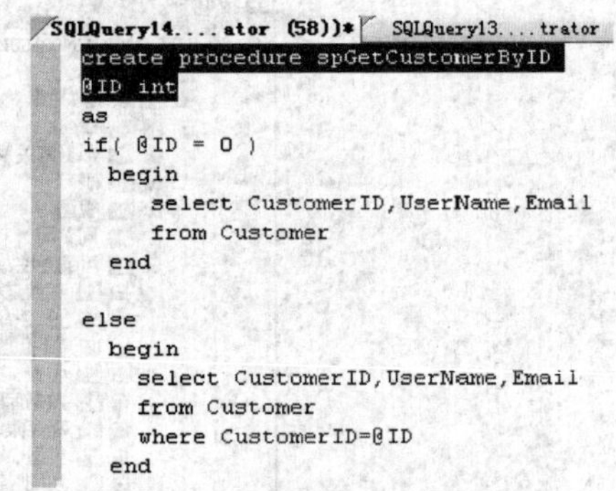


```
create procedure spGetCustomerByID
@ID int
as
if( @ID = 0 )
  begin
     select CustomerID,UserName,Email
     from Customer
  end
else
  begin
    select CustomerID,UserName,Email
    from Customer
    where CustomerID=@ID
  end
```

图 1-30　新建带参数的存储过程

该存储过程要求接收客户 ID 号并返回指定客户的相关信息。

步骤 2：单击工具栏的【执行】按钮运行，则把刚编写好的存储过程创建好。

步骤 3：于是接着回到【对象资源管理器】窗体中的【存储过程】中，右击在弹出菜单中选择【刷新】命令，将看到 spGetCustomerByID 存储过程已被添加，并展开【参数】结点，可以看到存储过程的参数，如图 1-31 所示。

图 1-31　查看带参数存储过程的参数信息

步骤 4：在【对象资源管理器】窗体中，右击 spGetCustomerByID，弹出快捷菜单，选择【执行存储过程】命令，执行过程将弹出【执行过程】窗口，如图 1-32 所示。

步骤 5：执行该存储过程需要输入一个参数@ID 的值，输入需要查看的客户 ID 号后，单击【确定】按钮，则可以看到存储过程执行得到的结果出现在输出窗口，如图 1-33 所示。

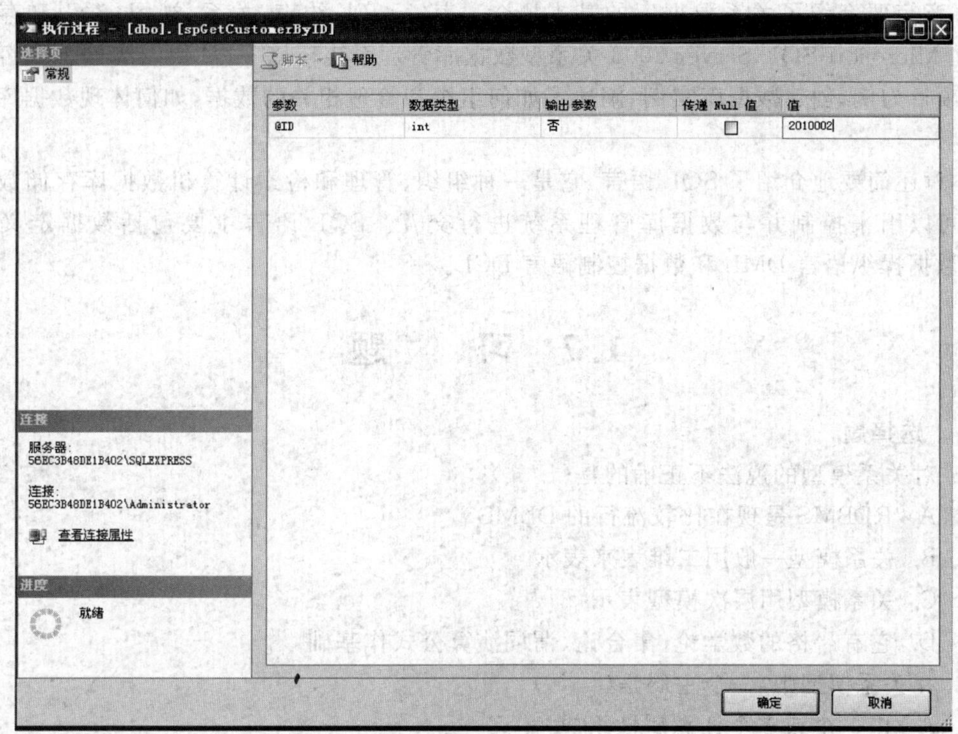

图 1-32　参数化存储过程执行过程

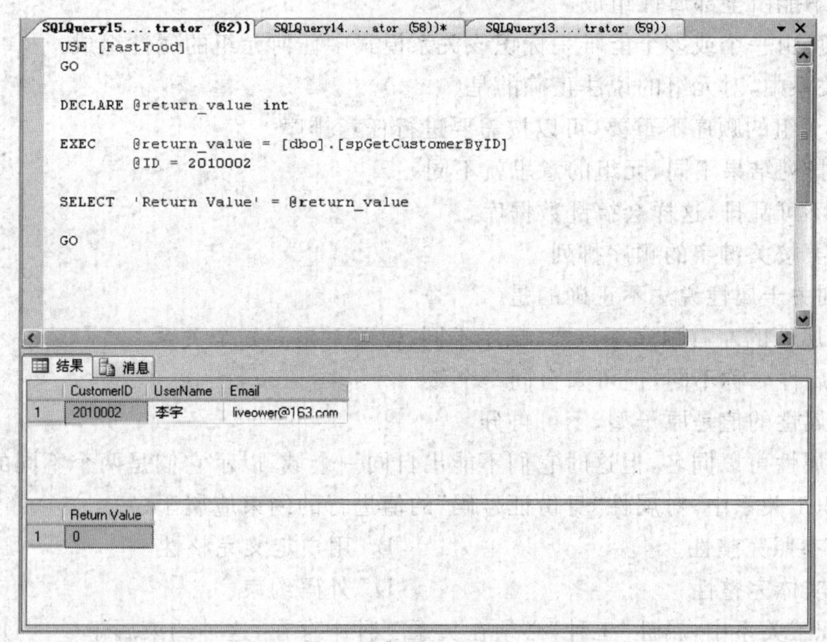

图 1-33　参数化存储过程执行结果

1.6 小 结

本章简要介绍了关系数据库的基本概念：表、行、列、约束、关系、视图、索引和存储过程。在 Microsoft SQL Server 2008 关系型数据库管理系统环境下以“快餐店网上预订配送系统”项目为例，创建数据库实例，阐述了如何组织和管理相关的数据，如何体现数据库相关特点。

本章还简要地介绍了 SQL 语言，它是一种组织、管理和检索计算机数据库存储数据的工具，可以用来控制并与数据库管理系统进行交互。SQL 语言主要包括数据定义语言 DDL，数据操纵语言 DML 和数据控制语言 DCL。

1.7 习 题

一、选择题

1. 对关系模型的说法不正确的是(　　)。
   A. RDBMS 是现在比较流行的 DBMS
   B. 关系模型一般用二维表来表示
   C. 关系模型用层次模型表示
   D. 它有严格的数学论、集合论、谓词演算公式作基础
2. 在关系模型中，一个主码是(　　)。
   A. 由一个或多个任意属性组成
   B. 由一个属性组成
   C. 不能由全部属性组成
   D. 可由一个或多个能唯一标识该关系模式中任何元组的属性组成
3. 在关系中，对元组的说法正确的是(　　)。
   A. 元组的顺序不重要，可以按需要进行任意排序
   B. 排列结果不同，元组的意思就不同
   C. 不可乱排，这样会搞乱数据库
   D. 要按关键字的顺序排列
4. 下列关于属性说法不正确的是(　　)。
   A. 属性的左右顺序不重要，顺序不同，但关系是同一个关系
   B. 属性名称不同，但可来自同一个域
   C. 属性的值是原子型，不可再分
   D. 属性可以同名，但这时它们不能出自同一个域，以示它们是两个不同的属性
5. 在职工关系中，对属性“身份证号码”的值进行的约束应属于(　　)。
   A. 参照完整性　　B. 用户定义完整性
   C. 实体完整性　　D. 外码约束
6. 在职工关系中，属性“工种”必须在关系工种中存在，这种约束属于(　　)。
   A. 参照完整性　　B. 用户定义完整性

C. 实体完整性　　　　　　　　　　D. 外码约束

7. 根据关系数据库的特性与社会经验,下面是可以作为关键字的是(　　)。

A. 姓名　　　B. 性别　　　C. 学号　　　D. 简历

8. 关于视图,下列说法正确的是(　　)。

A. 基本表　　　　　　　　　　B. 从基本表或其他视图中导出的虚表

C. 属于概念模式　　　　　　　D. 属于内模式

9. SQL 具有(　　)功能。

A. 数据定义、关系规范化、数据操作

B. 数据定义、数据控制、关系规范化

C. 规范化、约束化、过程化

D. 数据定义、数据操纵、数据检索、数据控制

10. 关于索引的说法正确的是(　　)。

A. 对于经常更新的关系来说,建立的索引越多,更新的速度越快

B. 只能按主关键字建立索引

C. 索引可以加快检索表中数据,但不是越多越好

D. 索引越多,查询速度越快

二、填空题

1. 关系数据库中可使用的最小单元是(　　),它不允许再分解。

2. 两个实体集之间的联系有(　　)联系,(　　)联系和(　　)联系。

3. 索引有(　　)、(　　)和(　　)3 种类型。

4. SELECT 命令中,表达条件表达式用 WHERE 子句,分组用(　　)子句,排序用(　　)子句。

5. 如果两个实体之间具有 $M:N$ 联系,则将它们转换为关系模型的结果是(　　)个表。

三、设有关系数据库:职工关系 EMPLOYEE (职工号,职工名,街道,城市)

工作关系 WORKS (职工号,公司号,工资)

公司关系 COMPANY (公司号,公司名,城市)

假设职工可在多个公司兼职,试用 SQL 语句写出下列操作:

将所有在"联华公司"工作的职工加薪 5%。

四、图书出版管理数据库中有两个基本表:

图书 (书号,书名,作者编号,出版社,出版日期)

作者 (作者编号,作者名,年龄,地址)

试用 SQL 语句写出卜列查询:检索年龄低于作者平均年龄的所有作者的作者名、书名和出版社。

第2章 ADO.NET概述

ADO.NET是.NET框架中的一组类和工具的集合，可用于创建强大的、灵活的和可靠的数据驱动的应用程序。ADO.NET提供对Microsoft SQL Server、Oracle、Microsoft Access等数据源以及通过OLE DB和XML公开的数据源的一致访问。数据共享使用者应用程序可以使用ADO.NET来连接到这些数据源，利用ADO.NET提供的接口检索、操作和更新数据库中的数据。

本章概要介绍ADO.NET的基本概念、数据提供程序、ADO.NET对象模型和命名空间。

2.1 ADO.NET简介

ADO.NET是基于.NET的应用程序的数据访问模型。可以使用它来访问关系数据库系统(如SQL Server 2000、Oracle)和其他许多具有OLE DB或ODBC提供程序的数据源。在某种程度上，ADO.NET代表ADO技术的最新进展。不过，ADO.NET引入了一些重大变化和革新，旨在解决Web应用程序的松耦合特性以及在本质上互不关联的特性。ADO.NET引入的主要变化之一是用DataTable、DataSet、DataAdapter和DataReader对象的组合取代了ADO Recordset对象。DataTable表示表中行的集合，在这一方面类似于Recordset。DataSet表示DataTable对象的集合，同时包括将各种表绑定在一起的关系和约束。实际上，DataSet是带有内置XML支持的、内存中的关系结构。

DataSet的主要特性之一是它不了解可能用来填充它的基础数据源。它是一个不连续的、独立的实体，用于表示数据集合，并且可以通过多层应用程序的不同层在组件之间传递。它还可以作为XML数据流进行序列化，这使其非常适用于在不同种类的平台之间进行数据传输。ADO.NET使用DataAdapter对象将数据传送到DataSet和基础数据源，或者从数据源传出。DataAdapter对象还提供以前与Recordset关联的增强的批量更新功能。

随着应用程序开发的发展，新的应用程序越来越多地使用松散的耦合，通常都是基于Web应用程序模型。如今，越来越多的应用程序使用XML来编码要通过网络连接传递的数据。Web应用程序将HTTP用作在层间进行通信的结构，必须显式处理请求之间的维护状态。这一新模型大大不同于连接、紧耦合的编程风格，此风格曾是客户端/服务器时代的标志。在此编程风格中，连接会在程序的整个生存期中保持打开，而不需要对状态进行特殊处理。在设计符合当今开发人员需要的工具和技术时，Microsoft认识到需要为数据访问提供全新的编程模型，此模型是基于.NET Framework生成的。基于.NET

Framework 这一点将确保数据访问技术的一致性，因为组件将共享通用的类型系统、设计模式和命名约定。ADO. NET 就是为了满足这一新编程模型的以下要求而提出的：具有断开式数据结构；能够与 XML 紧密集成；具有能够组合来自多个不同数据源数据的通用数据表示形式；以及具有为与数据库交互而优化的功能，这些要求都是 .NET Framework 固有的内容。

ADO. NET 对 Microsoft SQL Server 和 XML 等数据源以及通过 OLE DB 和 XML 公开的数据源提供一致的访问。数据共享使用者应用程序可以使用 ADO. NET 来连接到这些数据源，并检索、处理和更新所包含的数据。ADO. NET 通过数据处理将数据访问分解为多个可以单独使用或一前一后使用的不连续组件。ADO. NET 包含用于连接到数据库、执行命令和检索结果的 . NET Framework 数据提供程序。ADO. NET DataSet 对象也可以独立于 . NET Framework 数据提供程序使用，以管理应用程序本地的数据或源自 XML 的数据。

ADO. NET 类在 System. Data. dll 中，并且与 System. Xml. dll 中的 XML 类集成。当编译使用 System. Data 命名空间的代码时，请引用 System. Data. dll 和 System. Xml. dll。ADO. NET 向编写托管代码的开发人员提供了类似于 ActiveX 数据对象（ADO）为本机组件对象模块（COM）开发人员提供的功能。

2.2 ADO. NET 数据提供程序

. NET Framework 数据提供程序用于连接到数据库、执行命令和检索结果。可以直接处理检索到的结果，或将其放入 ADO. NET DataSet 对象，以便与来自多个源的数据或在层之间进行远程处理的数据组合在一起，以特殊方式向用户公开。. NET Framework 数据提供程序是轻量的，它在数据源和代码之间创建了一个最小层，以便在不以牺牲性能为代价的前提下提高性能。凡是以 ADO. NET 访问数据的应用程序，通常依赖某种. NET 数据提供程序，应用程序需要根据数据源的类型不同而引用相应的数据提供程序。表 2-1 列出了 . NET Framework 中包含的 ADO. NET 数据提供程序。

表 2-1　. NET Framework 数据提供程序

. NET Framework 数据提供程序	说　明
SQL Server . NET Framework 数据提供程序	提供对 Microsoft SQL Server 7.0 版或更高版本的数据访问。如果使用的是 SQL Server 专用的内置. NET 数据提供者就可以获得最好的性能和对基础功能的最直接访问。使用 System. Data. SqlClient 命名空间
OLE DB . NET Framework 数据提供程序	适合于使用 OLE DB 公开的数据源。使用 System. Data. OleDb 命名空间
ODBC . NET Framework 数据提供程序	适合于使用 ODBC 公开的数据源。对于不是 SQL Server 或 Oracle 的数据源(Microsoft Access)而言，可以使用 OLE DB. NET 数据提供程序 System. Data. OleDb。如果数据源没有内置的或 OLE DB 提供程序，就可以使用 ODBC. NET 数据提供程序 System. Data. Odbc，大多数数据库都提供了 ODBC 接口

续表

.NET Framework 数据提供程序	说　明
Oracle .NET Framework 数据提供程序	适用于 Oracle 数据源。如果使用的是 Oracle 数据库,内置 Oracle .NET 驱动程序是最佳选择,引用为 System.Data.OracleClient;另外,Oracle 本身也提供了一个.NET 数据提供程序,引用为 Oracle.DataAccess.Client。但它必须从 Oracle 中单独下载
其他内置的.NET 数据提供程序	如果数据库有专用的内置.NET 数据提供者,就可以使用它。也可选择数据库销售商和第三方公司提供的内置.NET 数据提供程序

1. SQL Server .NET Framework 数据提供程序

SQL Server .NET Framework 数据提供程序使用它自身的协议与 SQL Server 通信。由于它经过了优化,可以直接访问 SQL Server 而不用添加 OLE DB 或开放式数据库连接(ODBC)层,因此它是轻量的,并具有良好的性能。图 2-1 将 SQL Server .NET Framework 数据提供程序和 OLE DB .NET Framework 数据提供程序进行了对比。OLE DB .NET Framework 数据提供程序通过 OLE DB 服务组件(提供连接池和事务服务)和数据源的 OLE DB 提供程序与 OLE DB 数据源进行通信。

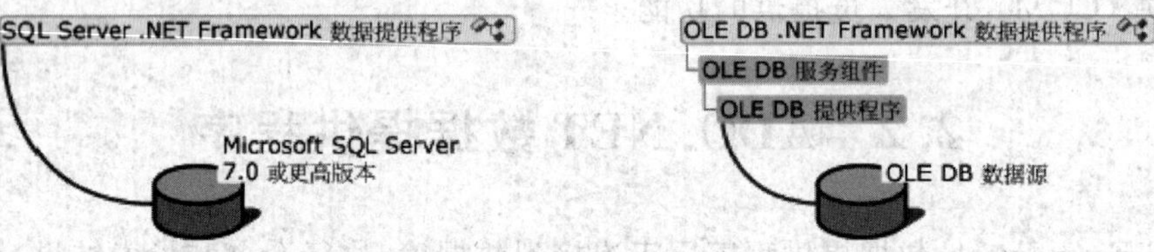

图 2-1　SQL Server .NET Framework 数据提供程序和 OLE DB.NET Framework 数据提供程序的比较

若要使用 SQL Server .NET Framework 数据提供程序,必须能够访问 SQL Server 7.0 或更高版本。SQL Server .NET Framework 数据提供程序位于 System.Data.SqlClient 命名空间。对于 SQL Server 的较早版本,请将 OLE DB .NET Framework 数据提供程序与 SQL Server OLE DB 提供程序 (SQLOLEDB) 一起使用。SQL Server .NET Framework 数据提供程序支持本地事务和分布式事务两者。

2. OLE DB .NET Framework 数据提供程序

OLE DB .NET Framework 数据提供程序通过 COM Interop 使用本机 OLE DB 启用数据访问。OLE DB .NET Framework 数据提供程序支持本地事务和分布式事务两者。对于分布式事务,默认情况下,OLE DB .NET Framework 数据提供程序自动登记在事务中,并从 Windows 2000 组件服务获取事务详细信息。

OLE DB .NET Framework 数据提供程序不支持 OLE DB 2.5 版接口。要求支持 OLE DB 2.5 接口的 OLE DB 提供程序将无法与 OLE DB .NET Framework 数据提供程序一起正常运行。这种 OLE DB 提供程序包括用于 Exchange 的 Microsoft OLE DB 提供程序和用于 Internet 发布的 Microsoft OLE DB 提供程序。

OLE DB .NET Framework 数据提供程序无法与用于 ODBC 的 OLE DB 提供程序 (MSDASQL) 一起使用。OLE DB .NET Framework 数据提供程序类位于 System.Data.

OleDb 命名空间中。表 2-2 显示了用 ADO.NET 进行测试的提供程序。

表 2-2　使用 ADO.NET 进行测试的提供程序

驱动程序	提供程序
SQLOLEDB	用于 SQL Server 的 Microsoft OLE DB 提供程序
MSDAORA	用于 Oracle 的 Microsoft OLE DB 提供程序
Microsoft.Jet.OLEDB.4.0	用于 Microsoft Jet 的 OLE DB 提供程序

3. ODBC .NET Framework 数据提供程序

ODBC 数据提供程序支持本地事务和分布式事务两者。对于分布式事务，默认情况下，ODBC 数据提供程序自动登记在事务中，并从 Windows 2000 组件服务获取事务的详细信息。用 ADO.NET 测试的 ODBC 驱动程序有 SQL Server，Microsoft ODBC for Oracle，Microsoft Access 驱动程序（*.mdb）。

ODBC .NET Framework 数据提供程序类位于 System.Data.Odbc 命名空间中。

4. Oracle .NET Framework 数据提供程序

通过 Oracle 客户端连接软件启用对 Oracle 数据源的数据访问。该数据提供程序支持 Oracle 客户端软件 8.1.7 版或更高版本。该数据提供程序支持本地事务和分布式事务两种。

Oracle .NET Framework 数据提供程序要求必须先在系统上安装 Oracle 客户端软件（8.1.7 版或更高版本），才能连接到 Oracle 数据源。Oracle .NET Framework 数据提供程序类位于 System.Data.OracleClient 命名空间中，并包含在 System.Data.OracleClient.dll 程序集中。在编译使用该数据提供程序的应用程序时，需要同时引用 System.Data.dll 和 System.Data.OracleClient.dll。

针对不同的数据提供程序所实现的对象具有各自的属性、方法和事件。以上介绍的 4 种数据提供程序中都实现了以下 4 种相应的对象：Connection 对象、Command 对象、DataReader 对象和 DataAdapter 对象。不同类别的数据提供程序的对象名前缀会有所不同。表 2-3 概括了组成 .NET Framework 数据提供程序的 4 个核心对象。

表 2-3　.NET Framework 数据提供程序的 4 个核心对象

对　象	说　明
Connection	建立与特定数据源的连接。所有 Connection 对象的基类均为 DbConnection 类。用于连接到数据源，主要提供与数据库的连接功能
Command	对数据源执行命令。公开 Parameters，并且可以通过 Connection 在 Transaction 的范围内执行。所有 Command 对象的基类均为 DbCommand 类。用于执行针对数据源的命令并且检索 DataReader 或者 DataSet，或者用于执行针对数据源的一个 INSERT、UPDATE 或 DELETE 命令
DataReader	从数据源中读取只进且只读的数据流。所有 DataReader 对象的基类均为 DbDataReader 类。通过 Command 对象提供从数据库检索信息的功能，且该对象是以一种只读的、向前的、快速的方式访问数据库
DataAdapter	用数据源填充 DataSet 并解析更新。所有 DataAdapter 对象的基类均为 DbDataAdapter 类。是数据集（DataSet）和数据源之间的桥梁。DataAdapter 对象使用 Command 对象在数据源中执行 SQL 命令，以便加载到 DataSet 中，并确保 DataSet 中数据的更改与数据源保持一致

除表 2-3 列出的核心类之外,.NET Framework 数据提供程序还包含表 2-4 所列出的类。

表 2-4 .NET Framework 数据提供程序的其他对象

对　象	说　明
Transaction	能够在数据源的事务中登记命令。所有 Transaction 对象的基类均为 DbTransaction 类
CommandBuilder	帮助器对象将自动生成 DataAdapter 的命令属性或将从存储过程派生参数信息并填充 Command 对象的 Parameters 集合。所有 CommandBuilder 对象的基类均为 DbCommandBuilder 类
ConnectionStringBuilder	帮助器对象为创建和管理 Connection 对象所使用的连接字符串的内容提供了一种简单的方法。所有 ConnectionStringBuilder 对象的基类均为 DbConnectionStringBuilder 类
Parameter	定义命令和存储过程的输入输出和返回值参数。所有 Parameter 对象的基类均为 DbParameter 类
Exception	在数据源中遇到错误时返回。对于在客户端遇到的错误,.NET Framework 数据提供程序会引发 .NET Framework 异常。所有 Exception 对象的基类均为 DbException 类
Error	公开数据源返回的警告或错误中的信息
ClientPermission	为.NET Framework 数据提供程序代码访问安全属性而提供。所有 ClientPermission 对象的基类均为 DbDataPermission 类。

2.3 ADO.NET 对象模型

ADO.NET 是一个全新的对象模型,其组件是用来分离数据访问和数据操作的。它分为两部分:数据提供程序(Data Provider)和数据集(DataSet)。数据提供程序用于同真实数据进行沟通,在 2.2 节已经介绍过了,数据集用于表示真实数据。这两个组成部分都与应用程序进行很好的交互。图 2-2 展示了 ADO.NET 对象模型结构。

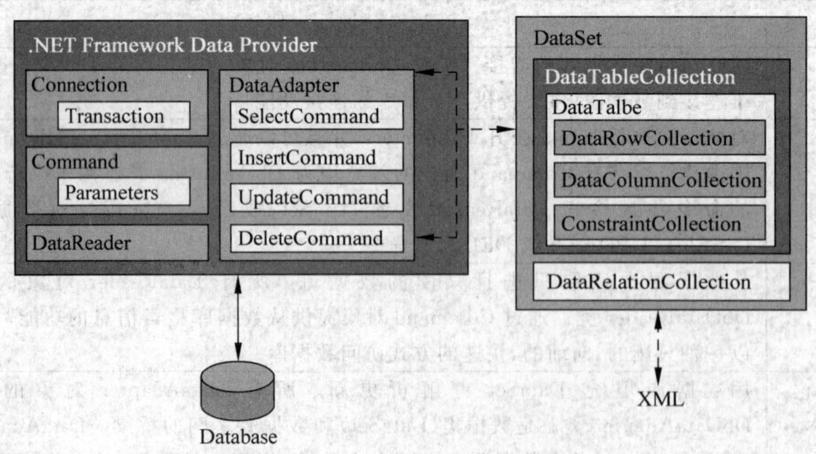

图 2-2　ADO.NET 对象模型结构

因为.NET类通常通过命名空间组织到一起，所以所有ADO.NET相关功能的类都位于System.Data命名空间下。同样，就像其他.NET组件一样，ADO.NET并不是孤立的，它可以与.NET框架中各种其他组成部分——诸如System.Web.UI.WebControls.Adapters.TableAdapter类或System.Transactions命名空间等实现交互。

ADO.NET对象模型可以分成两个基本类别：连接的和非连接的。在ADO.NET中的各种类都可以分成连接的和非连接的。唯一的例外是DataAdapter对象，它充当了连接的和非连接的类别之间的关卡。

已连接环境是指用户或应用程序持续连接到数据源。其优点是更安全，更易维护；更容易控制并发性；与非连接环境相比，数据刷新更及时。缺点是必须有固定的数据库连接；扩展性不强。面向连接的部分是那些在与数据源交互和处理时必须要有打开的可用连接的对象。在ADO.NET中面向连接的部分主要包括如下对象。

(1) Connection：这个对象可以建立一个与数据源的连接。依赖于实际所用的.NET数据提供程序，连接对象可以自动池化物理数据库连接。它们并不池化连接对象实例，了解这一点很重要，但是它们会试图循环使用物理数据库连接。连接对象的例子有OleDbConnection、SqlConnection、OracleConnection等。

(2) Transaction：有时，可能需要把一系列命令组织到一起或作为一个原子操作来执行，即"要么都执行，要么都不执行"。例如一个银行的应用程序，如果贷方不能执行操作，那么其借方也不应该执行操作。事务对象可以把一组命令组织起来原子化地执行。事务对象的例子有OleDbTransaction、SqlTransaction、OracleTransaction等。在ADO.NET 2.0中，可以用System.Transactions命名空间来运行分布式事务，并支持非数据库事务。在ADO.NET 1.0和ADO.NET 1.1中，使用System.EnterpriseServices命名空间可能并不是理想的解决方案。

(3) DataAdapter：这个对象可以作为ADO.NET中连接和非连接的网关。它可以建立一个连接，也可以提供一个已建立的连接。它拥有能够处理一个非连接对象的数据的足够信息，也可以基于事先没有指定的方式操作数据库。DataAdapter的例子有SqlDataAdapter、OracleDataAdapter等。

(4) Command：这个对象表示可在底层数据源上执行的命令。这个命令既可返回结果，也可不返回。这些命令可以用来操作、查询、更新或删除现存数据。此外，它们还可以用来操作底层数据表结构。命令对象的例子有SqlCommand、OracleCommand等。

(5) Parameter：表示命令需要接收的参数。这就可以让命令更加灵活、接收输入值并且执行相应的操作。这些参数可以是存储过程的输入输出值，或者是传递给SQL查询的参数，或者是传递给动态查询的简单的命名参数。参数的例子有SqlParameter、OracleParameter等。

(6) DataReader：DataReader对象相当于是只读/只向前移的游标，可以用极快的速度从数据库获取数据，但是这种数据获取方式是只向前移和只读的。

非连接环境是指用户或应用程序并非一直和数据源保持连接。使用便携计算机的移动用户是非连接环境的主要用户。用户可以在非连接的计算机上使用数据的子集，以后再将更新提交到数据源。其优点是任何时候都可用，并可随时连接到数据源进行处理；共享连接资源；提高了应用程序性能和扩展性。缺点是数据不能保证是最新的；可能发生更新冲突并且必须设法解决冲突。非连接对象是使用 ADO.NET 构建的，只不过使用了一种不同的方法而已。非连接应用程序通常尽可能晚地连接，并且尽早地断开连接。ADO.NET 非连接模型下需要用到如下对象。

(1) DataSet：DataSet 是 ADO.NET 非连接数据访问模型的核心。理解 DataSet 最好的方式就是把它看作是完全在内存中表示的非常小的关系型数据库管理系统(RDBMS)。但它并不完全是 RDBMS，而且永远也不能取代 RDBMS，它的各个组件与大多数主要的 RDBMS 对象一一对应连接起来，这能帮助理解 DataSet。同时，DataSet 是通过 System.Data.DataSet 来提供的，意识到这一点很重要，即数据集位于任何.NET 提供程序(provider)之上，这样就把数据集变成与.NET 数据提供程序无关。DataSet 也可以看作是 DataTable 和 DataRelation 的逻辑集合。

(2) DataTable：DataTable 非常类似于数据库中的表。它是由 DataColumn、DataRow 以及作用于它们上的各种约束组成的。它以行/列格式存储数据。从 ADO.NET 2.0 开始，DataTable 可以完全转换成 XML，而且可以像 DataSet 那样被序列化。为满足数据访问的需要，可能在 DataSet 中就只包含一个 DataTable，此时使用 DataTable 可能会更好。这样做不仅更方便，而且性能也更高。

(3) DataRow：DataTable 的一个属性是 DataRowCollection 类型的 Row，它表示一个可列举的 DataRow 对象集合。在数据填充到 DataTable 时，DataRowCollection 获取一个新的 DataRow 对象，并且添加到其自身。在数据库中与 DataRow 最为贴切的逻辑对应就是数据表中的行。

(4) DataColumn：DataTable 也包含一个 DataColumnCollection 类型的 Column 属性。本质上，这表示一个 DataTable 结构。在数据库中与 DataColumn 对象最为贴切的逻辑对应就是数据库中给定数据表的单个列。

(5) DataView：DataView 很像是数据库中的视图。DataView 可以在一个 DataTable 上创建一个“视图”，并且可以基于其 Filter 属性指定的一个预先设定的条件以查看数据的子集。也可以使用 Sort 属性来对 DataTable 过滤后的子集数据进行排序。一个 DataTable 上可以定义多个视图。

(6) Constraint：DataTable 也包含一个名为 Constraint 的 ConstraintsCollection 类型的属性。这就可以创建 ForeignKeyConstraint 或 UniqueCosntraint 对象，并且能把各个列关联到特定的条件上，在 DataTable 中，数据必须符合这些条件才能保存到 DataTable 中。在数据库中与 ForeignKeyConstraint 最为贴切的逻辑对应是外键，而 Unique- Constraint 指定了数据库中给定列的 Unique 条件。

(7) DataRelation：DataSet 就像数据库一样，可以包含多个相互关联的表。DataRelation 对象可以指定不同数据表之间的关系，这样就能实现跨数据表之间的数据验证，并在多个 DataTable 之间浏览父行和子行的数据。在数据库中最为贴切的逻辑对应是两个被指定的数据表之间的外键。ForeignKeyConstraint 和 DataRelation 之间的差异在于：DataRelation 除了能验证数据，还能很方便地在 DataSet 中的父行和子行之间遍历。图 2-3 显示了完整的 DataSet 对象模型。

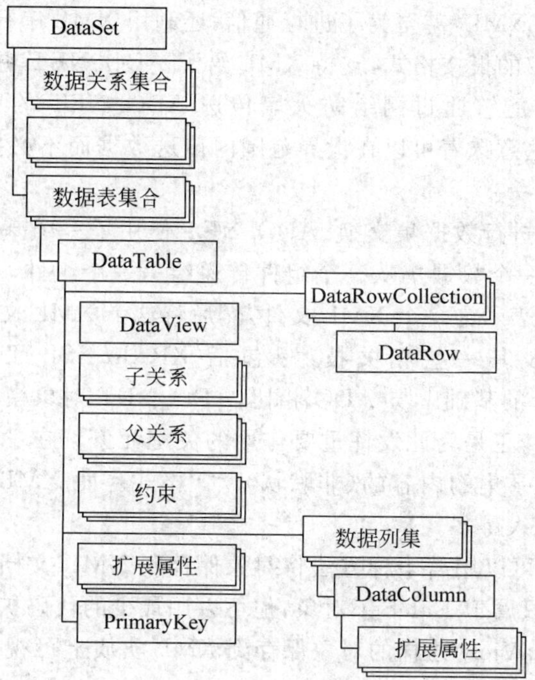

图 2-3 显示了完整的 DataSet 对象模型

2.4 ADO.NET 命名空间

与各个.NET 数据提供程序相关联的类型(类、结构、枚举等)位于其各自的命名空间中,如表 2-5 所示。

表 2-5 ADO.NET 命名空间

命名空间名称	说 明
System.Data.SqlClient	包含 SQL Server.NET 数据提供程序类型
System.Data.OracleClient	包含 Oracle.NET 数据提供程序
System.Data.OleDb	包含 OLE DB.NET 数据提供程序类型
System.Data.Odbc	包含 ODBC.NET 数据提供程序类型
System.Data	包含独立于提供程序的类型,如 DataSet 和 DataTable

各自的关联命名空间内,每个提供程序都提供了对 Connection、Command、DataReader 和 DataAdapter 对象的实现。SqlClient 实现的前缀为 Sql,而 OleDb 实现的前缀为 OleDb。例如,Connection 对象的 SqlClient 实现是 SqlConnection,而 OleDb 实现则为 OleDbConnection。同样,DataAdapter 对象的两个实现分别为 SqlDataAdapter 和 OleDbDataAdapter。

2.5 ADO.NET 与 XML

XML 在 ADO.NET 中扮演了一个极其重要的角色。不但 ADO.NET 要使用 XML 格式读写它的内容,而且这个 ADO.NET 的框架就是使用开放源码的 XML 技术构建的。

ADO. NET 生成就使用 XML，甚至为了进行通信，还利用 XML 串行化它的 DataSet。由于 XML 是一种没有所有权的报文格式，支持 XML 给了 ADO. NET 更多与非 Microsoft 技术进行对接的能力。用户能够通过网络防火墙传送 ADO. NET 的 DataSet 就应该归功于 XML 报文传输格式。这意味着可以在世界范围内传送数据而不必担心被那些不能读懂格式的服务器所阻挡。

为了适应在组件间进行数据集交换，ADO. NET 使用了一个基于 XML 的保持和传递格式。也就是说，要将一个数据集从一个组件传递给另一个组件，ADO. NET 解决方案将内存中的数据（数据库）表示为一个 XML 文件，然后将这个 XML 文件发送给另一个组件。

毫无疑问，XML 及其一些相关技术（包括 XPath、XSL Transformation 和 XML Schema）是 ADO. NET 的基础。与 ADO 相比，ADO. NET 对象模型的互操作性得到很大的提高，而事实上，XML 正是为此发挥重要作用的关键元素。在 ADO 中，XML 只是一个用于保留断开连接的记录集的内容的（非默认）I/O 格式。而 XML 在 ADO. NET 的构建和交互方面的参与则深入得多。

在 ADO. NET 中，可以用若干种方法将对象保存到 XML 文档以及从 XML 文档还原对象。总之，这种能力只属于 DataSet 对象，但可以用最少的代码扩展到其他容器对象。将诸如 DataTable 和 DataView 这样的对象保存到 XML 实质上可视为数据集序列化的特殊情况。

此外，ADO. NET 和 XML 类提供了一种统一的中间 API，程序员可通过同步的双编程接口来使用它。可以使用 XML 基于节点的分层法或基于列的表格式数据集关系法来访问和更新数据。也可以在任何时候从数据的数据集表示形式切换到 XML DOM，反之亦然。数据将进行同步，而且在其中一个模型中输入的任何更改会立即在另一个模型中有所反映，并可以看见。表 2-6 展示了可以用来在读写中使用 XML 的数据集的方法。

表 2-6　读写 XML 数据集的方法

方　法	说　明
GetXml	返回一个字符串，该字符串是数据集中存储的数据的 XML 表示形式不包括任何架构信息
GetXmlSchema	返回一个字符串，该字符串是数据集的 XML 架构信息
ReadXml	使用从流或文件读取的指定 XML 数据填充 DataSet 对象
ReadXmlSchema	将指定的 XML 架构信息加载到当前的 DataSet 对象
WriteXml	写入表示数据集的 XML 数据（或架构）可以写入流或文件
WriteXmlSchema	写入字符串，该字符串是数据集的 XML 架构信息可以写入流或文件

正如表 2-6 所示，使用 DataSet 和 XML 时，可以将数据和架构信息作为不同的实体进行管理。可以接受来自数据集的 XML 架构，将它作为字符串使用。也可以将它写入磁盘文件或将它加载到一个空的 DataSet 对象。与表 2-6 中列出的方法可以相提并论的是，DataSet 对象还包含两个与 XML 相关的属性：Namespace 和 Prefix。Namespace 确定将 XML 属性和元素读取到数据集时用于限定其范围的 XML 命名空间。作为命名空间别名的前缀存储在 Prefix 属性中。

2.6 小　结

本章简要地介绍了 ADO. NET 的基本概念、数据提供程序、ADO. NET 中对象模型，以及其各种重要的类。还介绍了新型数据访问模型的必要性及其所要解决的问题，同时也展示了 ADO. NET 逻辑上的两个部分：连接部分和非连接部分，以及通过数据提供程序所支持的各种数据源。本章还介绍了 ADO. NET 与 XML 的紧密关系。

2.7 习　题

一、选择题

1. 在 ADO. NET 中使用 XML 支持时，以下可取的建议是(　　)。
   A. 从 DataSet 读取 XML 格式的数据
   B. 使用 XML 格式的数据填充 DataSet
   C. 为 DataSet 创建 XML 格式的构架描述
   D. 将数据以 XML 格式保存在数据库中
2. 目前，Microsoft .NET Framework 的发行包中包含以下.NET 数据提供程序(　　)。
   A. SQL Server .NET 数据提供程序
   B. OLE DB .NET 数据提供程序
   C. ODBC .NET 数据提供程序
   D. Sysbase .NET 数据提供程序
3. 为了在程序中使用 ODBC .NET 数据提供程序，应在源程序工程中对(　　)名字空间进行引用。
   A. System. Data. SqlClient　　B. System. Data. OracleClient
   C. System. Data. OleDb　　D. System. Data. Odbc
4. 下列可以作为 DataSet 的数据源的是(　　)。
   A. SQL Server 2008 数据库中的视图　　B. Oralce 数据库中的表
   C. XML 文件　　D. Excel 制表文件
5. NET Framework 数据提供程序的 4 个核心对象是(　　)。
   A. Transaction　　B. Connection
   C. CommandBuilder　　D. DataAdapter
   E. ConnectionStringBuilder　　F. Command
   G. DataReader

二、填空题

1. ADO. NET 是一个全新的对象模型，其组件是用来分离数据访问和数据操作的。它分为(　　)和(　　)两部分。
2. ADO. NET 对象模型可以分成(　　)和(　　)的两个基本类别。
3. (　　)对象可以建立一个与数据源的连接。
4. (　　)方法可以将指定的 XML 架构信息加载到当前的 DataSet 对象。
5. 包含 SQL Server. NET 数据提供程序类型的名字空间是(　　)。

第3章 ADO.NET 演示程序

通过前面章节我们了解到关系数据库和 ADO.NET 的基础概念和思想，接着本章将通过一些演示程序来使读者更直观地掌握如何利用 ADO.NET 技术访问到数据库数据。

3.1 构建演示程序的数据源

本章仍然以“快餐店网上预订配送系统”项目为例展开进行说明，并且利用第 1 章在 Microsoft SQL Server 2008 环境中创建好 FastFood 数据库进行演示。

首先构建好应用程序所要用到的数据源，步骤如下。

步骤 1：单击【开始】按钮，单击【所有程序】菜单中 Microsoft Visual Studio 2010 下的 Microsoft Visual Studio 2010，弹出如图 3-1 所示的 Microsoft Visual Studio 2010 启动界面。

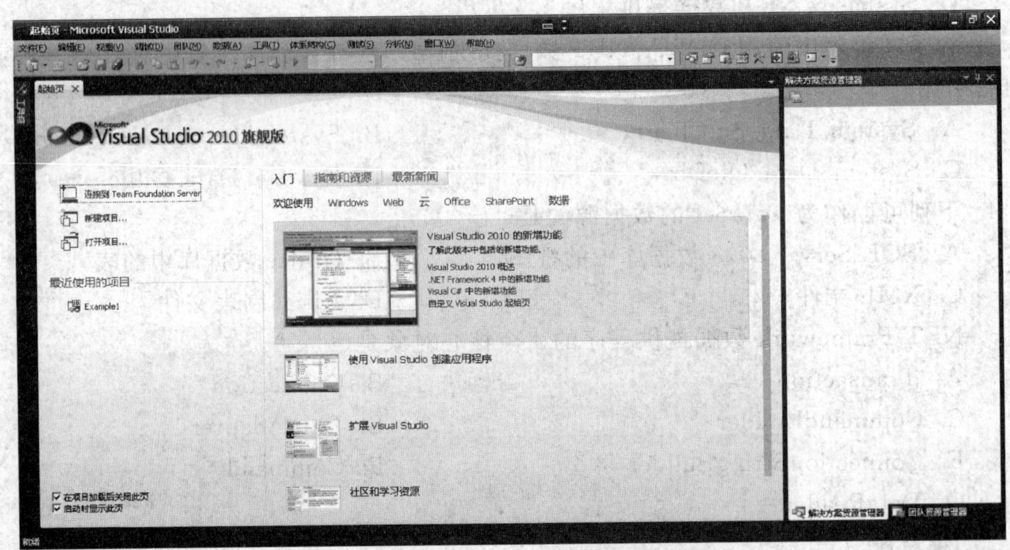

图 3-1 Microsoft Visual Studio 2010 启动界面

步骤 2：在菜单栏上选择【视图】菜单下【服务器资源管理器】选项，如图 3-2 所示。

步骤 3：选择好后，就可以把【服务器资源管理器】窗口打开，界面如图 3-3 左部所示。

步骤 4：在【服务器资源管理器】窗体的【数据连接】选项上，右击，弹出如图 3-4 所示的快捷菜单。在快捷菜单中选择【新建连接】命令。

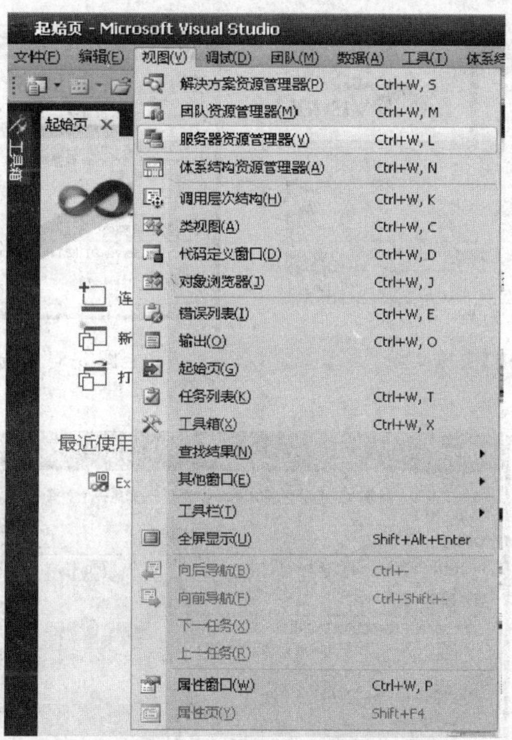

图 3-2 【视图】菜单下的【服务器资源管理器】选项

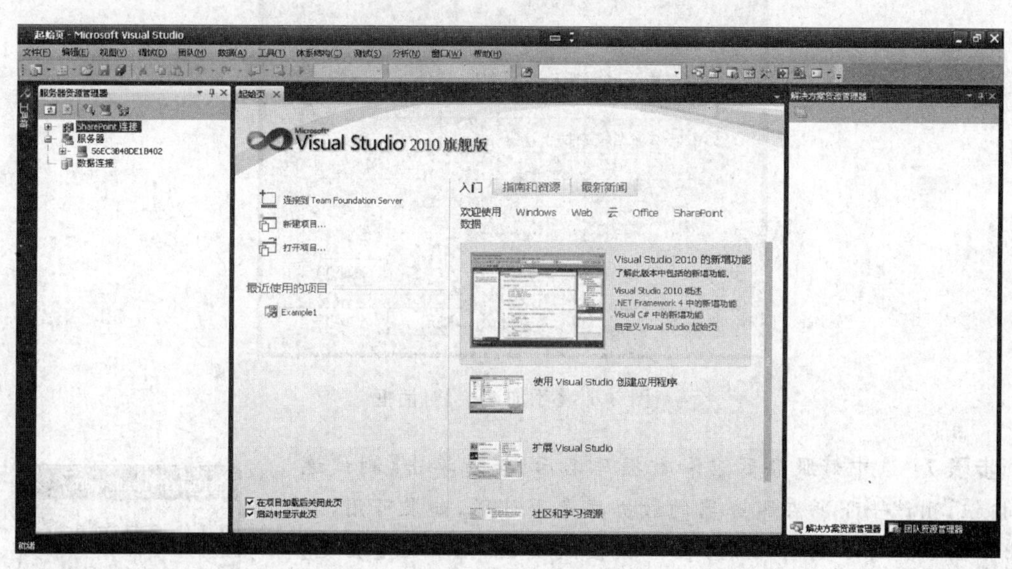

图 3-3 【服务器资源管理器】窗口

步骤 5：在弹出的【选择数据源】对话框中，选择合适的数据源，这里选择 Microsoft SQL Server 项，如图 3-5 所示。然后，单击【继续】按钮。

步骤 6：确定后，又弹出【添加连接】对话框，选择好服务器名，并在【连接到一个数据库】中选中第 1 章创建好的 FastFood 数据库，如图 3-6 所示。

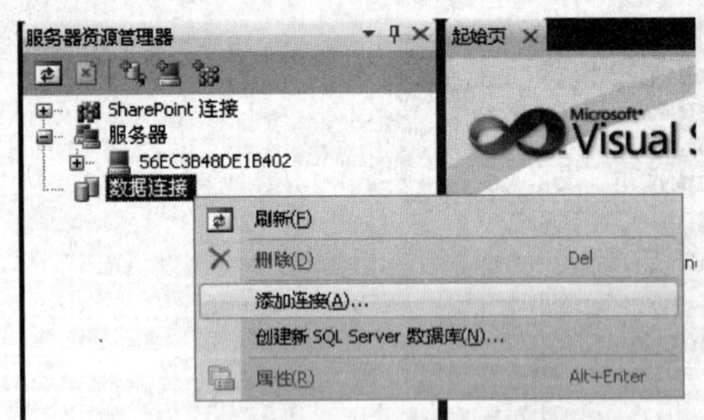

图 3-4 【数据连接】快捷菜单

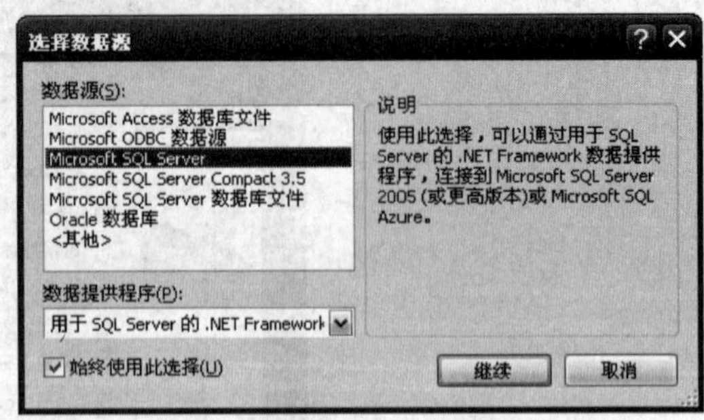

图 3-5 【选择数据源】对话框

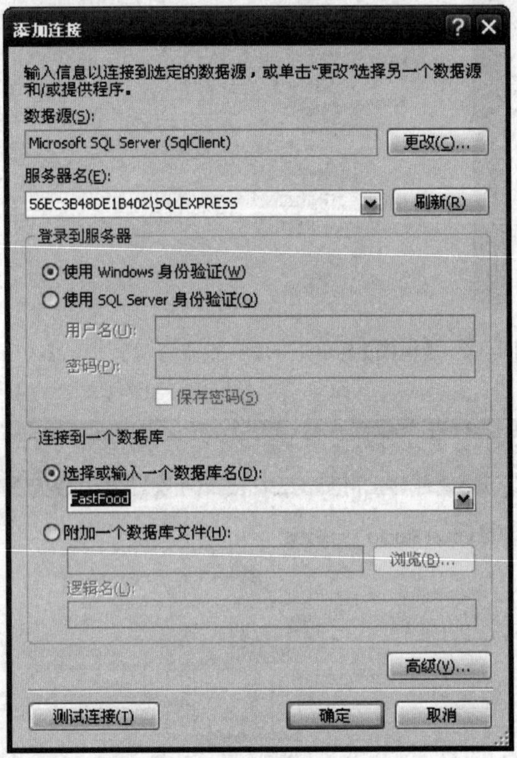

图 3-6 【添加连接】对话框

步骤 7：选中好服务器名和数据库名后，接着单击【测试连接】按钮，测试一下所在服务器的数据库是否可用，如果可用，会弹出如图 3-7 所示的对话框，表示连接成功，然后单击【确定】按钮。

图 3-7 【数据连接成功】对话框

步骤 8：这样就把应用程序所要用到的数据源给构建好了，接着，可以在【服务器资源管理器】窗口中展开刚刚新添加的数据源，并看到 Customer(客户表)，如图 3-8 所示。

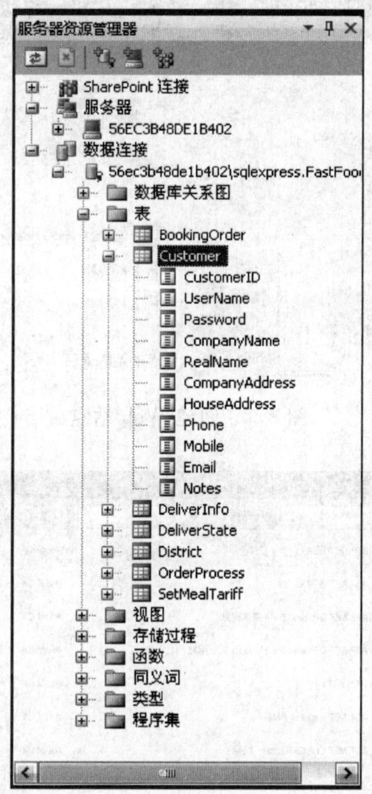

图 3-8　Customer(客户表)

3.2　创建数据驱动的应用程序：拖放的方法

数据源构建好后，那么就可以来创建一些简单的应用 ADO. NET 数据访问模型来显示数据库中数据的应用程序了。这里介绍两种方法：一种是 ASP. NET 的 WEB 程序的例子；另一种是 Windows 窗体应用程序的例子。

3.2.1　ASP. NET 3.5 中的拖放

创建一个简单的网页，可以通过 ADO. NET 从 FastFood 数据库中查询 Customer(客户表)中所有客户的相关资料，并把其查询结构显示在页面上。步骤如下。

步骤 1：首先启动 Visual Studio 2010，启动后在菜单栏上选择【文件】菜单下【新建】→【网站】选项，界面如图 3-9 所示。

步骤 2：接着把编程语言选择为 Visual C#(如果读者习惯用 VB. NET，也可以选择 VB. NET)，选择好一个存储目录后，把网站命名为"快餐店网上预订配送系统"，并单击【确定】按钮，如图 3-10 所示。

步骤 3：确定后，系统就会自动地为我们创建的网站建立一个 Default. aspx 页面，如图 3-11 所示。如果该页面未在 Visual Studio 2010 中打开，可在【解决方案资源管理器】中双击文件名将其打开。

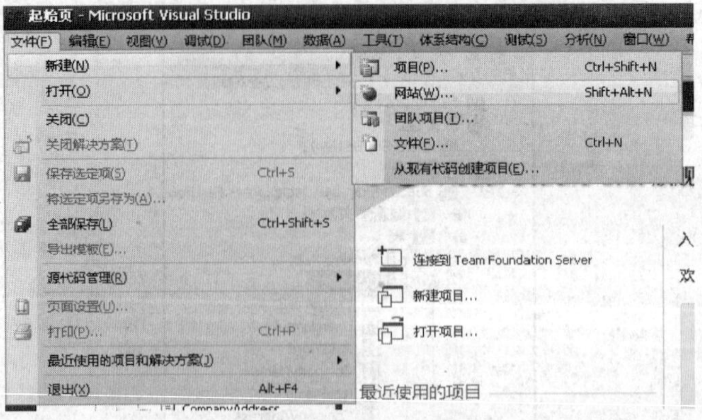

图 3-9　创建 Web 站点

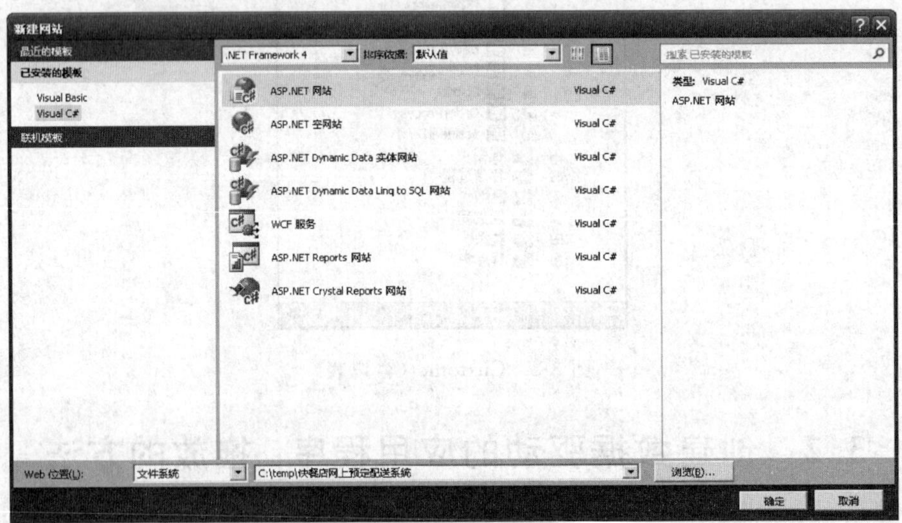

图 3-10　创建一个基于 C# 新的 ASP.NET 网站

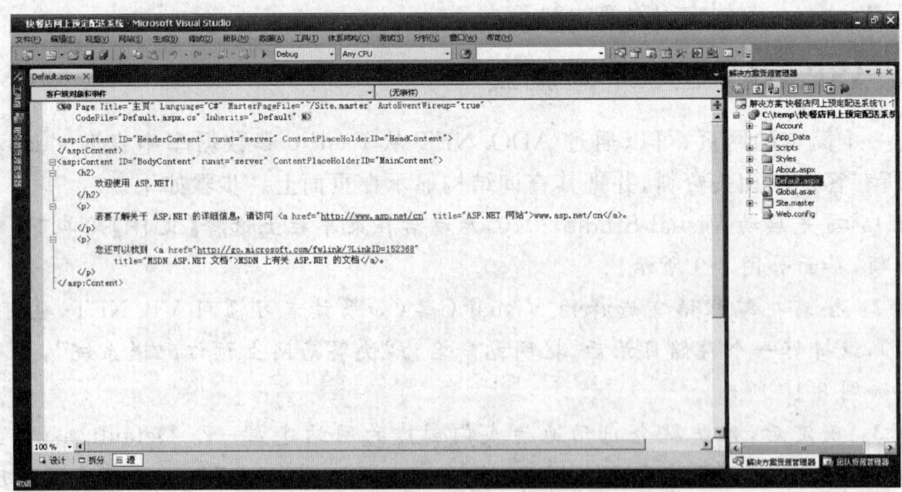

图 3-11　网站的 Default.aspx 页面

步骤 4：在打开 Default.aspx 的源码界面底下有三个选项，一是【设计】；二是【拆分】；三是【源】。请单击【设计】选项进行切换到 Default.aspx 页面的设计界面，然后再单击左部上面的【工具箱】选项，如图 3-12 所标记的位置。

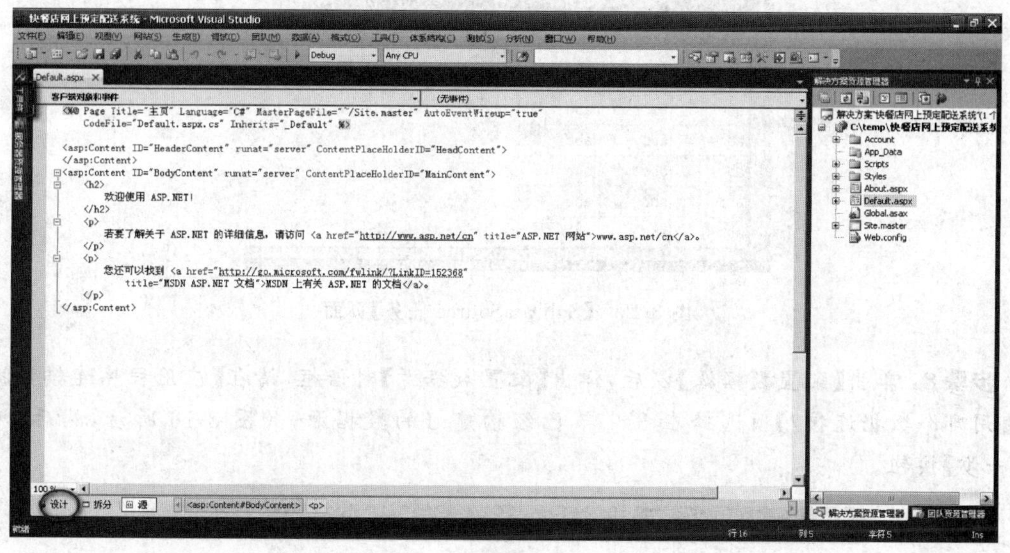

图 3-12　标记切换设计页面

步骤 5：单击【工具箱】选项后，在工具箱中展开【数据】选项，如图 3-13 所示。接着把其中的 SqlDataSource 和 GridView 两个控件分别拖曳到 Default.aspx 页面。

步骤 6：把 SqlDataSource 和 GridView 两个控件分别拖曳后，Default.aspx 显示效果如图 3-14 所示结果。

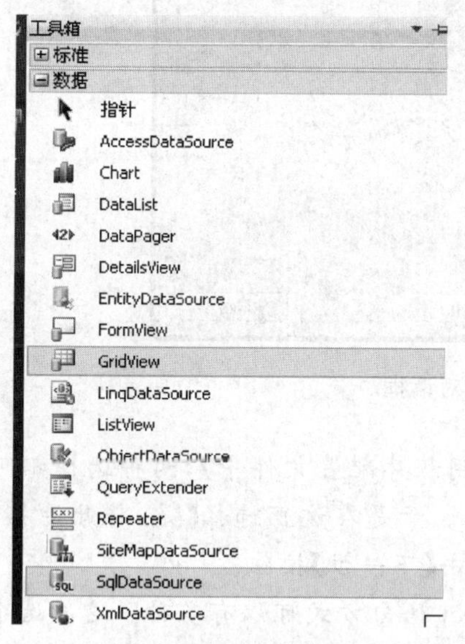

图 3-13　工具箱的 SqlDataSource 和 GridView 控件

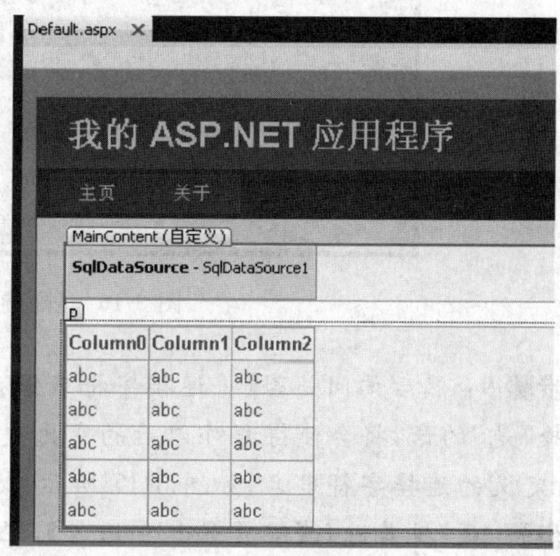

图 3-14　在 Default.aspx 页面中添加 SqlDataSource 和 GridView 控件

步骤 7：在页面选中 SqlDataSource 控件后，该控件右上部出现一个箭头，请单击该箭头，弹出 SqlDataSource 任务，请选择其中【配置数据源】选项，如图 3-15 所示。

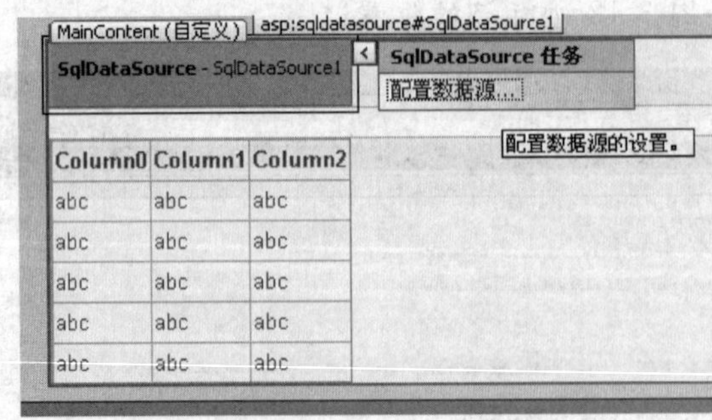

图 3-15 【SqlDataSource 任务】页面

步骤 8：单击【配置数据源】以后，弹出【配置数据源】对话框，请在【应用程序连接数据库应使用哪个数据连接?】项选择在 3.1 节已经构建好的数据源，如图 3-16 所示，然后，单击【下一步】按钮。

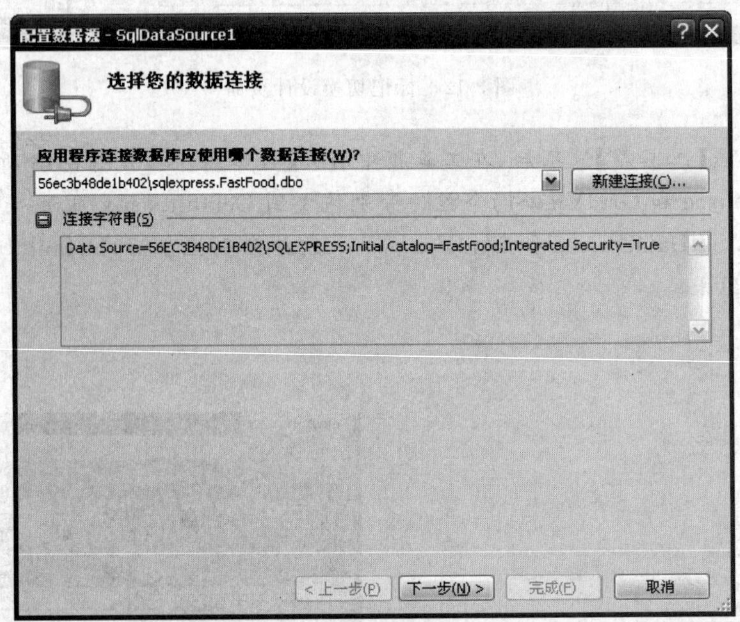

图 3-16 【配置数据源】对话框

步骤 9：然后询问是否【将连接字符串保存到应用程序配置文件中】，两种选择都可以，但选择“是”的话，将会使得程序以后的变更更加容易。于是在这里选择【是，将此连接另存为】自定义的连接字符串名，如图 3-17 所示，然后，单击【下一步】按钮。

步骤 10：接着进行【配置 Select 语句】，配置 Select 语句方式可以有多种。这里选中【指定来自表或视图的列】单选按钮，并在名称处选择 Customer 表，在列中选择 *，表示该表中所有的列都选中，系统会自动生成 SQL 语句为 SELECT * FROM [Customer]，如图 3-18 所示。然后，单击【下一步】按钮。

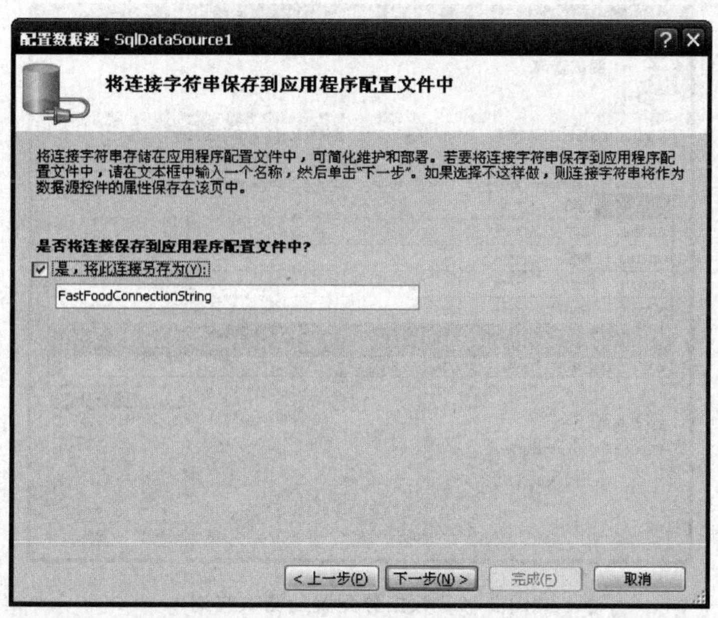

图 3-17 【将连接字符串保存到应用程序配置文件中】对话框

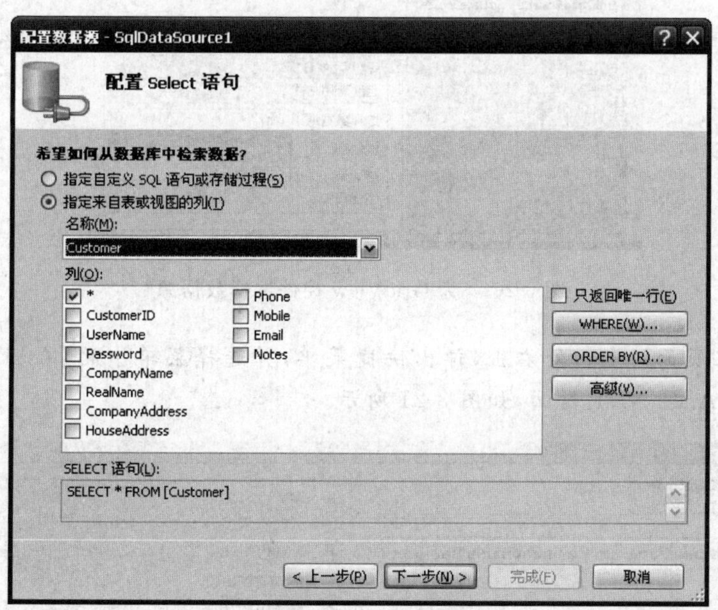

图 3-18 【配置 Select 语句】对话框

步骤 11：单击【测试查询】命令，检测一下刚刚所做的数据源配置是否成功，如果达到预期结果，表示配置成功，否则退出至步骤 8，进行重新配置，如图 3-19 所示。最后，单击【完成】按钮。那么整个 ASP. NET 页面的数据源配置就完成了。

步骤 12：在页面选中 GridView 控件后，该控件右上部出现一个箭头，请单击该箭头，弹出 GridView 任务，请选择其中【选择数据源】选项的下拉框，并选择好上步骤创建好的数据源 SqlDataSource1，如图 3-20 所示。

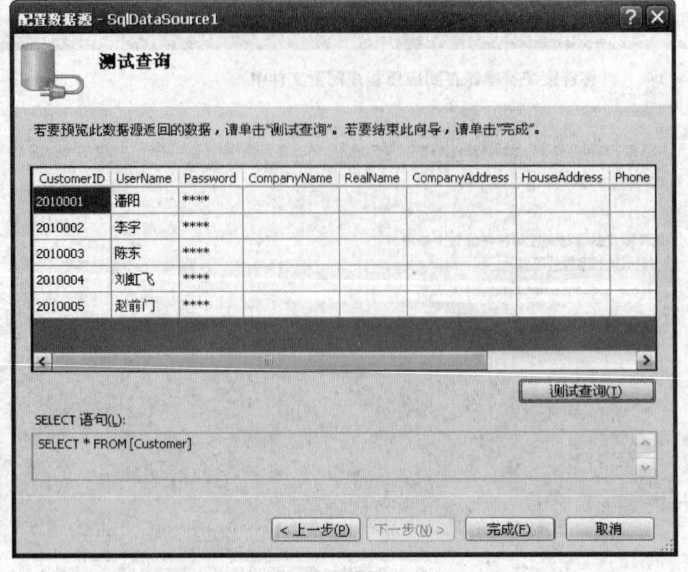

图 3-19　数据源配置后测试查询

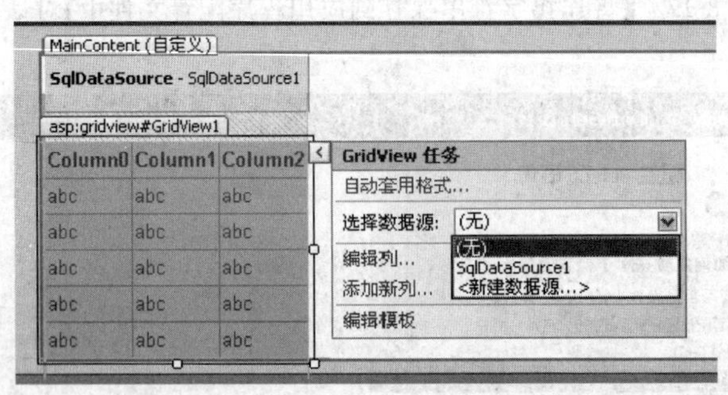

图 3-20　为 GridView 控件选择数据源

步骤 13：在页面的空白处右击，弹出快捷菜单，并选择菜单中的【在浏览器中查看】命令，进行运行该 ASP.NET 页面，如图 3-21 所示。

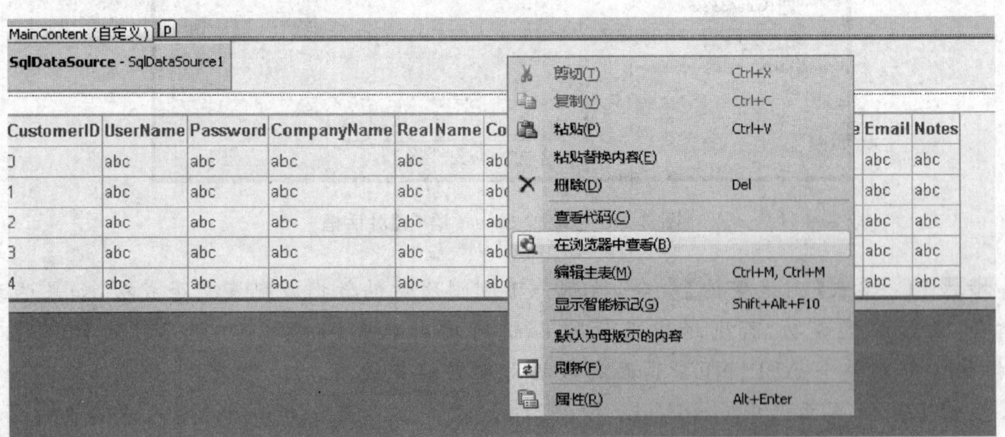

图 3-21　ASP.NET 页面的快捷菜单功能

步骤 14：Default.aspx 页面运行后的效果图如图 3-22 所示。我们通过 ADO.NET 技术得到了从 FastFood 数据库中查询 Customer(客户表)中所有客户的相关资料，并把其查询结果显示在页面上。

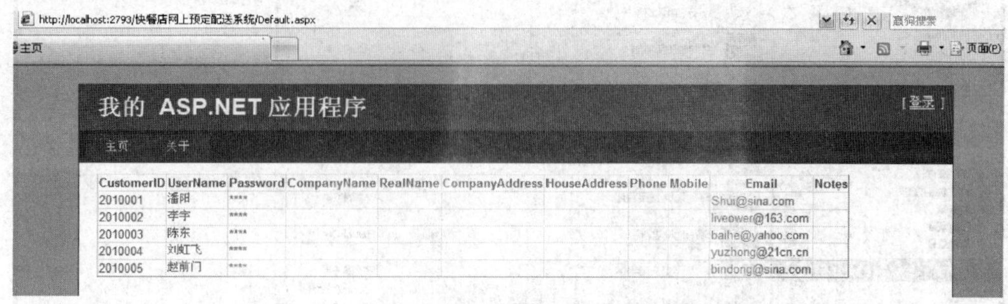

图 3-22 Default.aspx 页面运行后的效果图

3.2.2 Windows 窗口应用程序中的拖放

创建一个简单的 Windows 窗口应用程序，也通过 ADO.NET 从 FastFood 数据库中查询 Customer(客户表)中所有客户的相关资料，并把其显示在应用程序窗口中。步骤如下。

步骤 1：首先启动 Visual Studio 2010，启动后在菜单栏上选择【文件】菜单下【新建】→【项目】选项，界面如图 3-23 所示。

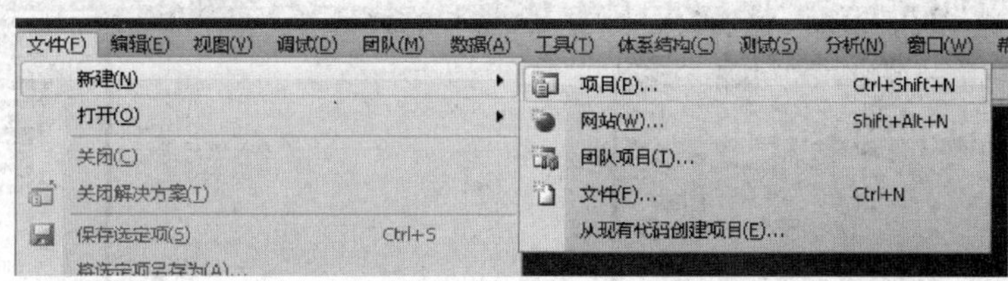

图 3-23 创建项目菜单项

步骤 2：接着在 Visual C# 列表下面选择 Windows，并在应用程序种类选择【Windows 窗体应用程序】，并选择好一个存储目录后，把程序命名为"快餐店网上预订配送系统"，并单击【确定】按钮，如图 3-24 所示。

步骤 3：确定后，系统就会自动地为我们创建的 Windows 窗口应用程序建立一个 Form1.cs 窗口，如图 3-25 所示。如果该窗口未在 Visual Studio 2010 中打开，可在【解决方案资源管理器】中双击文件名将其打开。

步骤 4：单击程序的【数据】菜单，弹出菜单项，请选择【显示数据源】命令，如图 3-26 所示。

步骤 5：选择【显示数据源】命令后，在系统的左侧界面中会打开【数据源】窗口界面，并单击其中的【添加新数据源】链接按钮，如图 3-27 所示。

步骤 6：单击添加新数据源后，会弹出【数据源配置向导】对话框，如图 3-28 所示。首先需要选择数据源类型，从【应用程序将从哪里获取数据?】项中进行选择，这里的选择有数据库、服务和对象等多种数据源类型可供选择，本例子选择【数据库】这种数据源类型，单击【下一步】按钮。

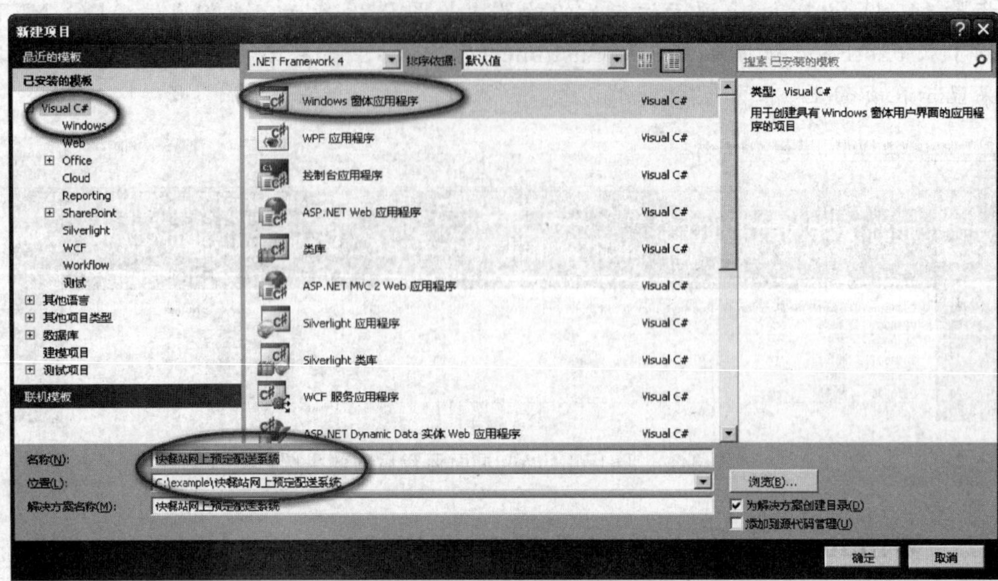

图 3-24　创建一个 Windows 窗口应用程序

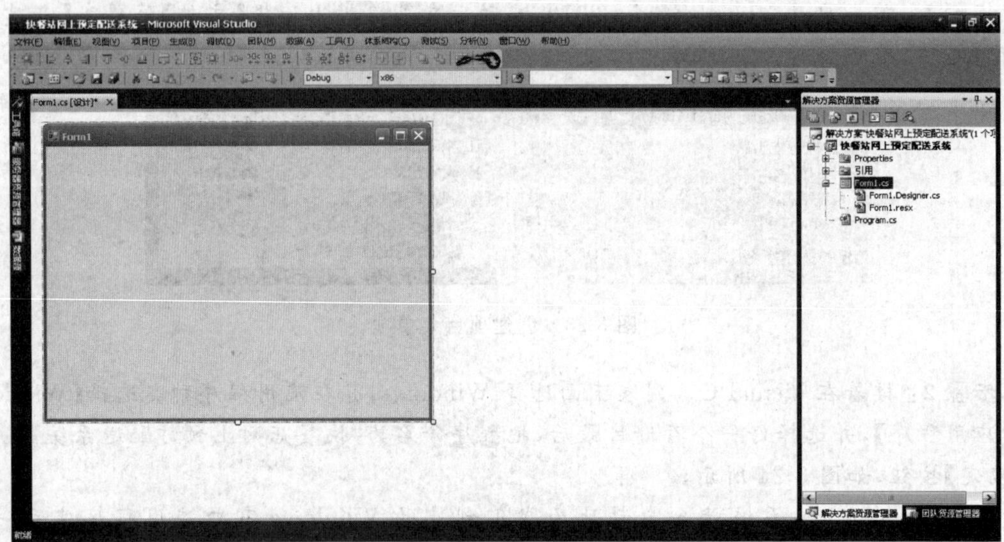

图 3-25　网站的 Form1.cs 窗口

图 3-26　【数据】菜单功能项

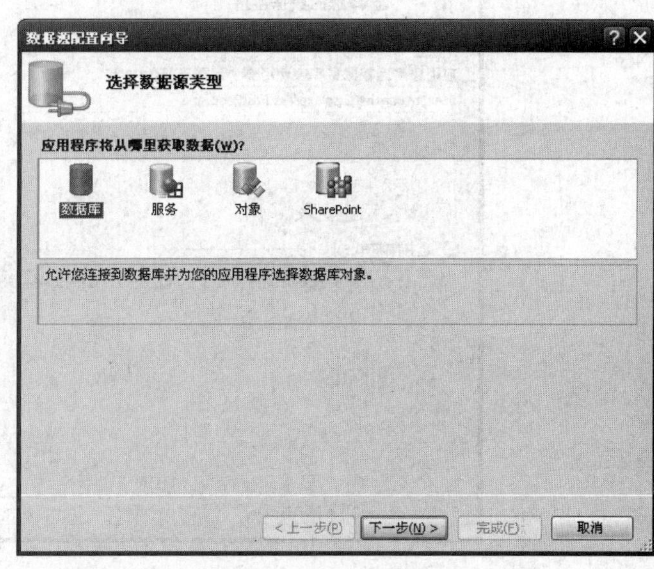

图 3-27 【数据源】窗口　　　　图 3-28 选择数据源类型

步骤 7：接着需要选择数据库模型，如图 3-29 所示。从【要使用哪种类型的数据库模型?】项中进行选择，这里的选择有数据集和实体数据模型等多种数据模型可供选择，本例子选择【数据集】这种数据库模型。然后，单击【下一步】按钮。

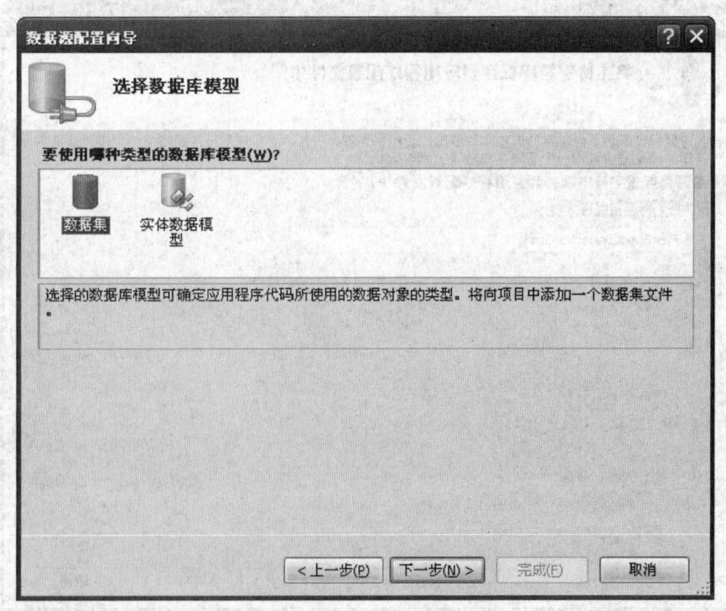

图 3-29 选择数据库模型

步骤 8：然后需要选择数据库连接，从【应用程序连接数据库应使用哪个数据连接?】项中进行选择，请选择在 3.1 节已经构建好的数据源，如图 3-30 所示，然后，单击【下一步】按钮。

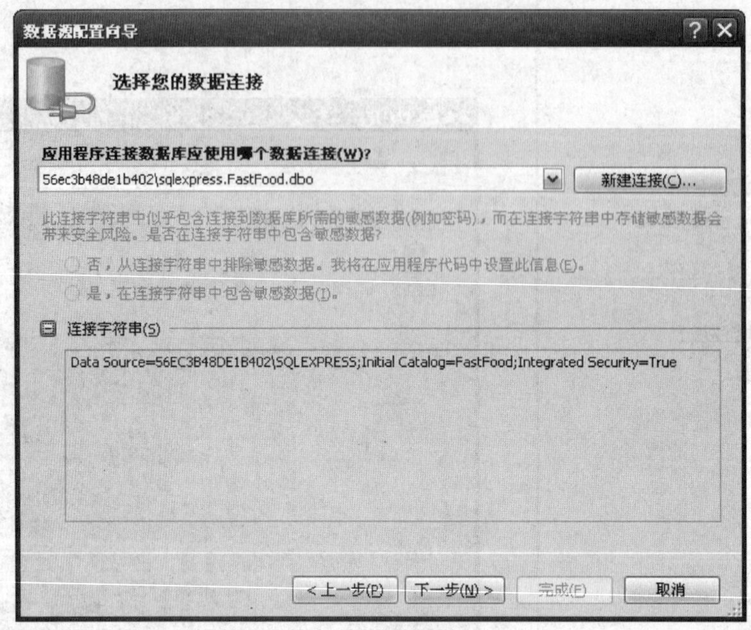

图 3-30　选择数据连接

步骤 9：然后询问是否【将连接字符串保存到应用程序配置文件中?】，两种选择都可以，但选择【是，将此连接另存为】的话，将会使得以后程序的变更更加容易。于是在这里选择【是，将此连接另存为】自定义的连接字符串名，如图 3-31 所示，然后，单击【下一步】按钮。

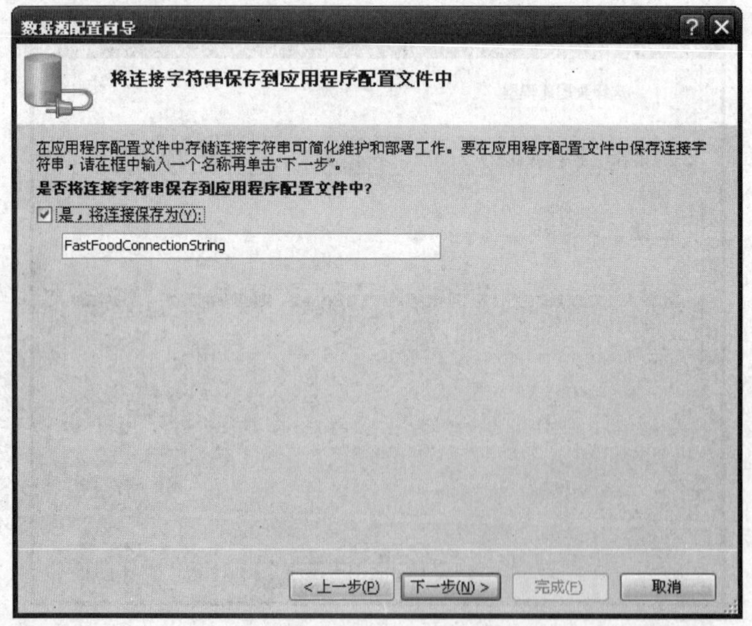

图 3-31　网站的 Default. aspx 页面

步骤 10：最后还需要选择数据库对象，选择 Customer 表的所有列，系统会自动生成 SQL 语句 SELECT * FROM [Customer]，如图 3-32 所示。然后，单击【完成】按钮。

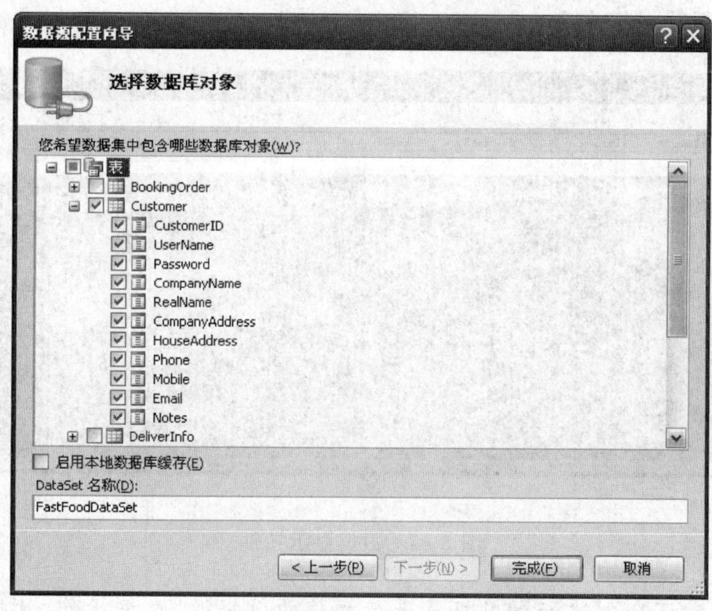

图 3-32　网站的 Default.aspx 页面

步骤 11：通过数据源配置向导把数据源配置好以后，应用程序的左侧产生了以数据集为模型的 Customer 的数据集，如图 3-33 所示。

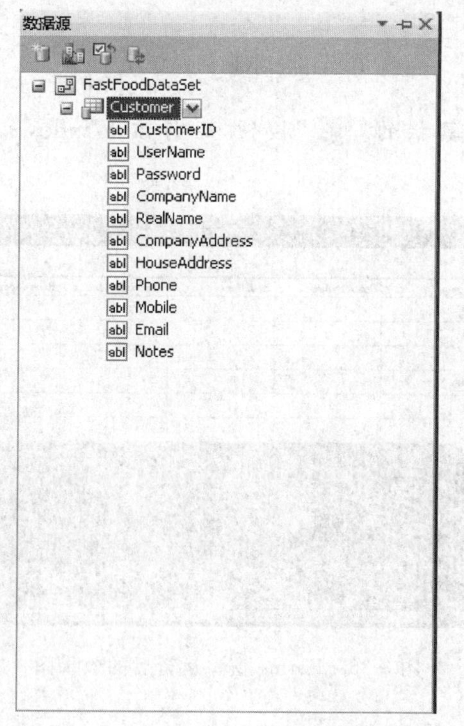

图 3-33　Customer 数据集

步骤 12：接着，把刚刚创建好的 Customer 数据集拖动到 Form1 窗体，并设置好适当的大小，如图 3-34 所示。系统自动会帮助我们创建显示数据的控件 GridView 以及数据记录操作的相关功能按钮。

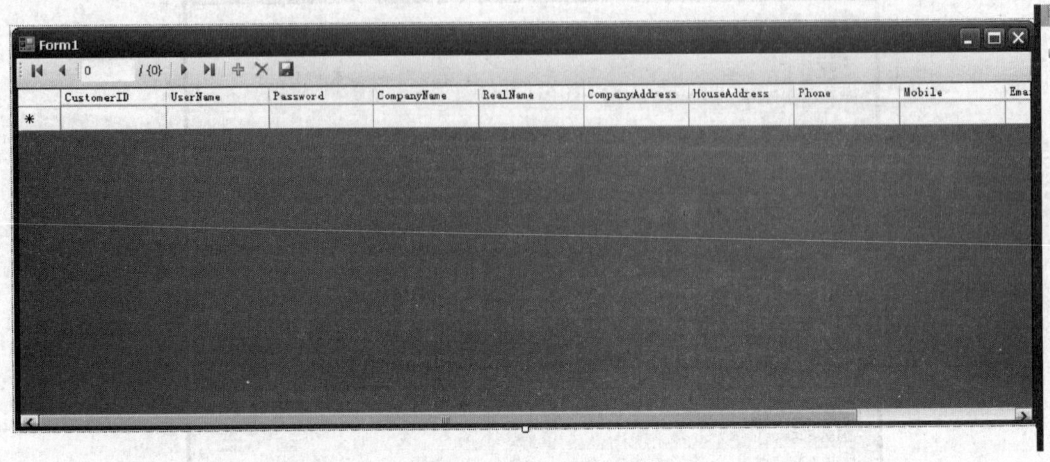

图 3-34　数据显示控件

步骤 13：同时还会创建好对数据集进行操作的数据源、数据操作、数据导航等相关控件，如图 3-35 所示。

图 3-35　数据集操作控件

步骤 14：然后选择工具栏的“ ▶ ”按钮，运行该 Windows 窗口应用程序，如图 3-36 所示。

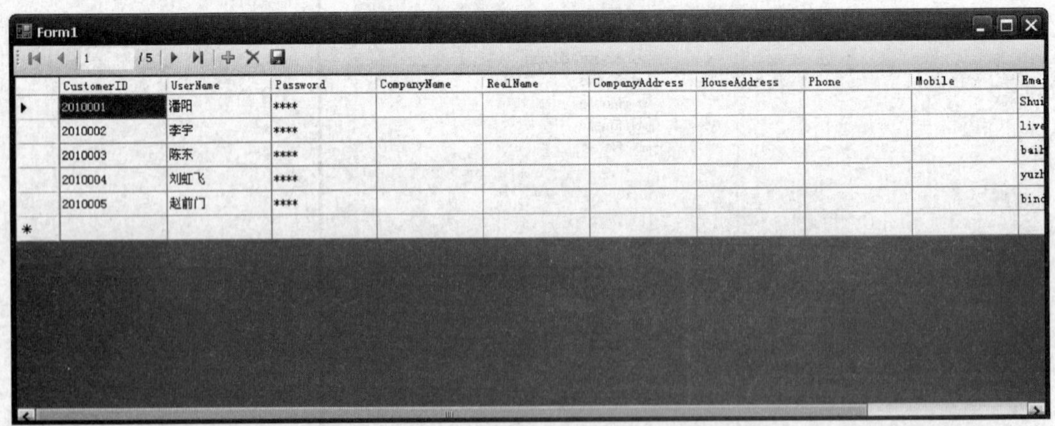

图 3-36　Form1 窗口运行后的效果图

3.3 数据驱动的应用程序：自己编写代码的方法

3.2节是在已构建好数据源的基础上，利用拖放的方法进行编写Web和Windows应用程序，不需要编写任何代码，非常简单直观。但是，有时候数据源连接的要求需要自己编写代码的方法。那么，接下来就来阐述一下数据驱动的应用程序的另一种方法：利用ADO.NET数据访问模型，自己编写代码。

这里仍然介绍两种方法：一种是ASP.NET的Web程序的例子；另一种是Windows窗体应用程序的例子。

3.3.1 ASP.NET 3.5中的代码编写

仍创建一个简单的网页，可以通过ADO.NET从FastFood数据库中查询Customer（客户表）中所有客户的相关资料，并把其查询结构显示在页面上。步骤如下。

步骤1：首先启动Visual Studio 2010，启动后在菜单栏上选择【文件】菜单下【新建】→【网站】选项，界面如图3-37所示。

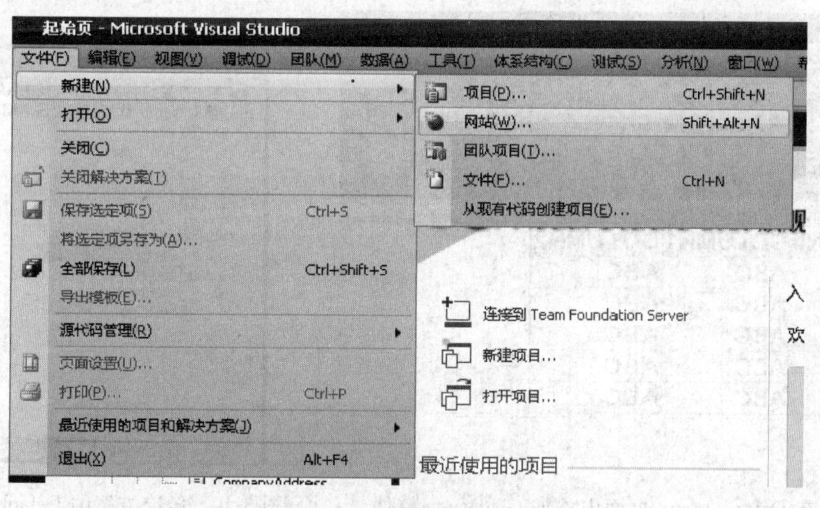

图3-37 创建Web站点

步骤2：接着把编程语言选择为Visual C#（如果读者习惯用VB.NET，也可以选择VB.NET），选择好一个存储目录后，把网站命名为“快餐店网上预订配送系统”，并单击【确定】按钮，如图3-38所示。

步骤3：确定后，系统就会自动地为我们创建网站，并建立一个Default.aspx页面。把Default.aspx页面打开，并切换到页面设计界面，然后再选择【工具箱】选项，展开【数据】选项，并把其中的GridView控件拖曳到Default.aspx页面即可，如图3-39所示。

步骤4：在网站的【解决方案资源管理器】窗口中，请选中Default.aspx.cs文件，并双击该文件。显示效果如图3-40所示。

步骤5：双击Default.aspx.cs文件后，该文件就被打开，其中的源码如图3-41所示。

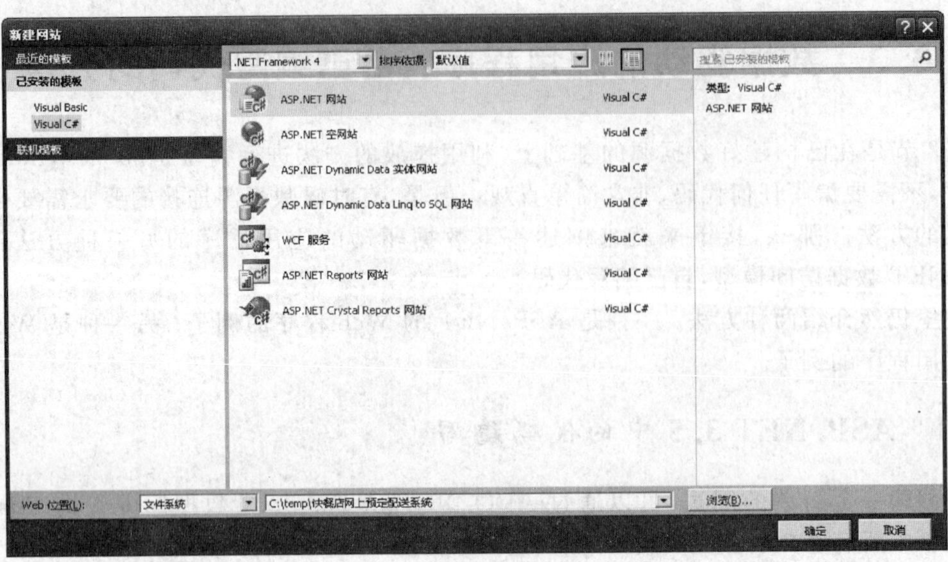

图 3-38　创建一个基于 C# 新的 ASP.NET 网站

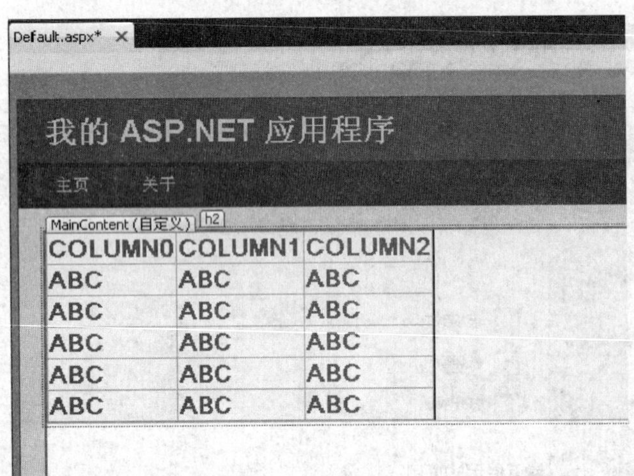

图 3-39　在 Default.aspx 页面中添加 GridView 控件

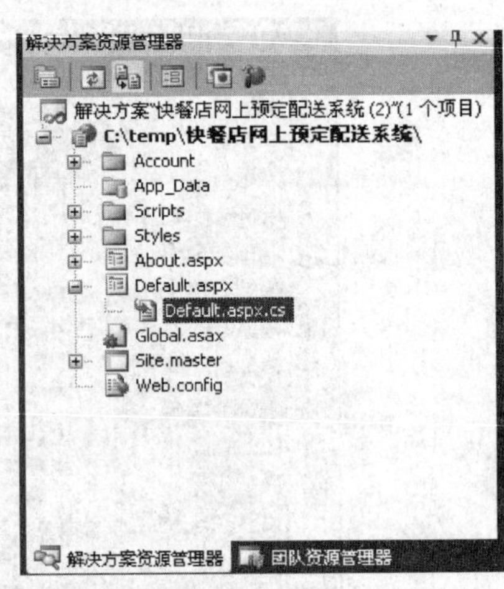

图 3-40　解决方案的 Default.aspx.cs 文件

```
Default.aspx.cs  Default.aspx*
_Default                         Page_Load(object sender, EventArgs e)
using System;
using System.Collections.Generic;
using System.Linq;
using System.Web;
using System.Web.UI;
using System.Web.UI.WebControls;

public partial class _Default : System.Web.UI.Page
{
    protected void Page_Load(object sender, EventArgs e)
    {

    }
}
```

图 3-41　Default.aspx.cs 文件源码

步骤 6：接着在打开的 Default.aspx.cs 源码中进行编写代码，文件开始处要加入引用相关的命名空间，有"using System.Data;"和"using Systme.Data.SqlClient;"，然后把功能程序写到 Page_Load()方法。详细的代码如下所示。

```
using System;
using System.Collections.Generic;
using System.Linq;
using System.Web;
using System.Web.UI;
using System.Web.UI.WebControls;
using System.Data;                                          //引用相关的命名空间
using System.Data.SqlClient;

protected void Page_Load(object sender, EventArgs e)
{
  string conn_string = "Data Source = 56EC3B48DE1B402\\SQLEXPRESS;
  Initial Catalog = FastFood;Integrated Security = True";  //连接字符串
  string sql  =  "Select CustomerID,userName,Password,Email from Customer";
                                                            //查询 Select 语句

  SqlConnection conn  =  new SqlConnection(conn_string);   //创建连接对象
  SqlCommand cmd  =  new SqlCommand();                      //创建执行 SQL 命令对象

  conn.Open();                                              //连接打开
  cmd.Connection  =  conn;                                  //把连接与发送命令对象相合
  cmd.CommandType  =  CommandType.Text;             //设置发送的命令是普通语句,不是存储过程
  cmd.CommandText  =  sql;
  SqlDataReader customer1  =  cmd.ExecuteReader();  //执行查询的 Select 语句,并产生结果集

  GridView1.DataSource  =  customer1;             //把结果集与 GridView 显示控件相结合并绑定
  GridView1.DataBind();
}
```

步骤 7：回到 Default.aspx 的设计页面，在页面的空白处右击，弹出快捷菜单，并选择菜单中的【在浏览器查看】命令，进行运行该 ASP.NET 页面，Default.aspx 页面运行后的效果图如图 3-42 所示。通过自己编写代码的 ADO.NET 技术得到了从 FastFood 数据库中查询 Customer(客户表)中所有客户的相关资料，并把其查询结果显示在页面上。

图 3-42　Default.aspx 页面运行后的效果图

3.3.2 Windows 窗口应用程序中的代码编写

创建一个简单的 Windows 窗口应用程序，利用 ADO. NET 技术通过自己编写代码的方法把 FastFood 数据库中查询 Customer(客户表)中所有客户的相关资料，将其显示在应用程序窗口中。步骤如下。

步骤 1：首先启动 Visual Studio 2010，启动后在菜单栏上选择【文件】菜单下【新建】→【项目】选项，界面如图 3-43 所示。

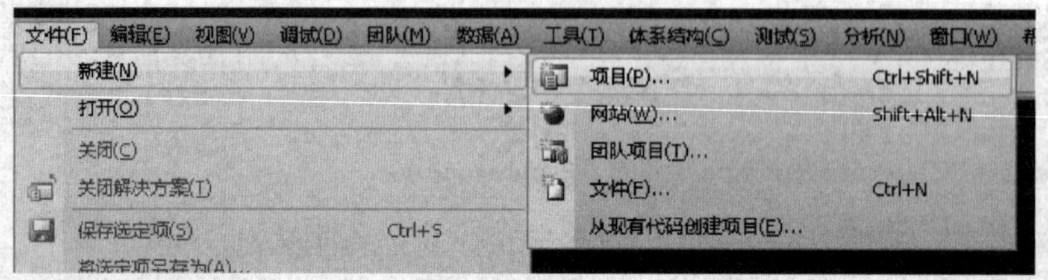

图 3-43 创建项目菜单项

步骤 2：接着在 Visual C# 列表下面选择 Windows，并在应用程序种类选择【Windows 窗体应用程序】，并选择好一个存储目录后，把程序命名为“快餐店网上预订配送系统”，并单击【确定】按钮，如图 3-44 所示。

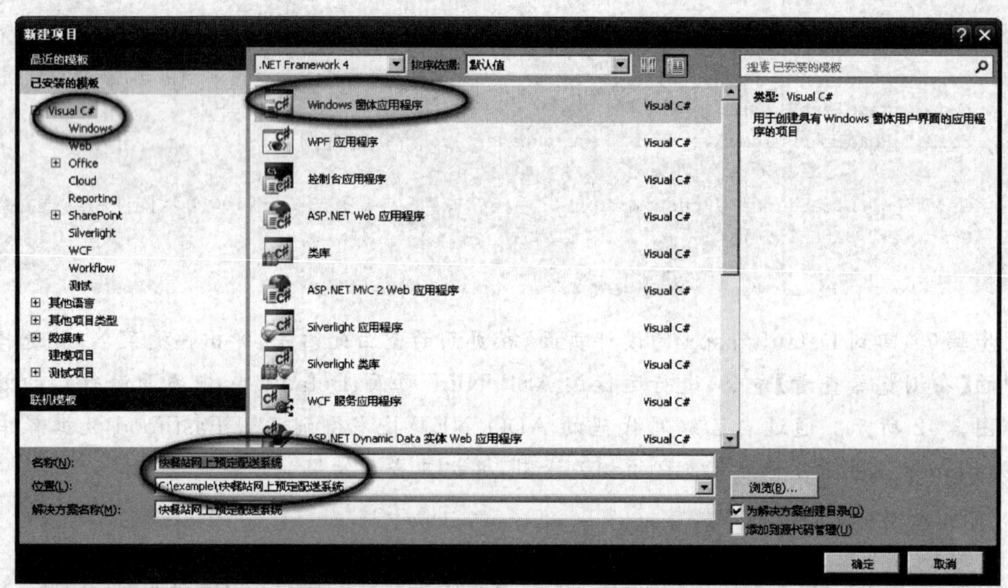

图 3-44 创建一个 Windows 窗口应用程序

步骤 3：确定后，系统就会自动地为我们创建的 Windows 窗口应用程序建立一个 Form1 .cs 窗口。把 Form1. cs 窗口打开，然后再单击【工具箱】选项，把其中的 BindingSource 和 DataGridView 两个控件分别拖曳到 Form1. cs 窗体，如图 3-45 所示。

步骤 4：把 BindingSource 和 DataGridView 两个控件分别拖曳后，并设置好适当的大小。Form1. cs 窗体显示效果如图 3-46 所示。

图 3-45　工具箱的 BindingSource 和 DataGridView 控件

图 3-46　在 Form1.cs 窗体中添加 BindingSource 和 DataGridView 控件

步骤 5：接着，在 Form1.cs 的窗体中的空白处右击，弹出如图 3-47 所示的快捷菜单。在快捷菜单中选择【查看代码】命令。

步骤 6：执行查看代码命令后，Form1.cs 窗体的源码文件后就被打开，其中的源码如图 3-48 所示。

步骤 7：接着在打开的 Form1.cs 源码中进行编写代码，文件开始处要加入引用相关的命名空间，有"using Systme.Data.SqlClient;"，然后把功能程序写到 Page_Load()方法。详细的代码如下。

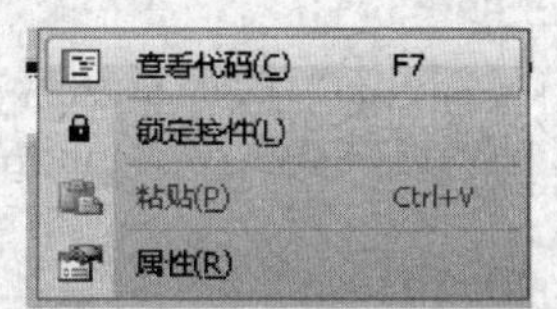

图 3-47　【查看代码】命令

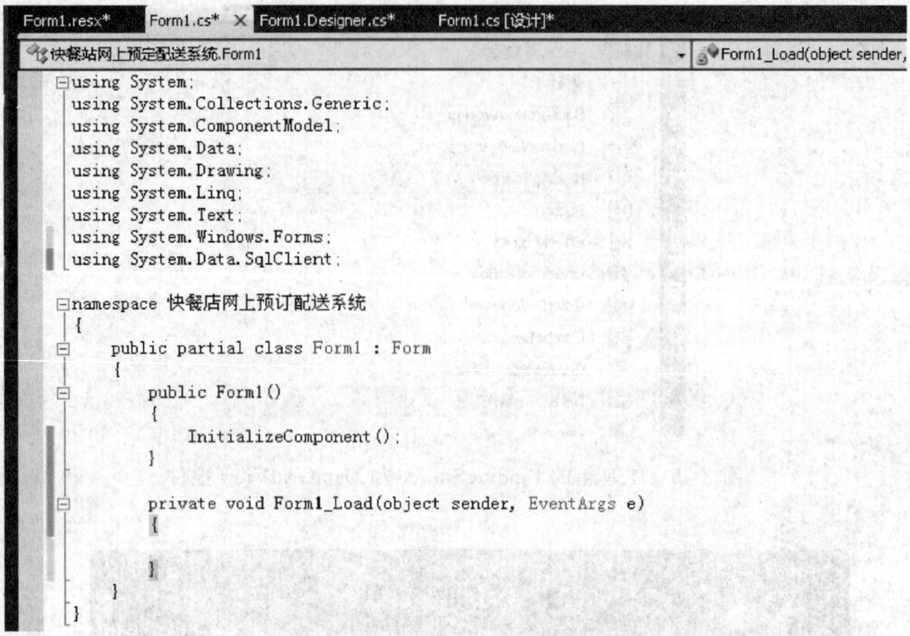

```
Form1.resx*   Form1.cs* ×   Form1.Designer.cs*   Form1.cs [设计]*
快餐站网上预定配送系统.Form1                Form1_Load(object sender,
using System;
using System.Collections.Generic;
using System.ComponentModel;
using System.Data;
using System.Drawing;
using System.Linq;
using System.Text;
using System.Windows.Forms;
using System.Data.SqlClient;

namespace 快餐店网上预订配送系统
{
    public partial class Form1 : Form
    {
        public Form1()
        {
            InitializeComponent();
        }

        private void Form1_Load(object sender, EventArgs e)
        {

        }
    }
}
```

图 3-48　Form1.cs 文件源码

```
using System;
using System.Collections.Generic;
using System.ComponentModel;
using System.Data;
using System.Drawing;
using System.Linq;
using System.Text;
using System.Windows.Forms;
using System.Data.SqlClient;                              //引入相关的命名空间

namespace 快餐店网上预订配送系统
{
    public partial class Form1 : Form
    {
        public Form1()
        {
            InitializeComponent();
        }
        private void Form1_Load(object sender, EventArgs e)
        {
            string conn_string = "Data Source = 56EC3B48DE1B402\\SQLEXPRESS; Initial
Catalog = FastFood; Integrated Security = True";          //连接字符串
            string sql = "Select CustomerID, userName, Password, Email from Customer";
                                                          //查询 Select 语句
            SqlConnection conn = new SqlConnection(conn_string);      //创建连接对象
```

```
                SqlCommand cmd = new SqlCommand();  //创建执行 SQL 命令对象

                conn.Open();                         //连接打开
                cmd.Connection = conn;               //把连接与发送命令对象相合
                cmd.CommandType = CommandType.Text;
                                                     //设置发送的命令是普通语句,不是存储过程
                cmd.CommandText = sql;
                SqlDataReader customer1 = cmd.ExecuteReader();
                                                     //执行查询的 Select 语句,并产生结果集

                bindingSource1.DataSource = customer1;
                                                   //把结果集与 bindingSource 控件相结合并绑定
                dataGridView1.DataSource = bindingSource1;
                                         //把 dataGridView 控件与 bindingSource 相结合并绑定
            }
        }
    }
 }
}
```

步骤 8：然后选择工具栏的"▶"按钮，运行该 Windows 窗口应用程序，如图 3-49 所示。

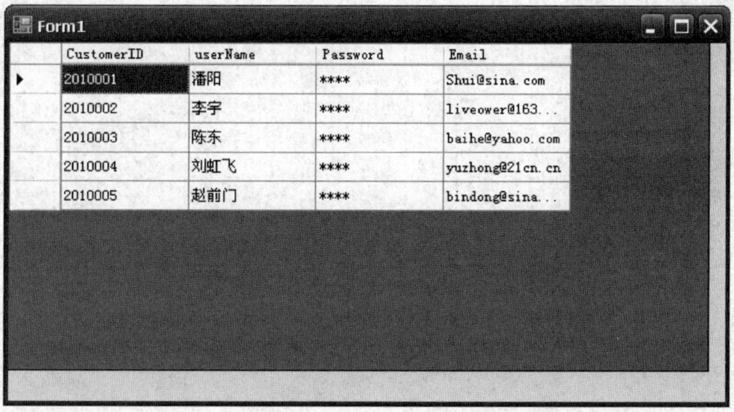

Form1

	CustomerID	userName	Password	Email
▶	2010001	潘阳	****	Shui@sina.com
	2010002	李宇	****	liveower@163...
	2010003	陈东	****	baihe@yahoo.com
	2010004	刘虹飞	****	yuzhong@21cn.cn
	2010005	赵前门	****	bindong@sina...

图 3-49　Form1 窗口运行后的效果图

3.4　小　　结

本章以"快餐店网上预订配送系统"项目为实例，利用第 1 章在 Microsoft SQL Server 2008 环境中创建好的 FastFood 数据库，介绍了应用 ADO.NET 数据访问模型来显示数据库中数据的应用程序。通过这些演示程序使读者更直观地掌握如何利用 ADO.NET 技术访问到数据库数据，如何创建数据驱动的应用程序。这里介绍了两种创建数据驱动的应用程序方法：一种是拖放的方法；另一种是自己编写代码的方法。这两种方法又分别以 ASP.NET 的 Web 程序和 Windows 窗体应用程序形式进行演示说明。

3.5 习 题

实验

1. 利用 Visual Studio 2010 内置的数据库创建 Example 数据库，其中包括一个 Teacher 表，该表中包括 Tid（教师编号），Tname（教师姓名），Tsex（性别），Tage（年龄），Tdept（所属系别）等字段，并在表中输入数据。

2. 在页面中添加 DataGridView 控件，连接 Example 数据库，并将 Teacher 表中的数据显示在页面中。

第4章 数据源连接和连接模式数据操作

通过前面章节的学习，发现在大多数基于数据驱动的应用程序中，使用ADO.NET时，都要建立与数据源的连接。数据源可以是SQL Server、Oracle和Microsoft Access等数据库，或者任意多种的其他类型的数据，包括文件数据源，甚至还可以包括Microsoft Excel文档。面对多种数据库，其连接方式是否一致呢？如何构造连接字符串呢？最后如何正确地连接数据库呢？

本章将概要介绍什么是连接字符串、如何构造连接字符串、如何创建连接和连接池等概念，Command类对象的属性和方法，连接模式下数据的操作方法。

4.1 数据源连接

ADO.NET数据源使用ADO.NET连接管理器连接到数据源，该连接管理器指定好相关.NET提供程序，并能够使用.NET访问接口访问数据源。此连接管理器可以访问Microsoft SQL Server数据源，也可以访问OLE DB和XML等公开的数据源。

将ADO.NET连接管理器添加到包时，SQL Server Integration Services会创建在运行时作为ADO.NET连接进行解析的连接管理器，同时还会设置该连接管理器的属性，并将该连接管理器添加到包的Connections集合。该连接管理器的ConnectionManagerType属性设置为ADO.NET。ConnectionManagerType的值受到限定，以包含连接管理器所使用的.NET访问接口的名称。

通常需要配置ADO.NET连接管理器的一些相关信息，如提供配置为满足选定.NET访问接口的要求的特定连接字符串；包括要连接到的数据源的名称(取决于访问接口)；为选定的访问接口提供相应的安全凭据；指示是否在运行时保留从连接管理器中创建的连接。ADO.NET连接管理器可使用现有连接，或者也可以创建一个新的连接。

4.1.1 创建连接对象

1. 创建连接对象：拖放的方法

1) 连接到SQL Server数据源

在默认的情况下，Visual Studio 2010的工具箱不包含Connection对象，但可以通过选项卡把需要用到的Connection对象手动加入。步骤如下。

步骤1：首先启动Visual Studio 2010，启动后在菜单栏上选择【文件】菜单下【新建】→【项目】选项，新建好一个Windows窗体应用程序。然后单击【工具箱】选项，在工具箱中展开【数据】选项，右击弹出菜单，并选择其中的【选择项】命令，如图4-1所示。

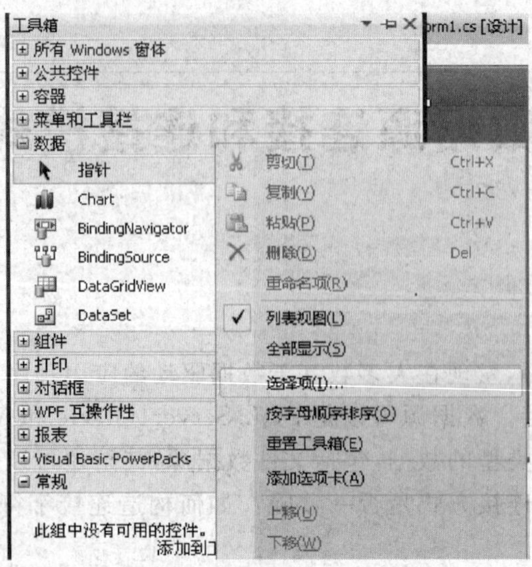

图 4-1 【选择项】菜单

步骤 2：选择【选择项】命令后，弹出【选择工具箱项】对话框，在.NET Framework 组件页，勾选好名称为 SqlConnection 组件，并单击【确定】按钮，如图 4-2 所示。

步骤 3：确定后，在工具箱中展开【数据】选项，发现其中 SqlConnection 对象已经加入进来了，如图 4-3 所示。

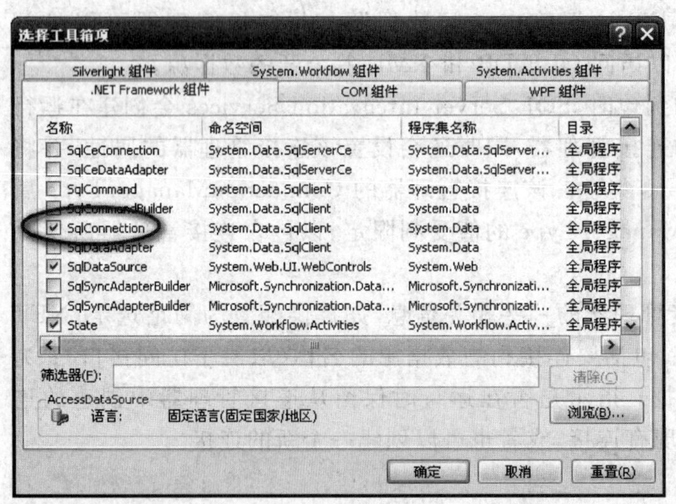

图 4-2 在【选择工具箱项】对话框中勾选 SqlConnection

图 4-3 工具箱中的 SqlConnection 对象

步骤 4：接着把 SqlConnection 对象拖曳到 Form1.cs 窗体，效果显示如图 4-4 所示。

步骤 5：然后在 Form1.cs 窗体中选中 SqlConnection1 对象，右击，弹出快捷菜单，并选择其中的【属性】命令，如图 4-5 所示。

步骤 6：然后在 SqlConnection 对象的属性窗口中进行一些属性设置。ConnectionString 是连接字符串属性，请为它选取第 3 章创建好的数据源，或者新建连接创建新的连接字符串。

如果想要重命名连接对象，请设置其 Name 属性，如图 4-6 所示。

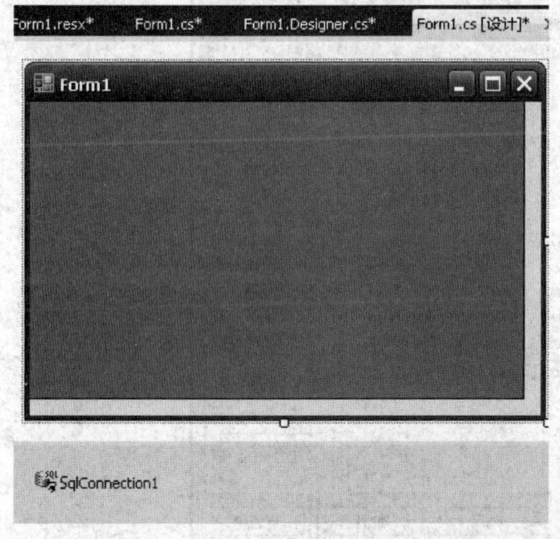

图 4-4　在窗口中拖放了 SqlConnection 对象

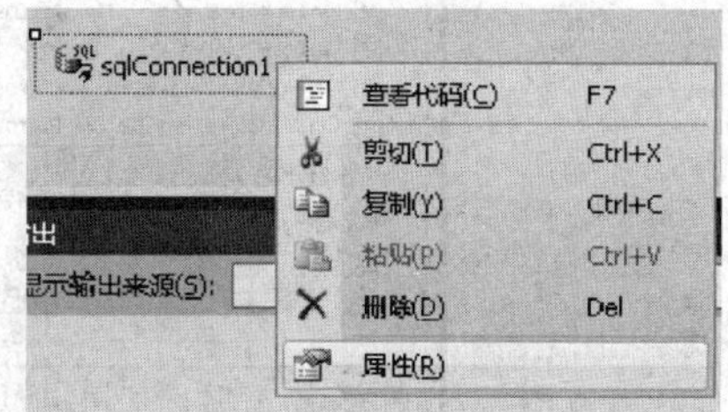

图 4-5　SqlConnection 对象的右键菜单

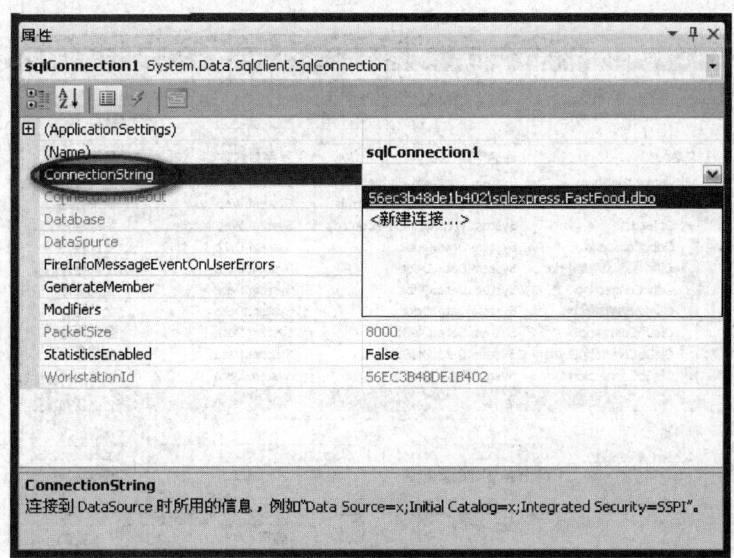

图 4-6　SqlConnection 对象的属性设置

2）连接到 Access 数据源

创建连接到 Access 数据源的方式与连接到 SQL Server 数据源的步骤一致，只是在其中的步骤 2 中选择【选择项】命令后，弹出【选择工具箱项】对话框，在.NET Framework 组件页，勾选好名称为 OleDbConnection 组件，并单击【确定】按钮，如图 4-7 所示。

3）连接到 ODBC 数据源

创建连接到 ODBC 数据源的方式与前面的步骤也一致，只是在其中的步骤 2 中选择【选择项】命令后，弹出【选择工具箱项】对话框，在.NET Framework 组件页，勾选好名称为 OdbcConnection 组件，并单击【确定】按钮，如图 4-8 所示。

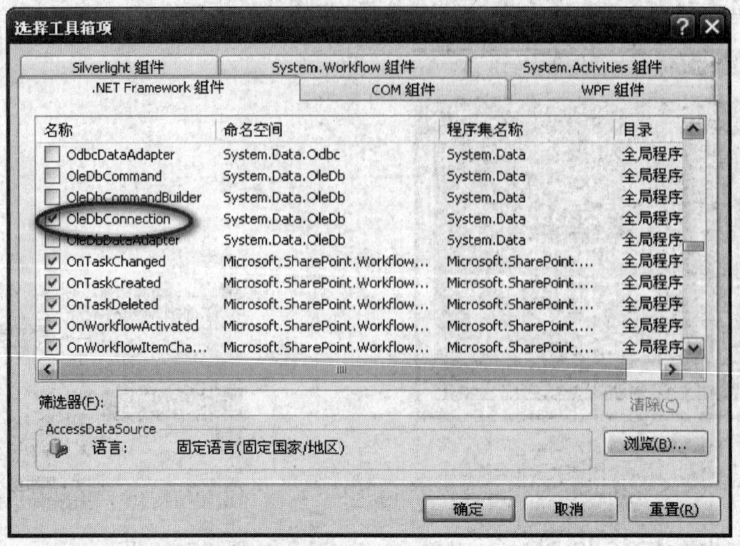

图 4-7　在【选择工具箱项】对话框中勾选 OleDbConnection

图 4-8　在【选择工具箱项】对话框中勾选 OdbcConnection

2. 创建连接对象：编写代码的方法

尽管利用拖放的方法进行创建连接对象非常容易，但有时候还需要创建一个不依附于窗体的 Connection 对象，这时我们采取另一种方法，通过编写代码来创建 Connection 连接对象。

1）以编程方式连接到 SQL Server 数据源

首先要加入引用相关的命名空间，如 using Systme. Data. SqlClient，然后再创建一个 SqlConnection 对象，接着设置 SqlConnection. ConnectionString 连接字符串属性并打开该连接。详细代码如下。

```
using System;
using System.Collections.Generic;
using System.ComponentModel;
using System.Data;
using System.Drawing;
using System.Linq;
using System.Text;
using System.Windows.Forms;
using System.Data.SqlClient;                                        //引用相关的命名空间
namespace 快餐店网上预订配送系统
{
    public partial class Form1 : Form
    {
        public Form1()
        {
            InitializeComponent();
        }
        public void ConnectToSql()
        {
            SqlConnection conn = new SqlConnection(); //创建 SqlConnection 对象
             conn.ConnectionString = "Data Source = 56EC3B48DE1B402\\SQLEXPRESS; Initial
Catalog = FastFood; Integrated Security = True";
                                 //设置 SqlConnection.ConnectionString 连接字符串属性
            try
            {
                conn.Open();                                //SqlConnection 对象打开
                // Insert code to process data.
            }
            catch (Exception ex)
            {
                MessageBox.Show("Failed to connect to data source");
            }
            finally
            {
                conn.Close();                               //SqlConnection 对象关闭
            }
        }
    }
}
```

2）以编程方式连接到 Access 数据源

首先也要引用相关的命名空间，如 using System. Data. OleDb，然后再创建一个 OleDbConnection 对象，接着设置 OleDbConnection. ConnectionString 连接字符串属性并打开该连接。详细代码如下。

```
using System;
using System.Collections.Generic;
using System.ComponentModel;
using System.Data;
```

```
using System.Drawing;
using System.Linq;
using System.Text;
using System.Windows.Forms;
using System.Data.OleDb;                                          //引用相关的命名空间
namespace 快餐店网上预订配送系统
{
    public partial class Form1 : Form
    {
        public Form1()
        {
            InitializeComponent();
        }
       public void ConnectToAccess()
       {
        OleDbConnection conn = new OleDbConnection(); //创建 OleDbConnection 对象
        conn.ConnectionString = @"Provider=Microsoft.Jet.OLEDB.4.0;" + @"Data source= C:
\Documents and Settings\username\" + @"My Documents\ FastFood.mdb";
                              //设置 OleDbConnection.ConnectionString 连接字符串属性

    try
    {
        conn.Open();                                          // OleDbConnection 对象打开
        // Insert code to process data.
    }
        catch (Exception ex)
    {
        MessageBox.Show("Failed to connect to data source");
    }
    finally
    {
        conn.Close();                                         // OleDbConnection 对象关闭
    }
    }
    }
}
```

3）以编程方式连接到 ODBC 数据源

首先也要引用相关的命名空间，如 using System.Data.Odbc，然后再创建一个 OdbcConnection 对象，接着设置 OdbcConnection.ConnectionString 连接字符串属性并打开该连接。详细代码如下。

```
using System;
using System.Collections.Generic;
using System.ComponentModel;
using System.Data;
using System.Drawing;
using System.Linq;
using System.Text;
```

```
using System.Windows.Forms;
using System.Data.Odbc;                                    //引用相关的命名空间
namespace 快餐店网上预订配送系统
{
    public partial class Form1 : Form
    {
        public Form1()
        {
            InitializeComponent();
        }
      public void ConnectToData()
    {
        OdbcConnection conn = new  OdbcConnection (); //创建 OdbcConnection 对象
      conn.ConnectionString = "FIL = MS Access;DSN = valid data source name";
                                    //设置  OdbcConnection.ConnectionString 连接字符串属性
    try
    {
        conn.Open();                                       // OdbcConnection 对象打开
        // Process data here.
    }
    catch (Exception ex)
    {
        MessageBox.Show("Failed to connect to data source");
    }
    finally
    {
        conn.Close();                                      // OdbcConnection 对象关闭
    }
 }
}
}
```

4.1.2 生成提供程序特定的连接串

连接字符串通常是一个用分号分隔的字符串,它包含的信息告诉 ADO.NET 数据提供者如何建立一个与数据库的连接。

连接字符串的基本格式包括一系列由分号分隔的关键字/值对。等号(=)用于连接各个关键字及其值。若要包括含有分号、单引号字符或双引号字符的值,则该值必须用双引号括起来。如果该值同时包含分号和双引号字符,则该值可以用单引号括起来。如果该值以双引号字符开始,则也可以使用单引号。相反,如果该值以单引号开始,也可以使用双引号。如果该值同时包含单引号和双引号字符,则用于将该值括起来的引号字符每次出现时,都必须成对出现。若要在字符串值中包括前导或尾随空格,则该值必须用单引号或双引号括起来。关键字不区分大小写。下面看一个连接字符串的例子。

```
"Data Source = 56EC3B48DE1B402\\SQLEXPRESS;Initial Catalog = FastFood;
User ID = sa;Password = password;Integrated Security = True"
```

上面的连接字符串表示打开运行于 56EC3B48DE1B402 服务器下的 SQL Server 实例的 FastFood，以系统管理员(sa)的身份登录。表 4-1 是连接字符串常见的一些关键字。

表 4-1 ConnectionString 中的关键字说明

关 键 字	默认值	说 明
Application Name	不可用	应用程序的名称，或者.Net SqlClient Data Provider（如果不提供应用程序名称）
Async	'false'	如果设置为 true，则启用异步操作支持。可识别的值为 true、false、yes 和 no
AttachDbFileName 或者 extended properties 或者 Initial File Name	不可用	主数据库文件的名称，包括可连接数据库的完整路径名。只有具有.mdf 扩展名的主数据文件才支持 AttachDBFilename。如果主数据文件为只读，则附加操作将失败。该路经可以是绝对路径，也可以是相对路径，这取决于是否使用 DataDirectory 替换字符串。如果使用 DataDirectory，则对应的数据库文件必须存在于替换字符串指向的目录的子目录中。必须按照如下方式使用关键字"database"（或其别名之一）指定数据库名称："AttachDbFileName=|DataDirectory|\data\YourDB.mdf;integrated security=true;database=YourDatabase"。如果数据文件所在的目录中存在日志文件，并且在附加主数据文件时使用了"database"关键字，则会生成错误。这种情况下，请移除日志文件。附加了数据库后，系统将根据物理路径自动生成一个新的日志文件
Connect Timeout 或者 Connection Timeout	15	在终止尝试并产生错误之前，与服务器尝试连接的时间长度（以秒为单位）
数据源或者服务器或者地址或者 Addr 或者 Network Address	不可用	要连接的 SQL Server 实例的名称或网络地址。可以在服务器名称之后指定端口号：server=tcp:servername, portnumber 指定本地实例时，始终使用(local)。若要强制使用某个协议，请添加下列前缀之一：np:(local), tcp:(local), lpc:(local)
Encrypt	'false'	当该值为 true 时，如果服务器端安装了证书，则 SQL Server 将对所有在客户端和服务器之间传送的数据使用 SSL 加密。可识别的值为 true、false、yes 和 no
Initial Catalog 或者数据库	不可用	数据库的名称
Integrated Security 或者 Trusted_Connection	'false'	当为 false 时，将在连接中指定用户 ID 和密码。当为 true 时，将使用当前的 Windows 账户凭据进行身份验证。可识别的值为 true、false、yes、no 以及与 true 等效的 sspi（强烈推荐）。如果指定了用户 ID 和密码，且集成安全性设置为 true，则用户 ID 和密码将被忽略，并使用集成安全性
MultipleActive ResultSets	'false'	如果为 true，则应用程序可以维护多活动结果集（MARS）。如果为 false，则应用程序必须在执行该连接上的任何其他批处理之前处理或取消一个批处理中的多个结果集。可识别的值为 true 和 false

续表

关　键　字	默认值	说　明
Network Library 或者 Net	'dbmssocn'	用于建立与 SQL Server 实例的连接的网络库。支持的值包括 dbnmpntw(命名管道),如果你不指定网络,且使用本地服务器(例如"."或"(本地)")
Password 或者 Pwd	不可用	SQL Server 账户登录的密码。建议不要使用。为保持高安全级别,我们强烈建议您使用 Integrated Security 或 Trusted_Connection 关键字
Persist Security Info	'false'	当该值设置为 false 或 no(强烈推荐)时,如果连接是打开的或者一直处于打开状态,那么安全敏感信息(如密码)将不会作为连接的一部分返回。重置连接字符串将重置包括密码在内的所有连接字符串值。可识别的值为 true、false、yes 和 no
用户 ID	不可用	SQL Server 登录账户。建议不要使用。为保持高安全级别,我们强烈建议你使用 Integrated Security 或 Trusted_Connection 关键字
User Instance	'false'	一个值,用于指示是否将连接从默认的 SQL Server Express 实例重定向到调用方账户下运行的运行时启动的实例
Workstation ID	本地计算机名称	连接到 SQL Server 的工作站的名称

根据连接的数据源不同,包含在连接字符串中的键值也会有所不同。接下来举例不同数据源的连接字符串。

1. 连接到 SQL Server 数据源的连接字符串

如果要连接 SQL Server 数据源,需指定 OLE DB Provider、SQL Server 的位置和使用的数据库,同时指定用户名和密码:

```
Provider = SQLOLEDB; Data Source = MyServer; Initial Catalog = MyDatabase; User ID = MyUID;
Password = MyPassword;
```

如果同一服务器的 SQL Server 有多个实例的话,可以使用下面的连接字符串方式:

```
Provider = SQLOLEDB;Data Source = MyServer\MyInstance;Initial Catalog = MyDatabase;User ID =
MyUID;Password = MyPassword;
```

如果要使用用户的网络标识连接到 SQL Server,可指定 Integrated Security 为 SSPI,并省略用户名和密码,使用下面的连接字符串方式:

```
Provider = SQLOLEDB;Data Source = MyServer;Initial Catalog = MyDatabase;Integrated Security =
SSPI;
```

2. 连接到 Access 数据源的连接字符串

如果要连接到 Access 数据库,可以使用 Access 数据库的 OLE DB Provider,即 Microsoft Jet 4.0 OLE DB Provider。使用时,在连接字符串中指定 Provider 类型和版本以及数据库在的位置,其连接字符串如下:

```
Provider = Microsoft.Jet.OLEDB.4.0;Data Source = C:\Path\To\MyDatabase.MDB;
```

如果没有指定数据库的完整路径，ADO. NET 会使用应用程序所在路径查找数据库，也可以使用相对路径来查找。例如，如果数据库在应用程序的 Data 子目录下，就可以如下连接字符串形式：

```
Provider = Microsoft.Jet.OLEDB.4.0;Data Source = Data\ MyDatabase.MDB;
```

如果 Access 数据库进行了加密，也可以利用如下连接字符串进行连接：

```
Provider = Microsoft.Jet.OLEDB.4.0;Data Source = Data\ MyDatabase.MDB;
Jet OLEDB:UserID = MyUserName;Password = MyPassword;
```

3. 连接到 Oracle 数据源的连接字符串

如果要使用 ADO. NET 连接 Oracle 数据库，需要多做一些事情。Microsoft OLE DB Provider for Oracle 组件和 Microsoft ODBC Driver for Oracle 组件都与 Oracle 的客户端组件通信，而非直接连接到 Oracle 数据库。ADO. NET 如果使用 Oracle 数据库，就必须安装相应的 Oracle 客户端工具(SQL. NET)，并创建数据库的别名。其可以使用如下连接字符串进行：

```
Provider = MSDAORA;Data Source = MyDatabaseAlias;User ID = MYUID;Password = MyPassword;
```

4.1.3 编写连接串的简便方法

设置连接字符串还有一种更加简便的方法，就是利用拖曳的方法。步骤如下。

步骤 1：在【工具箱】中展开【数据】选项，把其中的 SqlDataSource 控件拖曳到 Web 页面，然后选中页面的 SqlDataSource 控件，该控件右上部出现一个箭头，单击该箭头，弹出 SqlDataSource 任务，选择其中的【配置数据源】命令，如图 4-9 所示。

图 4-9 选择【配置数据源】命令

步骤 2：选择【配置数据源】命令后，弹出【配置数据源】对话框。如果已建立过数据连接，那些数据连接会出现在下拉式列表中，只需要从中选择所需要的连接选项即可，如图 4-10 所示。

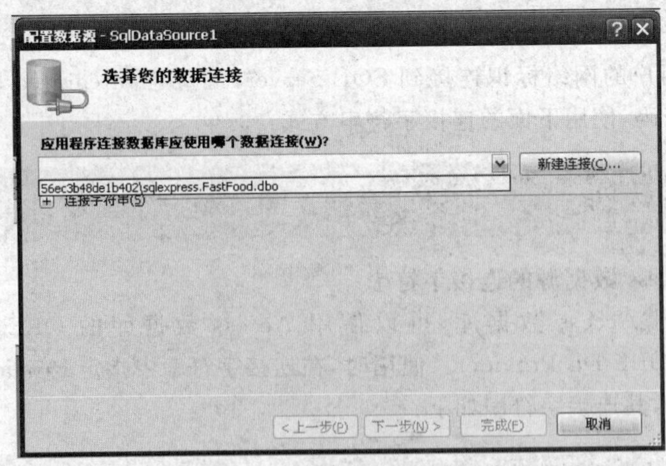

图 4-10 【配置数据源】对话框

步骤 3：选择好所需要的数据连接后，再展开【连接字符串】左侧面的加号，可以看到连接字符串的内容，如图 4-11 所示。如果先前未曾建立数据连接，可单击【新建连接】按钮进行连接。

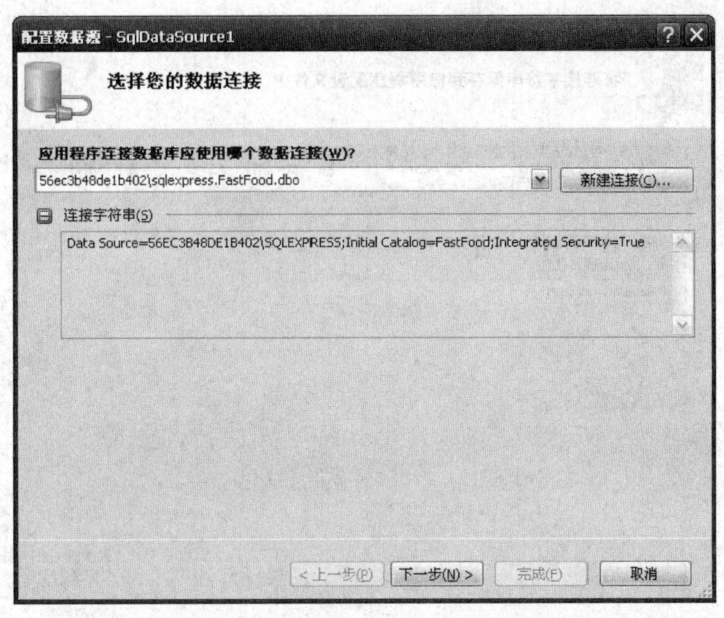

图 4-11　查看【连接字符串】的内容

4.1.4　增强连接串的安全性

保护对数据源的访问是安全应用程序最重要的目标之一。为了帮助限制对数据源的访问，必须保护连接信息(例如用户标识、密码和数据源名称)的连接信息。以纯文本形式存储用户标识和密码(例如在源代码中)会造成严重的安全问题，同时也降低应用程序的灵活性。因为一旦连接字符串发生改变，例如数据库的位置发生变化应用程序必须重新编译。

为了避免将连接字符串存储在代码中，可以将代码存储在 ASP. NET 应用程序的 web. config 文件中以及 Windows 应用程序的 app. config 文件中。连接字符串可以存储在配置文件的 <connectionStrings> 元素中。连接字符串存储为键/值对的形式，可以在运行时使用名称查找存储在 connectionString 属性中的值。

1. 连接字符串存储到应用程序配置文件中

以下配置文件示例显示名为 DatabaseConnection 的连接字符串，该连接字符串引用连接到 SQL Server 本地实例的连接字符串。

```
<connectionStrings>
 <add name = "DatabaseConnection" connectionString = "Persist Security Info = False;
Integrated Security = SSPI; database = Northwind; server = (local);" providerName = "System.
Data.SqlClient" />
</connectionStrings>
```

配置文件存储连接字符串可以除手工创建外，也可以采用如下方式创建。

步骤 4：在步骤 3 中单击【下一步】按钮，弹出【将连接字符串保存到应用程序配置文件中】对话框，这里选择【是，将此连接另存为】，并填写好连接字符串名，如图 4-12 所示。这样则自动把连接字符串创建到配置文件。

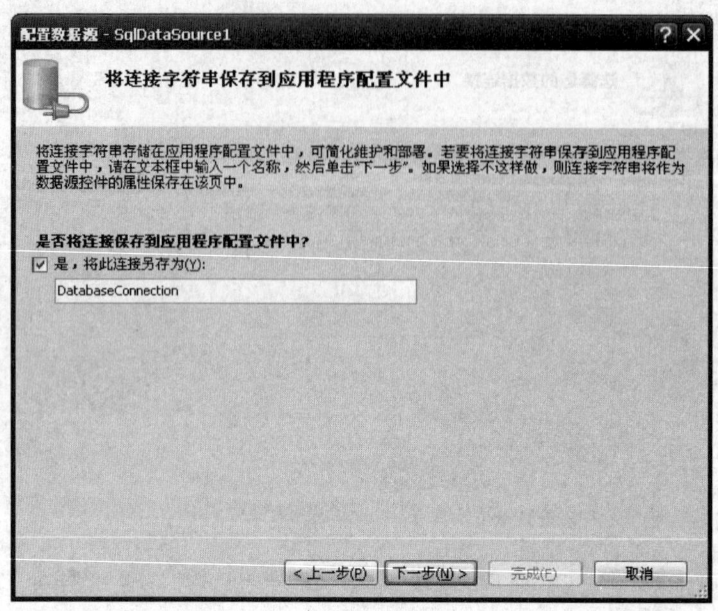

图 4-12 【将连接字符串保存到应用程序配置文件中】对话框

2. 从配置文件中检索连接字符串

System.Configuration 命名空间提供使用配置文件中存储的配置信息的类。ConnectionStringSettings 类具有两个属性，映射到上面所示的 <connectionStrings> 示例部分中显示的名称。ConnectionString 表示连接字符串。Name 表示<connectionStrings>部分的连接字符串的名称。

以下示例通过将连接字符串的名称传递给 ConfigurationManager，再由其返回 ConnectionStringSettings 对象，以便从配置文件中检索字符串。ConnectionString 属性用于显示此值。

```
using System.Configuration; //引用相关的命名空间

String GetConnectionString()
{       ConnectionStringSettings settings;
         settings =
             ConfigurationManager.ConnectionStrings["DatabaseConnection"];
         if (settings ! = null)
         {
             Return settings.ConnectionString;         }
        }
}
```

3. 使用受保护的配置加密连接字符串

将敏感信息以不可读的格式存储，可以使攻击者很难获得对敏感信息的访问权限(即使攻击者获得了对文件、数据库或其他存储位置的访问权限)，从而可以增强应用程序的安全性。为了帮助保护配置文件中的信息，ASP. NET 提供了一项称为“受保护配置”的功能，可以用于加密配置文件(例如 ASP. NET 应用程序的 Web. config 文件或 Windows 应用程序的 App. config 文件)中的敏感信息，包括用户名和密码、数据库连接字符串和加密密钥。

【受保护的配置】是使用 aspnet_regiis. exe 对 Web. config 文件的节进行加密并管理加密密钥。ASP. NET 在处理文件时对配置文件进行解密。因此，解密不需要任何附加代码。

1) 使用默认【受保护配置】提供程序对 Web. config 文件的节进行加密

为了能够使用【受保护的配置】功能，首先得将在要承载该站点的计算机上安装并配置 Microsoft Internet 信息服务 (IIS)，然后为对就在网站创建好虚拟目录。接着的步骤如下所示。

步骤 1：单击【开始】按钮，单击【所有程序】菜单中 Microsoft Visual Studio 2010 下的 Visual Studio Tools 下面的【Visual Studio 命令提示(2010)】命令，如图 4-13 所示。

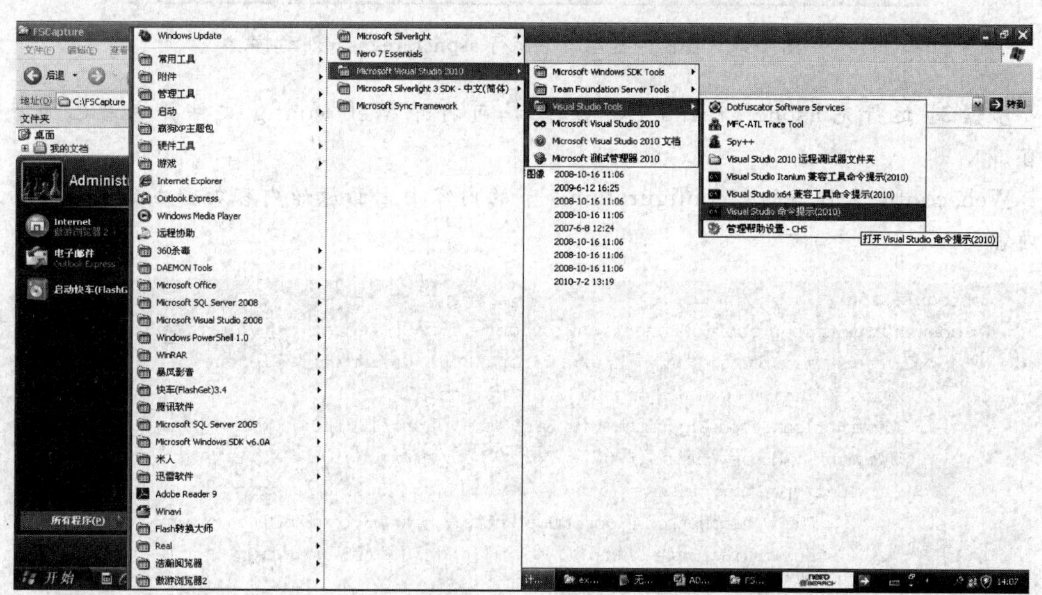

图 4-13 启动 Visual Studio 命令提示

步骤 2：单击了【Visual Studio 命令提示(2010)】命令后，弹出【Visual Studio 命令提示(2010)】界面，如图 4-14 所示。

在命令提示处，运行带有下列选项的 aspnet_regiis. exe。

pe 选项和字符串 "connectionStrings" 用于对应用程序的 Web. config 文件的 connectionStrings 元素进行加密。

-app 选项和应用程序的名称。

例如，下面的命令将加密 MyApplication 应用程序的 Web. config 文件的<connectionStrings>节。

```
aspnet_regiis -pe "connectionStrings" -app "/MyApplication"
```

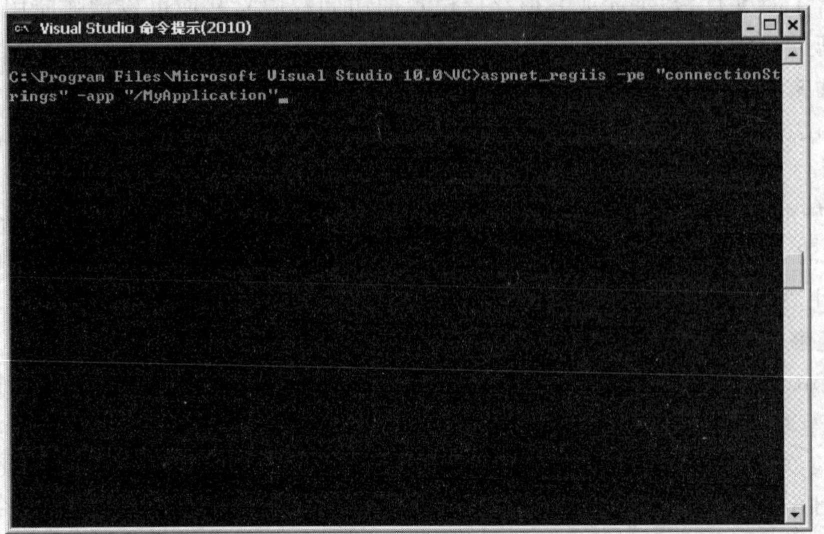

图 4-14　在命令提示符下运行 aspnet_regiis.exe 程序

步骤 3：运行完 aspnet_regiis.exe 程序后，可打开 Web.config 文件并查看已加密的内容。

Web.config 文件当的<configuration>节的内容由上面原始内容加密成如下所示的加密内容。

```
<configuration>
  <connectionStrings configProtectionProvider = "RsaProtectedConfigurationProvider">
    <EncryptedData Type = "http://www.w3.org/2001/04/xmlenc#Element"
      xmlns = "http://www.w3.org/2001/04/xmlenc#">
      <EncryptionMethod Algorithm = "http://www.w3.org/2001/04/xmlenc#tripledes-cbc" />
      <KeyInfo xmlns = "http://www.w3.org/2000/09/xmldsig#">
        <EncryptedKey xmlns = "http://www.w3.org/2001/04/xmlenc#">
          <EncryptionMethod Algorithm = "http://www.w3.org/2001/04/xmlenc#rsa-1_5" />
          <KeyInfo xmlns = "http://www.w3.org/2000/09/xmldsig#">
            <KeyName>RSA Key
            </KeyName>
          </KeyInfo>
          <CipherData>
<CipherValue>WcFEbDX8VyLfAsVK8g6hZVAG1674ZFc1kWH0BoazgOwdBfinhcAmQmnIn0oHtZ5tO2EXGl+
dyh10giEmO9NemH4YZk+iMIln+ItcEay9CGWMXSen9UQLpcQHQqMJErZiPK4qPZaRWwqckLqriCl9X8x9OE7
jKIsO2Ibapwj+1Jo=</CipherValue>
          </CipherData>
        </EncryptedKey>
      </KeyInfo>
      <CipherData>
<CipherValue>OpWQgQbq2wBZEGYAeV8WF82yz6q5WNFIj3rcuQ8gT0MP97aO9SHIZWwNggSEi2Ywi4oMaHX9p
0NaJXG76aoMR9L/WasAxEwzQz3fexFgFSrGPful/5txSPTAGcqUb1PEBVlB9CA71UXIGVCPTiwF7zYDu8sSHhWa
0fNXqVHHdLQYy1DfhXS3cO61vW5e/KYmKOGA4mjqT0VZaXgb9tVeGBDhjPh5ZlrLMNfYSozeJ+m2Lsm7hnF6Vv
Fm3fFMXa6+h0JTHeCXBdmzg/vQb0u3oejSGzB4ly+V9O0T4Yxkwn9KVDW58PHOeRT2//3iZfJfWV2NZ4e6vj4
```

```
Byjf81o3JVNgRjmm9hr9blVbbT3Q8/j5zJ + TElCn6zPHvnuB70iG2KPJXqAj2GBzBk6cHq + WNebOQNWIb7dTP
umuZK0yW1XDZ5gkfBuqgn8hmosTE7mCvieP9rgATf6qgLgdA6zYyVV6WDjo1qbCV807lczxa3bF5KzKaVUSq5FS
1SpdZKAE6/kkr0Ps++CE =
            </CipherValue>
         </CipherData>
      </EncryptedData>
   </connectionStrings>
```

2）访问 ASP. NET 页中已加密的配置信息

ASP. NET 在处理 Web. config 文件时会自动对该文件的内容进行解密。因此，不需要任何附加步骤即可对已加密的配置设置进行解密，供其他 ASP. NET 功能使用或用于访问代码中的值。但是，若要查看已解密的设置，需要新建一个. aspx 的页面文件，并在该对应页面的程序文件输入如下所示的源代码，保存后在浏览器中查看该页面文件。

```
<%@ Page Language = "C#" %>
<%@ Import Namespace = "System.Configuration" %>
<%@ Import Namespace = "System.Web.Configuration" %>
<script runat = "server">
public void Page_Load()
{
  ConnectionStringsGrid.DataSource = ConfigurationManager.ConnectionStrings;
  ConnectionStringsGrid.DataBind();
}
</script>
<html>
<body>
<form runat = "server">
  <asp:GridView runat = "server" CellPadding = "4" id = "ConnectionStringsGrid" />
</form>
</body>
</html>
```

3）后续工作

可以根据需要通过运行带有-pd 选项的 aspnet_regiis. exe 对已加密的 Web. config 文件内容进行解密。语法与使用 -pe 选项对 Web. config 文件内容进行加密的语法相同，区别在于无须指定“受保护配置”提供程序。相应的提供程序使用 protected 节的 configProtectionProvider 元素标识。

例如，下面的命令在名为 MyApplication 的 ASP. NET 应用程序的 Web. config 文件中对 <connectionStrings> 元素进行解密。

```
aspnet_regiis -pd "connectionStrings" -app "/MyApplication"
```

4.2 IDbConnection 接口

IDbConnection 接口允许继承类实现 Connection 类，该类表示与数据源之间的唯一会话。应用程序不直接创建 IDbConnection 接口的实例，而是创建继承 IDbConnection 的类的实例。

继承 IDbConnection 的类必须实现所有继承成员，且通常定义更多的成员，以添加提供程序特定的功能。表 4-2 和表 4-3 分别详细地介绍了 IDbConnection 类型的属性和方法。

表 4-2　IDbConnection 类型的属性

名　称	说　明
ConnectionString	获取或设置用于打开数据库的字符串
ConnectionTimeout	获取在尝试建立连接时终止尝试并生成错误之前所等待的时间
Database	获取当前数据库或连接打开后要使用的数据库的名称
State	获取连接的当前状态

表 4-3　IDbConnection 类型的方法

名　称	说　明
BeginTransaction	已重载。开始数据库事务
ChangeDatabase	为打开的 Connection 对象更改当前数据库
Close	关闭与数据库的连接
CreateCommand	创建并返回一个与该连接相关联的 Command 对象
Open	打开一个数据库连接，其设置由提供程序特定的 Connection 对象的 ConnectionString 属性指定

4.3　DbConnection 类

构建了连接字符串后，就可以利用它来建立到数据源的连接了。一个连接代表了一个到数据源的活动链接。在大多数情况下，与数据源的连接是一个 ADO.NET 数据提供者与 RDBMS(关系数据库管理系统，如 SQL Server 或 Oracle 等)服务器之间的网络连接。如下表 4-4～表 4-7 分别详细地描述了 DbConncetion 类提供的属性、方法、事件和显示接口实现。

表 4-4　DbConnection 类型的属性

名　称	说　明
CanRaiseEvents	获取一个指示组件是否可以引发事件的值(继承自 Component)
ConnectionString	获取或设置用于打开连接的字符串
ConnectionTimeout	获取在建立连接时，终止尝试并生成错误之前所等待的时间
Container	获取 IContainer，它包含 Component(继承自 Component)
Database	在连接打开之后获取当前数据库的名称，或者在连接打开之前获取连接字符串中指定的数据库名
DataSource	获取要连接的数据库服务器的名称
DbProviderFactory	获取此 DbConnection 的 DbProviderFactory
DesignMode	获取一个值，用以指示 Component 当前是否处于设计模式(继承自 Component)
Events	获取附加到此 Component 的事件处理程序的列表
ServerVersion	获取表示对象所连接到的服务器的版本的字符串
Site	获取或设置 Component 的 ISite(继承自 Component)
State	获取描述连接状态的字符串

表 4-5　DbConnection 类型的方法

名　　称	说　　明
BeginDbTransaction	开始数据库事务
BeginTransaction	已重载。开始数据库事务
ChangeDatabase	为打开的连接更改当前数据库
Close	关闭与数据库的连接。这是关闭任何打开连接的首选方法
CreateCommand	创建并返回与当前连接关联的 Command 对象
CreateDbCommand	创建并返回与当前连接关联的 DbCommand 对象
CreateObjRef	创建一个对象,该对象包含生成用于与远程对象进行通信的代理所需的全部相关信息
Dispose	已重载
EnlistTransaction	在指定事务中登记
Equals	确定指定的 Object 是否等于当前的 Object(继承自 Object)
Finalize	在通过垃圾回收将 Component 回收之前,释放非托管资源并执行其他清理操作(继承自 Component)
GetHashCode	用作特定类型的哈希函数 (继承自 Object)
GetLifetimeService	检索控制此实例的生存期策略的当前生存期服务对象
GetSchema	已重载。返回此 DbConnection 的数据源的架构信息
GetService	返回一个对象,该对象表示由 Component 或它的 Container 提供的服务(继承自 Component)
GetType	获取当前实例的 Type(继承自 Object)
InitializeLifetimeService	获取控制此实例的生存期策略的生存期服务对象
MemberwiseClone	已重载
OnStateChange	引发 StateChange 事件
Open	使用 ConnectionString 所指定的设置打开数据库连接
ToString	已重载

表 4-6　DbConnection 类型的事件

名　　称	说　　明
Disposed	当通过调用 Dispose 方法释放组件时发生(继承自 Component)
StateChange	当事件状态更改时发生

表 4-7　DbConnection 类型的显示接口实现

名　　称	说　　明
BeginTransaction	已重载。开始数据库事务
IDbConnection. CreateCommand	创建命令

4.4　连　接　池

创建了 Connection 对象,并设置好它的 ConnectionString 属性后,就可以用 Concetion 对象的 Open 方法,真正地打开数据连接了。但在打开之前还是应该了解一下建立连接的成本,从一般情况来看,数据库连接可能需要付出较昂贵的时间和资源成本。为了缓解这个成本问题,许多数据提供者都支持连接池(Connection Pooling)。

4.4.1 工作原理

连接到数据库服务器通常由几个需要很长时间的步骤组成。必须建立物理通道(例如套接字或命名管道),必须与服务器进行初次握手,必须分析连接字符串信息,必须由服务器对连接进行身份验证,必须运行检查以便在当前事务中登记等。实际上,大多数应用程序仅使用一个或几个不同的连接配置。这意味着在执行应用程序期间,许多相同的连接将反复地打开和关闭。为了使打开的连接成本最低,ADO. NET 使用称为连接池的优化方法。

连接池可以减少新连接需要打开的次数。池进程保持物理连接的所有权。通过为每个给定的连接配置保留一组活动连接来管理连接。只要用户在连接上调用 Open,池进程就会检查池中是否有可用的连接。如果某个池连接可用,会将该连接返回给调用者,而不是打开新连接。应用程序在该连接上调用 Close 时,池进程会将连接返回到活动连接池中,而不是真正关闭连接。连接返回到池中之后,即可在下一个 Open 调用中重复使用。

在初次打开连接时,将根据完全匹配算法创建连接池,该算法将池与连接中的连接字符串关联。每个连接池都与一个不同的连接字符串相关联。打开新连接时,如果连接字符串与现有池都不完全匹配,将创建一个新池。一般按进程、应用程序域、连接字符串以及 Windows 标识(在使用集成的安全性时)来建立池连接。连接字符串还必须是完全匹配的:按不同顺序为同一连接提供的关键字将分到单独的池中。

只有配置相同的连接可以建立池连接。ADO. NET 按照连接字符串以及 Windows 标识(在使用集成的安全性时)分为多个池。

如下面的例子中创建了三个新的 SqlConnection 对象,但是管理时只需要两个连接池。注意,根据为 Initial Catalog 分配的值,第一个和第二个连接字符串有所不同。

```
using (SqlConnection connection = new SqlConnection(
  "Integrated Security = SSPI;Initial Catalog = Northwind"))
    {
        connection.Open();
        // 一个连接池被创建
    }
using (SqlConnection connection = new SqlConnection(
  "Integrated Security = SSPI;Initial Catalog = pubs"))
    {
        connection.Open();        //由于连接字符串不同,所以又一个连接池也被创建
using (SqlConnection connection = new SqlConnection(
  "Integrated Security = SSPI;Initial Catalog = Northwind"))
    {
        connection.Open();
        // 这个连接字符串与第一个相同,所以这里不再会创建一个连接池了
}
```

4.4.2 使用连接字符串关键字控制连接池

池连接可以大大提高应用程序的性能和可缩放性。默认情况下,ADO. NET 中启用连

接池。除非以显式形式禁用，否则，连接在应用程序中打开和关闭时，池进程将对连接进行优化。还可以提供几个连接字符串修饰符来控制连接池的行为，如表 4-8 所示。

表 4-8 调整连接池行为的 ConnectionString 值的关键字说明

名　　称	默认值	说　　明
Connection Lifetime	0	当连接被返回到池时，将其创建时间与当前时间作比较，如果时间长度(以秒为单位)超出了由 Connection Lifetime 指定的值，该连接就会被销毁。这在聚集配置中很有用(用于强制执行运行中的服务器和刚置于联机状态的服务器之间的负载平衡)。零 (0) 值将使池连接具有最大的连接超时
Enlist	'true'	当该值为 true 时，池程序在创建线程的当前事务上下文中自动登记连接。可识别的值为 true、false、yes 和 no
Load Balance Timeout	0	连接被销毁前在连接池中生存的最短时间(以秒为单位)
Max Pool Size	100	池中允许的最大连接数
Min Pool Size	0	池中允许的最小连接数
Pooling	'true'	当该值为 true 时，系统将从适当的池中提取 SQLConnection 对象，或在需要时创建该对象并将其添加到适当的池中。可识别的值为 true、false、yes 和 no

4.5 关闭连接

连接的两个主要方法是 Open 和 Close。Open 方法使用 ConnectionString 属性中的信息联系数据源，并建立一个打开的连接。Close 方法关闭连接。关闭连接是必要的，因为大多数数据源只支持有限数目的打开的连接，并且打开的连接会占用宝贵的系统资源。

4.6 Command 对象

通过第 2 章的学习，可以知道 ADO.NET 对象模型可以分成两个基本类别：连接的和非连接的。“连接的”对象模型顾名思义，它是直接与数据库进行连接操作，在操作数据库过程中不允许关闭连接。主要用到的对象有 Connection 对象、Command 对象和 DataReader 对象。Connection 对象主要负责连接数据库，Command 对象主要负责生成并执行 SQL 语句或存储过程，DataReader 对象主要负责读取数据库中的数据。Connection 对象在本章前面已经介绍过，接下来主要介绍 Command 对象和 DataReader 对象。

Command 类的对象用于对 SQL Server 数据库执行命令，包括运行 SELECT、INSERT、UPDATE 或 DELETE 之类的 SQL 语句，除此之外，Command 对象还可以调用存储过程或从特定表中取得记录。在连接对象模型中，当用户建立与数据源的连接后，需要使用 Command 对象来执行 SQL 命令或存储过程，从数据源中返回结果。不同的.NET Framework 数据提供程序分别包括一个不同的 Command 对象：OLE DB .NET Framework 数据提供程序包括一个 OleDbCommand 对象，SQL Server .NET Framework 数据提供程序包括一个 SqlCommand 对象、ODBC .NET Framework 数据提供程序包括一个 OdbcCommand 对象，Oracle .NET Framework 数据提供程序包括一个 OracleCommand

对象。下面主要介绍 SqlCommand 对象的应用,其他对象使用方法与其类似。

4.6.1 创建 SqlCommand

可以通过编程方式创建 SqlCommand 对象,也可以使用 Visual Studio 2010 中的工具在窗体或组件中创建 SqlCommand 对象。SqlCommand 类在 System. Data. sqlClient 命名空间中。

1. 通过 Visual Studio 2010 工具创建 SqlCommand 对象

(1) 新建一个 Windows Froms Application 项目,从工具箱中把 SqlCommand 控件拖曳到窗体设计器中,如图 4-15、图 4-16 所示。

图 4-15 选择工具箱中的 SqlCommand 控件

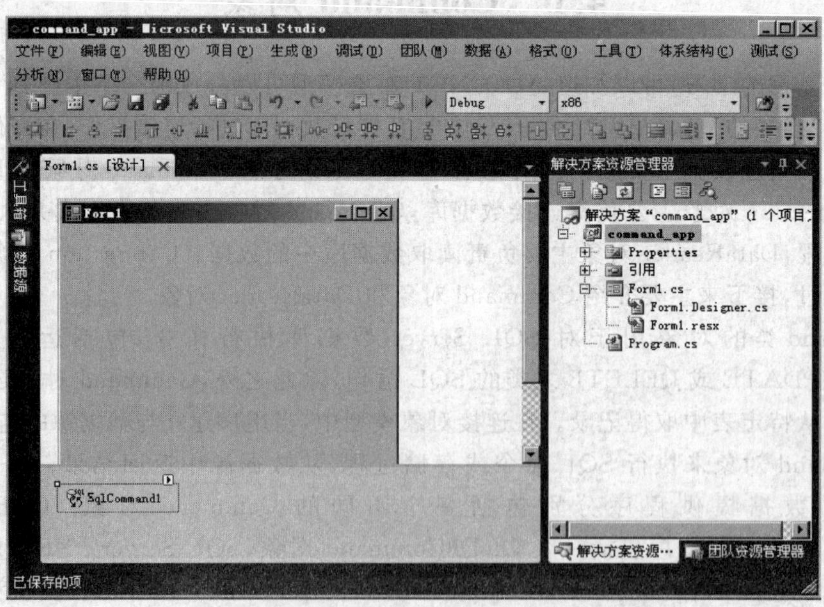

图 4-16 拖曳一个 SqlCommand 控件到窗体

（2）在【属性】窗口中，把 SqlCommand 对象的 Name 属性修改为 cmdGetCustomter，如图 4-17 所示。

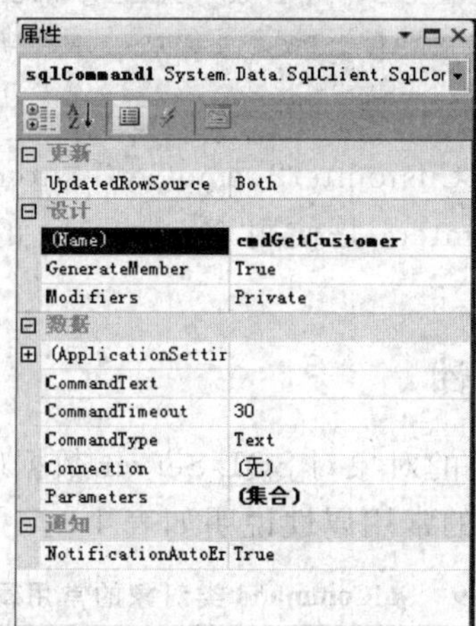

图 4-17　SqlCommand 对象属性窗口

2. 通过编程方式创建 SqlCommand 对象

SqlCommand 类提供了多种不同的构造函数重载，初始化 SqlCommand 类的新实例可以有多种不同的方法。

（1）无参的构造函数。

```
public SqlCommand();
```

（2）具有查询文本的 SqlCommand 类的构造函数。

```
public SqlCommand(string);
```

（3）具有查询文本和 SqlConnection 的 SqlCommand 类的构造函数。

```
public SqlCommand(string, SqlConnection);
```

（4）具有查询文本、SqlConnection 和 Transaction 的 SqlCommand 类的构造函数。

public SqlCommand(string, SqlConnection, SqlTransaction);

下面的示例将创建三个 SqlCommand 对象，并设置它们的连接属性。

```
using System.Data;
using System.Data.sqlClient;
public void CreateMySqlCommand()
{
    SqlConnection myConnection = new SqlConnection ( " Data Source = .; Initial Catalog = FastFood; Integrated Security = True ");
    string mySelectQuery = " SELECT CustomerID, UserName FROM Customer ";
    SqlCommand  cmdGetCustomter1 = new SqlCommand();
    cmdGetCustomter 1.Connection = myConnection;
```

```
        SqlCommand  cmdGetCustomter 2 = new SqlCommand(mySelectQuery);
        cmdGetCustomter 2.Connection = myConnection;
        SqlCommand  cmdGetCustomter3 = new SqlCommand(mySelectQuery, myConnection);
        SqlCommand  cmdGetCustomter4 = myConnection.CreateCommang();
}
```

cmdGetCustomter1、cmdGetCustomter2、cmdGetCustomter3 对象都是使用 Command 构造函数来创建。cmdGetCustomter4 是使用 Connection 的 CreateCommand 方法来创建用于特定连接的命令。

4.6.2 SqlCommand 属性

要正确使用 SqlCommand 类的对象对 SQL Server 数据库执行操作，必须正确设置它的一些属性，SqlCommand 类对象的常用属性说明如表 4-9。

表 4-9 SqlCommand 类对象的常用属性

属性名称	说明
CommandText	获取或设置要对数据源执行的 Transact-SQL 语句或存储过程
CommandTimeout	获取或设置尝试终止执行命令并生成错误之前的等待时间
CommandType	获取或设置一个值，该值指示如何解释 CommandText 属性
Connection	获取或设置 SqlCommand 使用的 SqlConnection
Parameters	获取 SqlParameterCollection
Transaction	获取或设置执行 SqlCommand 的事务

1. CommandType 属性

CommandType 值之一。可以取 CommandType. Text、CommandType. StoredProcedure 以及 CommandType. TableDirect 值，默认为 CommandType. Text 值。

2. Command Text 属性

要执行的 SQL 语句或存储过程。默认值为空字符串。

当 CommandType 属性设置为 Text 时，CommandText 属性应设置为 SQL 命令。

当 CommandType 属性设置为 StoredProcedure 时，CommandText 属性应设置为要访问的存储过程的名称。当 CommandType 属性设置为 TableDirect 时，应将 CommandText 属性设置为要访问的表的名称。如果指定任何表可以包含任何特殊字符，那么用户可能需要使用转义符语法或包括限定字符。当调用 Command 对象的 Execute 方法之一时，将返回命名表的所有行和列。

为了访问多个表，请使用逗号分隔的列表(没有空格或空白)，其中包含要访问的多个表的名称。当用 CommandText 属性命名多个表时，则返回指定表的连接。

在同一个 Connection 下，要执行多个 SQL 语句，可以使用 CommandText 属性来修改 Command 对象的 SQL 语句来多次执行。

下面的示例将创建一个 SqlCommand 并设置它的一些属性。

```
public void CreateCommand()
 {
    SqlCommand command = new SqlCommand();
```

```
        command.CommandText = " SELECT CustomerID,UserName FROM Customer ";
        command.CommandTimeout = 15;
        command.CommandType = CommandType.Text;
    }
```

4.6.3 SqlCommand 常用方法

Command 对象公开了几个可用于执行所需操作的 Execute 方法。当以数据流的形式返回结果时,使用 ExecuteReader 可返回 DataReader 对象。使用 ExecuteScalar 可返回单个值。使用 ExecuteNonQuery 可执行不返回行的命令。

在用 SqlCommand 类对象从 SQL Server 数据库中提取数据或执行存储过程时需要根据 CommandText 和 CommandType 属性的设置调用 SqlCommand 对象的不同执行方法,常用方法说明如表 4-10 所示。

表 4-10　SqlCommand 类对象的常用方法

方法名称	说　明
ExecuteReader	执行返回行的命令。为了提高性能,ExecuteReader 使用 Transact-SQL sp_executesql 系统存储过程调用命令。因此,如果用于执行像 Transact-SQL SET 语句这样的命令,ExecuteReader 可能无法获得预期效果
ExecuteNonQuery	执行如 Transact-SQL INSERT、DELELE、UPDATE 和 SET 语句等命令
ExecuteScalar	从数据库中检索单个值(例如一个聚合值)
ExecuteXmlReader	将 CommandText 发送到 Connection 并生成一个 XmlReader 对象

1. ExecuteNonQuery()方法

Command 对象的 ExecuteNonQuery()方法执行任何不从数据库返回结果集的命令,包括 SQL SELECT、UPDATE、DELETE 语句、没有返回数值的存储过程、CREATE TABLE 和 CREATE INDEX 之类的 DDL 语句。

下面代码使用 ExecuteNonQuery 依次执行 DML(INSERT、UPDATE、DELETE)语句。

```
SqlConnection con = new SqlConnection("Data Source = .;Initial Catalog = FastFood;Integrated
Security = True ");                                  //创建 SqlConnection 对象
string Sql1 = "insert into Customer(CustomerID,username,password)  values(1001,'李宏','111
')";
string Sql2 = "update Customer set name = '张伟'  where CustomerID = 1001";
string Sql3 = "delete from Customer where CustomerID = 1001";
SqlCommand comm = new SqlCommand(Sql1,con);  //创建和声明 Command 对象
con.Open();   //在调用方法前打开数据库连接,可以减少数据库连接所花的时间,节省数据库资源
int count = comm.ExecuteNonQuery();
                    //执行插入 SQL 语句并返回的 int 值是命令影响的数据库行数 count 的值为 1
comm.CommandText = Sql2;                             //重新设置 comm 对象要执行 SQL 语句
count = comm.ExecuteNonQuery();
                    //执行更新 SQL 语句并返回的 int 值是命令影响的数据库行数 count 的值为 1
comm.CommandText = Sql3;
count = comm.ExecuteNonQuery();
                    //执行删除 SQL 语句并返回的 int 值是命令影响的数据库行数 count 的值为 1
con.Close();                                         //关闭数据库连接
```

2. ExecuteScalar()方法

如果需要返回只是单个值的数据库信息，而不需要返回表或数据流形式的数据库信息。例如，可能需要返回 COUNT(＊)、SUM(Price) 或 AVG(Quantity) 等聚合函数的结果。Command 对象使用 ExecuteScalar 方法提供了返回单个值的功能。ExecuteScalar 方法以标量值的形式返回结果集第一行的第一列的值。

由于 ExecuteScalar()方法执行命令后返回的类型为 object，所以在获取返回值时要对返回的对象进行类型转换。

```
SqlConnection con = new SqlConnection("Data Source = .;Initial Catalog = FastFood;Integrated
Security = True ");                          //创建 SqlConnection 对象
//创建和声明 Command 对象
SqlCommand comm = new SqlCommand("select count( * ) from Customter",con);
//在调用方法前打开数据库连接,可以减少数据库连接所花的时间,节省数据库资源
con.Open();
//执行查询并取出执行结果,返回 Customter 表中的记录数
int count = (Int32)comm.ExecuteScalar();
con.Close();                                 //关闭数据库连接
if(count > 0)                                //如果查询结果大于零
{
   Response.Write("数据库操作成功");  //在页面输出一段文字
}
```

3. ExecuteReader()方法

ExecuteReader()方法需要配合 SqlDataReader 对象使用，执行得到的数据集为只读且光标只能从前向后移动。

1）DataReader

可以使用 ADO. NET DataReader 从数据库中检索只读、只进的数据流。因为每次在内存中始终只有一行，所以使用 DataReader 可提高应用程序的性能并减少系统开销。

DataReader 实现必须提供两项功能：以只进方式访问通过执行 Command 获取的一个或多个结果集；访问每个行中的列值。

当创建 Command 对象的实例后，可调用 Command. ExecuteReader 从数据源中检索行，从而创建一个 DataReader，如以下示例所示。

```
SqlDataReader myReader = myCommand.ExecuteReader();
```

使用 DataReader 对象的 Read 方法可从查询结果中获取行。通过向 DataReader 传递列的名称或序号引用，可以访问返回行的每一列。不过，为了实现最佳性能，DataReader 提供了一系列方法，它们将使您能够访问其本机数据类型（GetDateTime、GetDouble、GetGuid、GetInt32 等）形式的列值。有关类型化访问器方法的列表，请参阅 OleDbDataReader 类和 SqlDataReader 类 。如果在基础数据类型未知时使用类型化访问器方法，将减少在检索列值时所需的类型转换量。

以下代码示例将循环访问一个 DataReader 对象，并从每个行中返回两个列。

```
void displayCustomer (SqlConnection connection)
{
```

```
        using (connection)
        {
            SqlCommand command = new SqlCommand(
              " SELECT CustomerID,UserName FROM Customer;", connection);
            connection.Open();
            SqlDataReader reader = command.ExecuteReader();
            if (reader.HasRows)
            {
                while (reader.Read())
                {
                    Console.WriteLine("{0}\t{1}", reader.GetInt32(0),
                        reader.GetString(1));
                }
            }
            else
            {
                Console.WriteLine("No rows found.");
            }
            reader.Close();
        }
    }
```

DataReader 提供未缓冲的数据流，该数据流使过程逻辑可以有效地按顺序处理从数据源中返回的结果。由于数据不在内存中缓存，所以在检索大量数据时，DataReader 是一种合适的选择。

2）关闭 DataReader

每次使用完 DataReader 对象后都应调用 Close 方法。

如果 Command 包含输出参数或返回值，那么在 DataReader 关闭之前，将无法访问这些输出参数或返回值。

请注意，当 DataReader 打开时，该 DataReader 将以独占方式使用 Connection。在初始 DataReader 关闭之前，将无法对 Connection 执行任何命令(包括创建另一个 DataReader)。

3）多个结果集

如果返回的是多个结果集，DataReader 会提供 NextResult 方法来按顺序循环访问这些结果集，如以下代码示例所示。

```
void displayCustomer (SqlConnection connection)
{
     SqlCommand myCMD = new SqlCommand(" SELECT CustomerID, UserName FROM Customer; SELECT
DeliverID, UserName FROM DeliverInfo", connection);
    connection.Open();
    SqlDataReader myReader = myCMD.ExecuteReader();
    do
    {
        Console.WriteLine("\t{0}\t{1}", myReader.GetName(0), myReader.GetName(1));
        while (myReader.Read())
            Console.WriteLine("\t{0}\t{1}", myReader.GetInt32(0), myReader.GetString(1));
    } while (myReader.NextResult());
    myReader.Close();
    connection.Close();
```

4. 执行带参数的 SQL 语句

在前面介绍的例子中，SQL 语句中每个列的值都被硬编码，例如：insert into Customer (CustomerID, username, password) values(1001,'李宏','111')，username 列的值被硬编码成“李宏”，如果执行多个 INSERT 语句，则硬编码这些列值既麻烦又低效。用参数可以解决这个问题，参数可以在运行程序时指定不同的列值。

要执行包含参数的命令，使用下列步骤：

(1) 生成其中包含着 SQL 语句且带参数点位符的 SqlCommand 对象。这些点位符表示提供的参数的位置。

(2) 在 SqlCommand 对象中增加参数。

(3) 将参数设置为指定值。

(4) 执行命令。

下面代码使用 ExecuteNonQuery 执行带参数占位符的 INSERT 语句。

```
con.Open();                                    //在调用方法前打开数据库连接
SqlCommand comm = new con.CreateCommand();     //创建和声明 Command 对象
comm.CommandText = "insert into Customer(CustomerID,username,password) values(@id,@name,
@psd) ";                                       //设置参数
comm.Parameters.Add("@id",SqlDbType.Int);
comm.Parameters.Add("@name", SqlDbType.Varchar,20);
comm.Parameters.Add("@psd", SqlDbType.Varchar,20);
comm.Parameters["@id"].Value = 1001;
comm.Parameters["@name"].Value = "李宏";
comm.Parameters["@psd"].Value = "111";
//上面六行可以合并写成下面三行:
comm.Parameters.Add("@id",SqlDbType.Int).Value = 1001;
comm.Parameters.Add("@name", SqlDbType.Varchar,20).Value = "李宏";
comm.Parameters.Add("@psd", SqlDbType.Varchar,20).Value = "111";
comm.ExecuteNonQuery();                        //执行 SQL 语句
con.Close();                                   //关闭数据库连接
```

说明：可以将参数设置为 null 值，具体设置如下。

```
comm.Parameters["@name"].IsNullable = true;
//IsNullable 设置为 true 表示参数可以接受 null 值
comm.Parameters["@name"].Value = DbNull.Value;        //DbNull.Value 属性返回 null 值
```

5. 存储过程的使用

所谓存储过程，就是 Transact-SQL 语句的预编译集合，这些语句在一个名称下存储并作为一个单元进行处理。由于存储过程被预先编译过，所以执行起来要比单行 SQL 语句效率高出很多，在应用程序开发过程中应尽可能地采用存储过程进行数据的增加、更新、删除和查询操作，以提升应用程序的整体运行效率。

执行 SQL Server 的存储过程需要如下步骤：

(1) 生成 SqlCommand 对象并将其 CommandText 属性设置为存储过程的名称或包含过程调用的 EXECUTE 语句。

(2) 增加过程调用所需要的参数到 SqlCommand 对象中，记住将任何输出参数的

Direction 属性设置为 ParameterDirection. Output，代码如下。

```
comm.Parameters["@msg"].Direction = ParameterDirection.Output;
```

这些输出参数可以在存储过程调用中用 T-SQL OUTPUT 关键字定义，也可以在实际过程中用 RETURN 语句返回。如果用 RETURN 语句返回执行结果，需要给 SqlCommand 对象的 Parameters 列表，添加如下代码。

```
comm.Parameters.Add("RETURN_VALUE",SqlDbType.Int);
```

并将 Direction 属性设置为 ParameterDirection. ReturnValue，代码如下。

```
comm.Parameters["RETURN_VALUE"].Direction = ParameterDirection.ReturnValue;
```

(3) 用 ExecuteNonQuery()方法执行 SqlCommand 对象。

(4) 读取任何输出参数的值。

下面程序给出了执行只有返回值的存储过程：

(1) 后台建立存储过程。

```
create proc selectserverdate
@date varchar(14) output,@datetime datetime output
AS
SET @date = DATENAME(yy,GETDATE()) + '年' + DATENAME(mm,GETDATE()) + '月'
      + DATENAME(dd,GETDATE()) + '日'
SET @datetime = getdate()
```

(2) 前台调用执行存储过程。

```
SqlCommand cmd = new SqlCommand("selectserverdate",con);  //建立 SqlCommand 对象
cmd.CommandType = CommandType.StoredProcedure;
//设置 SqlCommand 对象执行类型为存储过程
cmd.Parameters.Add("@date",SqlDbType.VarChar,14);       //向 Parameters 参数列表添加参数
cmd.Parameters.Add("@datetime",SqlDbType.DateTime,8);
cmd.Parameters["@date"].Direction = ParameterDirection.Output;     //设置参数的输出类型
cmd.Parameters["@datetime"].Direction = ParameterDirection.Output;
cmd.ExecuteNonQuery();//执行存储过程
string date1 = cmd.Parameters["@date"].Value;             //获取存储过程的返回值
DateTime weekday = new DateTime();
weekday = Convert.ToDateTime(cmd.Parameters["@datetime"].Value);
string? date2 = weekday.DayOfWeek.ToString();
```

下面程序给出了执行带输入参数、输出参数和返回值的存储过程：

(1) 后台建立存储过程。

```
create proc IUD_Customer(@zxcs AS VARCHAR(6),@name AS varchar(20),
@ID AS int,@msg varchar(16) output)
as
begin tran
  BEGIN
    if @zxcs = 'INSERT'
```

```
        BEGIN
          INSERT INTO Customer (CustomerID, username) VALUES(@ID,@name)
        END
      if @zxcs = 'UPDATE'
        BEGIN
          UPDATE Customer SET  username  = @name WHERE  CustomerID  = @ID
        END
      if @zxcs = 'DELETE'
        BEGIN
          DELETE FROM Customer WHERE ID = @ID
        END
    END
  if @@error <> 0
    BEGIN
      rollback tran
      SET @msg = '数据' + @zxcs + '失败?'
      SELECT @msg -- 输出后在前台接收
      RETURN 1
    END
  else
    BEGIN
      commit tran
      SET @msg = '数据' + @zxcs + '成功!'
      SELECT @msg -- 输出后在前台接收
      RETURN 0
    END
```

(2) 前台调用执行存储过程。

```
//设置增删改的存储过程所需要的参数
comm = new SqlCommand("IUD_ Customer",con);              //建立 SqlCommand 对象
comm.CommandType = CommandType.StoredProcedure;          //设置 SqlCommand 对象执行类型为存储
                                                         //过程
comm.Parameters.Add("@zxcs",SqlDbType.VarChar,6);        //向 Parameters 参数列表添加参数
comm.Parameters.Add("@name",SqlDbType.VarChar,20);
comm.Parameters.Add("@id",SqlDbType.int);
comm.Parameters.Add("@msg",SqlDbType.VarChar,16);
comm.Parameters.Add("RETURN_VALUE",SqlDbType.Int);       //有 RETURN 返回值需要向参数列表添加
comm.Parameters["@msg"].Direction = ParameterDirection.Output;         //设置参数的输出类型
comm.Parameters["RETURN_VALUE"].Direction = ParameterDirection.ReturnValue;
comm.Parameters["@zxcs"].Value = "INSERT";               //执行 INSERT 操作
comm.Parameters["@name"].Value = "张三";
comm.Parameters["@ID"].Value = 1002;
comm.ExecuteNonQuery();
Console.WriteLine("\t{0}", comm.Parameters["@msg"].Value(0));
Console.WriteLine("\t{0}", comm.Parameters["RETURN_VALUE"].Value(0));
if((Int32)comm.Parameters["RETURN_VALUE"].Value == 0)
 {其他代码块 }
```

4.7 小　　结

本章主要介绍了应用程序如何与多种类型的数据源之间构建联系的 Connection 对象，并阐述了如何创建 Connection 对象，如何设置 Connection 对象的 ConnectionString 属性，以及关于连接字符串的安全问题。最后，针对数据库连接可能需要付出较昂贵的时间和资源成本，介绍了连接池(connection pooling)的概念。本章也着重介绍了连接模式下的数据操作中涉及的 Command 对象和 DataReader 对象以及它们的使用方法，包括运用 SQL 语言和存储过程来访问数据库的方法。

4.8 习　　题

一、选择题

1. 为使用 OleDb. NET Data Provider 连接到 SQL Server 2010 数据库，应将 Connection 对象的 ConnectionString 属性中的 Provider 子属性的值设置为(　　)。

A. Provider＝SQLOLEDB　　B. Provider＝SQLSERVER

C. Provider＝Microsoft. Jet. OLEDB. 4. 0　　D. Provider＝MSDAORA

2. 在使用 ADO. NET 编写连接到 SQL Server 2010 数据库的应用程序时，从提高性能的角度考虑，应创建(　　)类的对象，并调用其 Open 方法连接到数据库。

A. OleDbConnection　　B. SqlConnection

C. OdbcConnection　　D. Connection

3. 在使用 ADO. NET 设计数据库应用程序时，可通过设置 Connection 对象的(　　)属性来指定连接到数据库时的用户和密码信息。

A. ConnectionString　　B. DataSource

C. UserInformation　　D. Provider

4. 以下关于连接字符串的描述中，正确的是(　　)。

A. Data Source 属性表示数据库的类型

B. Trusted_Connection 表示数据库的名称

C. Integrated Security 参数决定连接是否使用信任连接

D. Initial Catalog 表示数据库的类型

5. 参照下列 C# 语句：

```
SqlConnection conn1 = new SqlConnection("user id = sa;password = user1;Initial Catelog =
teacher;Data Source = Example;Connection Timeout = 30;");
Conn1.Open();
SqlConnection conn2 = new SqlConnection("user id = sa;password = user1;Initial Catelog =
student;Data Source = Example;Connection Timeout = 30;");
Conn2.Open();
```

上述语句将创建(　　)个连接池来管理这些 SqlConnection 对象。

A. 1　　B. 2　　C. 0

二、填空题

1. 为了建立与数据库的连接，必须调用连接对象的(　　)方法，连接建立后，可利用连接对象的 execute 方法来执行 SQL 语句。

2. 关闭连接并彻底释放所占用的系统资源，应调用连接对象的(　　)方法，并使用(　　)语句来实现。

3. 当.NET 垃圾回收器处理 SqlConnection 对象时，ADO.NET 2.0 将隐式调用该对象的 Close 方法，把数据库的物理连接释放到(　　)。

4. 加密 MyApplication 应用程序的 Web.config 文件的 <connectionStrings> 节的命令为(　　)。

5. 解密 MyApplication 应用程序的 Web.config 文件的 <connectionStrings>节的命令为(　　)。

三、问答题

1. 关闭连接和移除连接有什么不同?

2. 什么是连接池? 有何作用?

第5章 数据集 DataSet

数据集是 ADO. NET 最核心的技术之一，主要包括 DataSet、DataTable、DataColumn、DataRow、DataRelation 等相关组件。数据集可以认为是内存中的数据库，可以是不依赖于任何数据库的独立数据集合。本章将介绍这些知识的用法、相互关系以及在.NET 中的具体运用。

5.1 非连接模型的案例

ADO. NET 中的数据访问模型可以分成两种：连接模型和非连接模型。

在连接模型中，.NET 数据提供程序连接到数据源以后，才能对数据源的数据进行处理，在这个过程中一直要保持连接状态，数据处理完成后才断开与数据源的连接。

在非连接模型中，通过.NET 数据提供程序连接到数据源，并为来自数据源的数据创建内存中的缓存，这是可以断开数据源的连接。然后在缓存中实现数据的查询、修改、删除的操作，完成后再与数据源建立连接，将更改的数据内容合并至数据源。在操作数据库的时候，应该尽可能晚地打开连接并且尽可能早地关闭连接是很重要的，这样可以更好地利用连接池。相对于连接模型而言，非连接模型就更好地体现了这个思想。非连接模型需要缓存数据，需要一个对象保存非连接数据。数据集 DataSet，就是.NET 框架自带的可用于非连接的数据缓存。

5.2 DataSet 对象模型

DataSet 是 ADO. NET 结构的主要组件，是专门为独立于任何数据源的数据访问而设计的。因此，它可以用于多种不同的数据源，如用于 XML 数据，或用于管理应用程序本地的数据。数据集 DataSet，可以认为是内存中的数据库，DataSet 可以是不依赖于任何数据库的独立数据集合。客户端可以通过对 DataSet 的数据实现数据的查询、修改、删除等操作，从而实现对数据源的同等操作。

DataSet 支持多表、表间关系、数据约束等，和关系数据库的模型基本一致。DataSet 由一组数据表 DataTable 对象和数据关系 DataRelation 对象组成，可以通过使用唯一键约束 UniqueConstraint 和外键约束 ForeignKeyConstraint 对象在 DataSet 中实施数据完整性约束。

图 5-1 显示的是 DataSet 对象模型。

理解 DataSet 结构的最好方式就是绘制一张与关系数据库管理系统(RDBMS)对应的

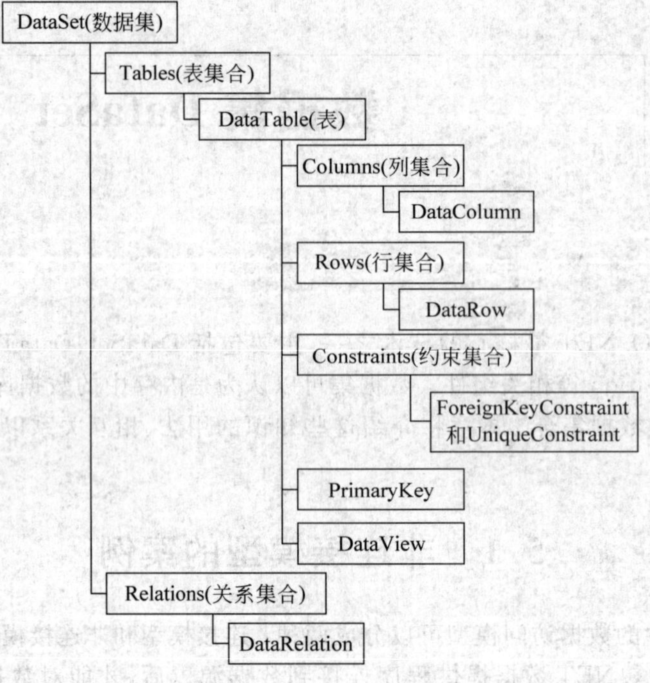

图 5-1 DataSet 对象模型

图。但是，必须指出的是，DataSet 还是一个内存对象，不要与 RDBMS 混淆，或误以为就是 RDBMS。其唯一目的就是做 RDBMS 所不能做到的事：提供一个非连接的、可移植的、内存对象形式的关系型结构化数据。

DataSet 可以看做是内存中的数据库，是数据表的集合，它可以包含任意多个数据表(DataTable)，而且每一 DataSet 中的数据表(DataTable)对应一个数据源中的数据表(Table)或是数据视图(View)。表示 DataSet 中两个 DataTable 对象之间父/子关系的是 DataRelation 对象。它使一个 DataTable 中的行与另一个 DataTable 中的行相关联。这种关联类似于关系数据库中数据表之间的主键列和外键列之间的关联。数据表实质是由行(DataRow)和列(DataColumn)组成的集合，为了保证内存中数据记录的正确性，避免并发访问时造成读写冲突，DataSet 对象中的 DataTable 负责维护每一条记录，分别保存记录的初始状态和当前状态。

DataSet 对象包含一个类型为 DataTableCollection 类型的 DataTable 对象集合，作为其 Tables 属性。它也包含一个名为 Relations 的属性，该属性是 DataRelationCollection 类型的 DataRelation 对象集合。

类似地，DataTable 对象具有一个名为 Columns 的属性，是 DataColumn 对象集合，其表现形式是 DataColumnCollection 对象。它也包含一个 DataRowCollection 类型的属性，名为 Rows，以 DataRows 对象的形式表示各行记录。

可以在 DataTable 上定义约束(比如 UniqueConstraint)，这是一个表现为 Constraints 属性的集合，其类型为 ConstraintCollection，可以赋值为一组 Constraint 类型的对象，或是从 Constraint 对象继承而来的对象。

DataSet 也可以按 XML 的形式来保持和重新加载其内容，并按 XML 架构定义语言(XSD)架构的形式来保持和重新加载其架构。

表 5-1 和表 5-2 分别列出了 DataSet 对象的常用属性和常用方法。

表 5-1 DataSet 对象的属性

属性名称	数据类型	说明
CassSensitive	Boolean	指示 DataSet 对象中的字符串比较是否区分大小写
DataSetName	String	DataSet 对象的名称
DefaultViewManager	DefaultViewManager	DataSet 对象所包含的数据的自定义视图，以允许使用自定义的 DataViewManager 对象进行筛选、搜索和导航
EnforceConstraints	Boolean	指示在尝试执行任何更新操作时是否遵循约束规则
ExtendedProperties	PropertyCollection	用户自定义信息的集合
HasErrors	Boolean	所有 DataTable 对象中是否存在错误
Locale	CultureInfo	用于比较表中字符串的区域设置信息
Prefix	String	一个 XML 前缀，该前缀是 DataSet 命名空间的别名
Relations	DataRelationCollection	DataSet 对象中的数据关系的集合
Tables	DataTableCollection	DataSet 对象中的数据表的集合

表 5-2 DataSet 对象的方法

方法名称	返回值类型	说明
AcceptChange	void	提交自加载此 DataSet 对象以后或最后一次调用 AcceptChanges()方法以后对 DataSet 对象进行所有更改
Clear	void	通过移除所有表中的所有行来清除任何数据的 DataSet
Clone	DataSet	复制 DataSet 的结构，包括所有 DataTable 架构、关系和约束。不要复制任何数据
Copy	DataSet	复制该 DataSet 对象的结构和数据
GetChanges	DataSet	获取 DataSet 对象的副本，该副本包含自上次加载以来或自调用 AcceptChanges()方法以来对该数据集进行的所有更改
GetXml	String	返回存储在 DataSet 对象中的数据的 XML 表示形式
GetXmlSchema	String	返回存储在 DataSet 对象中的数据的 XML 表示形式的 XSD 架构
HasChanges	Boolean	获取一个值，该值指示 DataSet 对象是否有更改，包括新增行、已删除的行或已修改的行
Merge	void	将指定的 DataSet、DataTable 或 DataRow 对象的数组合并到当前的 DataSet 或 DataTable 对象中
ReadXml	XmlReadMode	将 XML 架构和数据读入 DataSet 对象
ReadXmlSchema	void	将 XML 架构读入 DataSet 对象
RejectChanges	void	取消自从创建 DataSet 对象以来或自上次调用 AcceptChanges()方法以来对 DataSet 对象进行的所有更改
Reset	void	将 DataSet 对象重置为其初始状态。子类应重写 Reset 对象，以便将 DataSet 对象还原到其原始状态
WriteXml	void	方法用于从 DataSet 对象写 XML 数据，还可以选择写架构
WriteXmlSchema	void	写 XML 架构形式的 DataSet 结构

接下来看看如何创建 DataSet 对象实例。

1. 使用 Microsoft Visual Studio 2010 创建 DataSet 实例

(1) 新建一个 Windows 窗体应用程序 ch51,从工具箱中把 DataSet 控件拖曳到窗体设计器中,弹出一个选择创建 DataSet 类型的窗口,如图 5-2 所示。

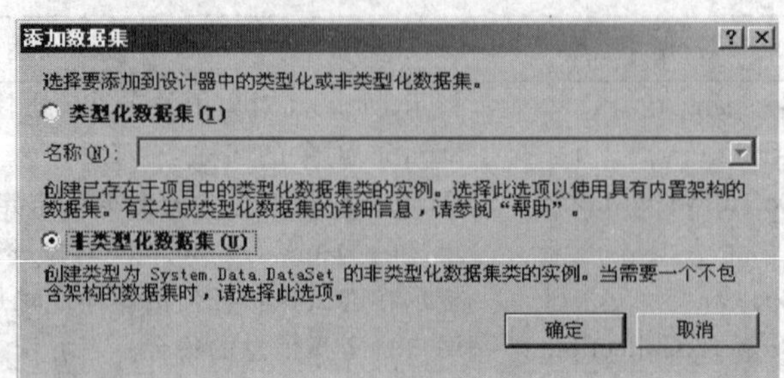

图 5-2 选择要创建的 DataSet 类型

(2) 选择创建非类型化数据集,单击【确定】按钮,就创建了一个默认名称为 dataSet1 的非类型化数据集对象,然后通过对象的属性去修改该对象的属性设置,如图 5-3 所示。

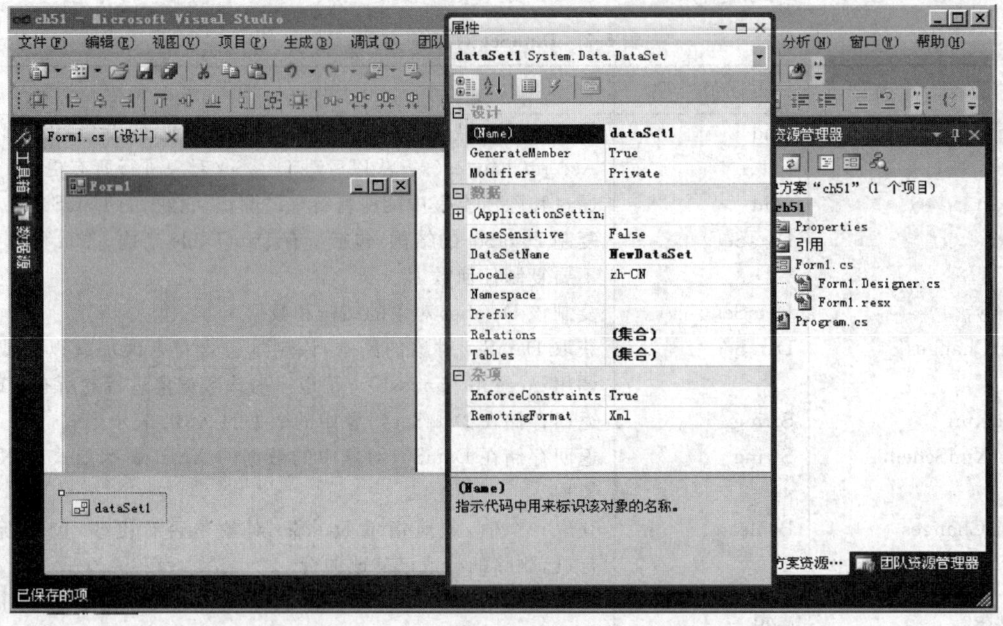

图 5-3 创建了 dataSet1 对象的项目

2. 编程方式实现创建 DataSet 实例

(1) 初始化 DataSet 类的新实例。

```
DataSet ds = new DataSet();
```

(2) 用给定名称初始化 DataSet 类的新实例。

```
DataSet FastFoodDS = new DataSet("FastFood");
```

5.2.1 DataTable

DataTable 类是 .NET Framework 类库中 System.Data 命名空间的成员。可以独立创建和使用 DataTable,也可以作为 DataSet 的成员创建和使用,而且 DataTable 对象也可以与其他 .NET Framework 对象(包括 DataView)一起使用。可以通过 DataSet 对象的 Tables 属性来访问 DataSet 中表的集合。

每一个 DataSet 都是一个或多个 DataTable 对象的集合(DataTable 相当于数据库中的表),这些对象由数据行(DataRow)、数据列(DataColumn)、字段名(Column Name)、数据格(Item),以及约束(Constraint)和有关 DataTable 对象中数据的关系(Relations)与数据显示排序(DataView)信息组成。

表 5-3 和表 5-4 分别列出了 DataTable 对象的常用属性和常用方法。

表 5-3 DataTable 对象的属性

属性名称	数据类型	说明
CaseSensitive	Boolean	指示表中的字符串比较是否区分大小写
ChildRelations	DataRelationCollection	获取此 DataTable 的子关系的集合
Columns	DataColumnCollection	获取属于该表的列的集合
Constraints	ConstraintCollection	获取由该表维护的约束的集合
DataSet	DataSet	获取此表所属的 DataSet
DefaultView	DataView	获取可能包括筛选视图或游标位置的表的自定义视图
ExtendedProperties	PropertyCollection	获取自定义用户信息的集合
HasErrors	Boolean	获取一个值,该值指示该表所属的 DataSet 的任何表的任何行中是否有错误
Locale	CultureInfo	获取或设置用于比较表中字符串的区域设置信息
MinimumCapacity	Integer	获取或设置该表最初的起始大小
Namespace	String	获取或设置 DataTable 中所存储数据的 XML 表示形式的命名空间
ParentRelations	DataRelationCollection	获取该 DataTable 的父关系的集合
Prefix	String	获取或设置 DataTable 中所存储数据的 XML 表示形式的命名空间
PrimaryKey	DataColumn[]	获取或设置充当数据表主键的列的数组
Rows	DataRowCollection	获取属于该表的行的集合
TableName	String	获取或设置 DataTable 的名称

表 5-4 DataTable 对象的方法

方法名称	返回值类型	说明
AcceptChanges	void	提交加载 DataTable 对象以后或最后一次调用 AcceptChanges()方法以后对 DataTable 对象进行的所有更改
Clear	void	删除 DataTable 对象中所有表格的所有行
Clone	DataTable	复制 DataTable 对象的结构,包括 DataTable 架构、关系和约束并返回。不复制任何数据。
Compute	Object	计算当前行中通过过滤条件的指定表达式

续表

方法名称	返回值类型	说明
GetChanges	DataTable	重载，取得上次装入 DataTable 对象以后或最后一次调用 AcceptChanges()方法以后 DataTable 对象的拷贝
GetError	DataRow[]	重载，取得发生错误的所有 DataRow 对象的拷贝
LoadDataRow	DataRow	寻找和更新指定的 DataRow 对象。如果找不到匹配的 DataRow 对象，则用指定的 DataRow 对象生成新行
NewRow	DataRow	在 DataTable 中生成新的 DataRow 对象。
RejectChanges	void	取消加载 DataTable 对象以后或最后一次调用 AcceptChanges()方法以后对 DataTable 对象进行的所有更改
Select	DataRow[]	重载，返回 DataTable 中匹配指定过滤字符串的 DataRow 对象。也可以传入一个字符串，其中包含描述如何排序 DataRow 对象的细节

创建 DataTable 对象实例。

1. 使用 Microsoft Visual Studio 2010 创建 DataTable 实例

(1) 接着本节开始创建 DataSet 的步骤继续下去，选择 dataSet1 对象的 Tables 属性右边的省略号按钮，会弹出一个表集合编辑器，在这里可以添加 DataTable 到 dataSet1 对象中，如图 5-4 所示。

(2) 选择 Add，会添加一个名为 Table1 的表，在右边的属性中修改 TableName 属性值为 Customer，即在 dataSet1 对象添加了一个名为 Customer 的表，如图 5-5 所示。

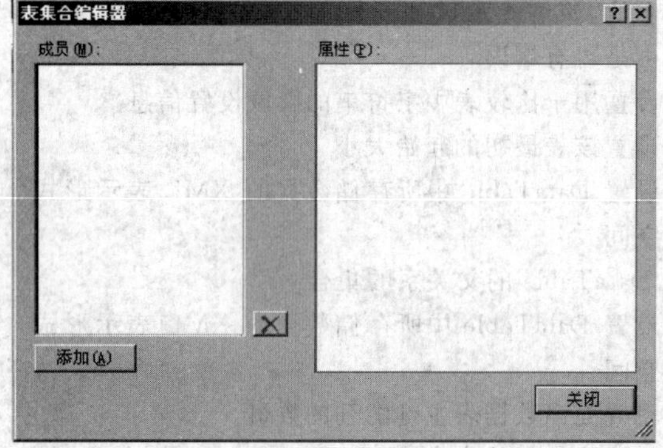

图 5-4　空的表集合编辑器

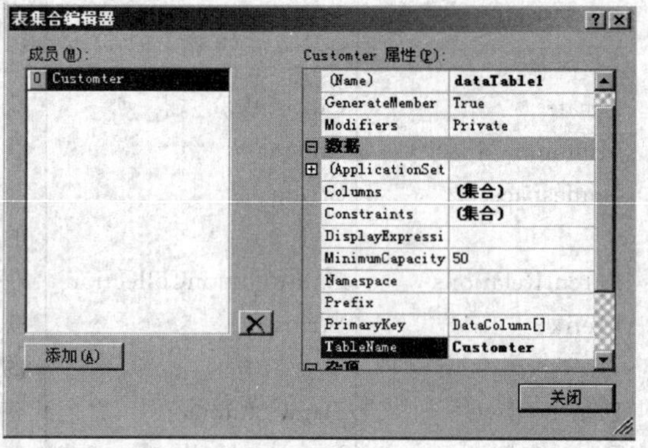

图 5-5　添加了 Customer 表的表集合编辑器

2. 编程方式实现创建 DataTable 实例

(1) 以下示例创建 DataTable 对象的实例，并为其指定名称“Customer”。

```
DataTable customerTable = new DataTable("Customer");
DataTable bookingOrderTable = new DataTable("BookingOrder");
```

(2) 以下示例创建 DataTable 实例，将其添加到 DataSet 的 Tables 集合中。

```
DataSet fastFoodDS = new DataSet();
DataTable customerTable = fastFoodDS.Tables.Add("Customer");
DataTable bookingOrderTable = fastFoodDS.Tables.Add("BookingOrder");
```

以上创建的 DataTable 未有任何的表结构，当然也就不能存储任何数据。要能使用创建的 DataTable，首先要建立表结构，即定义 DataTable 的 DataColumn 集合，然后才能存放数据到 DataRow 集合中。下面先看看 DataColumn 是如何建立的。

5.2.2 DataColumn

每个 DataTable 都有一个 Columns 集合，该集合是 DataColumn 对象的容器。从其名称可以看出，一个 DataColumn 对象对应表中的一列。然而，DataColumn 对象并非实际包含存储在 DataTable 中的数据，而是存储了有关该列结构的信息。这种类型的信息——有关数据的数据——就称为元数据。例如，DataColumn 中有一个 DataType 属性，该属性描述了该列所存储的数据类型（如字符型或整型）。DataColumn 类还有其他一些属性，如 ReadOnly，AllowDBNull，Unique，Default 以及 AutoIncrement 等，这些属性可控制列中的数据能否更新，限制可以在列中存储的内容，或是规定如何为新数据行生成值。

表 5-5 列出了 DataColumn 对象的常用属性表。

表 5-5 DataColumn 对象的属性

属性名称	数据类型	说明
AllowDBNull	Boolean	获取或设置一个值，该值指示列中是否允许空值
AutoIncrement	Boolean	获取或设置一个值，该值指示对于添加到该表中的新行，是否将列的值自动递增
AutoIncrementSeed	Integer	获取或设置其 AutoIncrement 属性设置为 true 的列的起始值
AutoIncrementStep	Integer	获取或设置其 AutoIncrement 属性设置为 true 的列使用的增量
Caption	String	获取或设置列的标题
ColumnMapping	MappingType	获取或设置列的 MappingType
ColumnName	String	获取或设置 DataColumnCollection 中的列的名称
DataType	Type	获取或设置存储在列中的数据的类型
DefaultValue	Object	在创建新行时获取或设置列的默认值
Expression	String	获取或设置表达式，用于筛选行、计算列中的值或创建聚合列
ExtendedProperties	PropertyCollection	获取与 DataColumn 相关的自定义用户信息的集合
MaxLength	Integer	获取或设置文本列的最大长度
Namespace	String	获取或设置 DataColumn 的命名空间
Ordinal	Integer	获取列在 DataColumnCollection 集合中的位置
Prefix	String	获取或设置一个 XML 前缀，该前缀是 DataTable 的命名空间的别名
ReadOnly	Boolean	获取或设置一个值，该值指示一旦向表中添加了行，列是否还允许更改
Table	DataTable	获取列所属的 DataTable
Unique	Boolean	获取或设置一个值，该值指示列的每一行中的值是否必须是唯一的

为 DataTable 对象创建 DataColumn 集合。

1. 使用 Microsoft Visual Studio 2010 创建 DataColumn 集合

（1）接着 5.2.1 节创建 DataTable 的步骤继续下去，单击 dataSet1 对象的 Tables 属性右边的省略号按钮，在弹出的表集合编辑器中选择 Customer 表，单击其 Columns 属性右边的省略号按钮，会弹出一个列集合编辑器，在这里可以添加 DataColumn 到 Customer 表中，如图 5-6 所示。

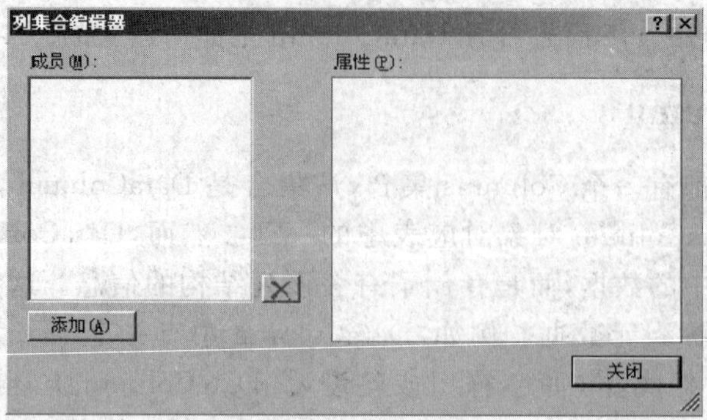

图 5-6　空的列集合编辑器

(2) 选择 Add，会添加一个名为 Column1 的列，在右边的属性中修改 ColumnName 属性值为 CustomerID、修改 DataType 属性值为 System.Int32、修改 AllowDBNulle 属性值为 False 等，这时 Customer 表就增加了一个 CustomerID 列，如图 5-7 所示。

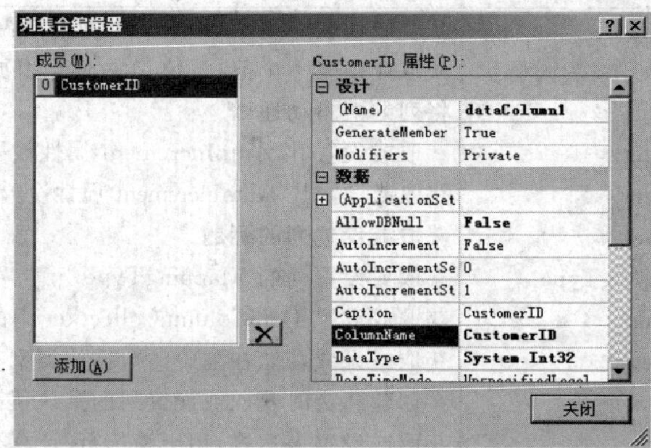

图 5-7　添加了 CustomerID 列的列集合编辑器

(3) 同理，选择 Add，可以依次为 Customer 表添加 UserName、CompanyName 和 CompanyAddress 列直至该表创建完成，如图 5-8 所示。

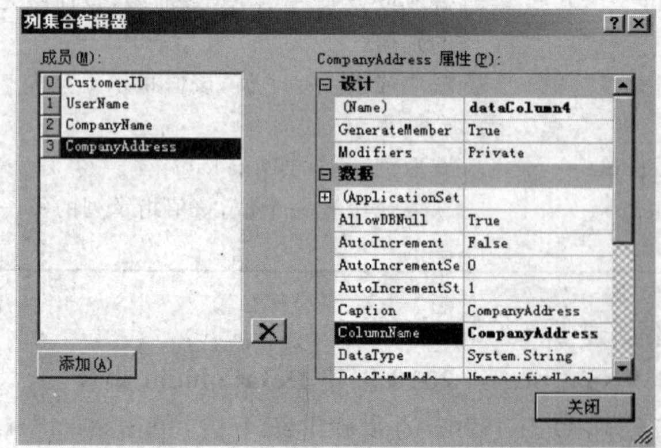

图 5-8　添加了多列的列集合编辑器

2. 编程方式实现创建 DataColumn 集合

以下程序代码就是向 customerTable 的列集合中添加 4 个 DataColumn。

```
DataSet fastFoodDS = new DataSet();
DataTable customerTable = fastFoodDS.Tables.Add("Customer");
DataColumn workCol = customerTable.Columns.Add("CustomerID", typeof(Int32));
workCol.AllowDBNull = false;
workCol.Unique = true;
customerTable.Columns.Add("UserName", typeof(String));
customerTable.Columns.Add("CompanyName", typeof(String));
customerTable.Columns.Add("CompanyAddress ", typeof(String));
```

程序中用于 CustomerID 列的属性设置为不允许 DBNull 值,并将值约束为唯一。

以下程序代码是向 bookingOrderTable 的列集合中添加三个 DataColumn。

```
DataTable bookingOrderTable = fastFoodDS.Tables.Add("BookingOrder");
DataColumn col = bookingOrderTable.Columns.Add("OrderID",typeof(int32));
bookingOrderTable.Columns.Add("CustomerID ", typeof(Int32));
bookingOrderTable.Columns.Add("Number", typeof(Int32));
```

5.2.3 DataRow

DataRow 和 DataColumn 对象都是 DataTable 的主要组件。DataColumn 对象是描述 DataTable 数据结构的,而 DataRow 对象是描述 DataTable 数据内容的。用 DataRow 对象及其属性和方法检索、评估、插入、删除和更新 DataTable 中的值。若要创建新的 DataRow,请使用 DataTable 对象的 NewRow 方法。创建新的 DataRow 之后,请使用 Add 方法将新的 DataRow 添加到 DataTable 中的 DataRowCollection 中。

以下示例演示了如何通过调用 NewRow 方法来创建新行:

```
DataRow workRow = customerTable.NewRow(); // customerTable结构参考上节的定义
```

然后就可以使用索引或列名来处理新添加的行:

```
workRow["CustomerID "] =1001;
workRow["UserName"] = "乔峰";
```

或用:

```
workRow[1] = "乔峰";
```

在将数据插入 workRow 对象后,需要用 Add 方法将行添加到 customerTable 对象的 DataRowCollection 属性:

```
customerTable.Rows.Add(workRow);
```

执行这条语句后才真正为 customerTable 对象添加了一条数据。

也可以通过传入值的数组(类型化为 Object),调用 Add 方法来添加新行:

```
customerTable.Rows.Add(new Object[] {1002, "郭靖"});
```

将类型化为 Object 的值的数组传递到 Add 方法,可在表内创建新行并将其列值设置为对象数组中的值。请注意,数组中的值会根据它们在表中出现的顺序相继与各列匹配。

同理,以下代码段是向 Customer 表中添加了 10 行数据:

```
DataRow workRow;
for (int i = 0; i <= 9; i++)
{
  workRow = customerTable.NewRow();
  workRow[0] = i;
  workRow[1] = "userName" + i.ToString();
  customerTable.Rows.Add(workRow);
}
```

要想访问存储在 DataTable 对象中的实际值,可以使用此对象的 Rows 集合,该集合中包含一组 DataRow 对象。要想查看存储在特定行、特定列中的数据,可以使用适当 DataRow 对象的 Item 属性来读取该行中任意列的值。DataRow 类提供了 Item 属性的一些重载定义,可以通过向 DataRow 对象的 Item 属性传递列名称、索引值或相关联的 DataColumn 对象来指定可要查看哪一列。由于 Item 是 DataRow 类的默认属性,所以可以隐式地使用它,如下面的代码段所示。

```
DataRow row;
row = customerTable.Rows[0];
Console.WriteLine(row[0]);
Console.WriteLine(row["CustomerID"]);
Console.WriteLine(row[customerTable.Columns["CustomerID"]]);
```

DataRow 对象还定义了一些公共属性方法,用于对 DataRows 对象的各种操作。表 5-6 和表 5-7 分别列出了 DataRow 对象的常用属性表和常用方法:

表 5-6 DataRow 对象的属性

属性名称	数据类型	说明
HasErrors	Boolean	获取一个值,该值指示某行是否包含错误
Item	Object	已重载。获取或设置存储在指定列中的数据
ItemArray	Object 数组	通过一个数组来获取或设置此行的所有值
RowError	String	获取或设置行的自定义错误说明
RowState	DataRowState	获取与该行和 DataRowCollection 的关系相关的当前状态。DataRow 的 RowState 属性(状态)取值有 5 种:Detached, Unchanged, Added, Deleted, Modified
Table	DataTable	获取该行拥有其架构的 DataTable

表 5-7 DataRow 对象的方法

方法名称	返回值类型	说明
AcceptChanges	void	提交自上次调用 AcceptChanges 以来对该行进行的所有更改
BeginEdit	void	对 DataRow 对象开始执行编辑操作
CancelEdit	void	取消对该行的当前编辑
ClearErrors	void	清除行的错误。这包括 RowError 和用 SetColumnError 设置的错误
Delete	void	删除 DataRow
EndEdit	void	终止发生在该行的编辑
GetChildRows	DataRow[]	已重载。获取 DataRow 的子行
GetColumnError	String	已重载。获取列的错误说明
GetColumnsInError	DataColumn[]	获取包含错误的列的数组
GetParentRow	DataRow	已重载。获取 DataRow 的父行
GetParentRows	DataRow[]	已重载。获取 DataRow 的父行
HasVersion	Boolean	获取一个值,该值指示指定的版本是否存在
IsNull	Boolean	已重载。获取一个值,该值指示指定的列是否包含空值
RejectChanges	void	拒绝自上次调用 AcceptChanges 以来对该行进行的所有更改
SetAdded	void	将 DataRow 的 Rowstate 更改为 Added
SetColumnError	void	已重载。为列设置错误说明
SetModified	void	将 DataRow 的 Rowstate 更改为 Modified
SetParentRow	void	已重载。设置 DataRow 的父行

5.2.4 设置主键：PrimaryKey 属性

数据库表通常都有一列或一组列,用于唯一地标识表中的每一行。这种具有标识作用的列或列组被称为主键(PrimaryKey)。

在将一个单独的 DataColumn 标识为 DataTable 的 PrimaryKey 时,表会自动将列的 AllowDBNull 属性设置为 false,并将 Unique 属性设置为 true。如果是多列主键,则只有 AllowDBNull 属性自动设置为 false。

DataTable 的 PrimaryKey 属性会将一个或多个 DataColumn 对象的数组接收为它的值。

可以使用 Microsoft Visual Studio 2010 设置 DataTable 的 PrimaryKey 属性字段,打开表集合编辑器,选择表,然后在属性窗口中设置 PrimaryKey 属性,如图 5-9 所示。

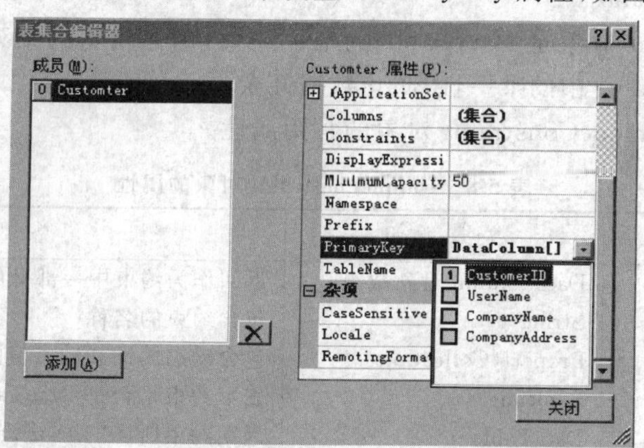

图 5-9 表集合编辑器中设置 PrimaryKey

也可以通过编程实现对 DataTable 的 PrimaryKey 属性的设置。

(1) 将单独一列定义为主键：

```
customerTable.PrimaryKey = new DataColumn[] {customerTable.Columns["CustomerID"]};
```

或者写成：

```
DataColumn[] myColArray = new DataColumn[1];
myColArray[0] = customerTable.Columns["CustomerID"];
customerTable.PrimaryKey = myColArray;
```

(2) 将两列或多列定义为主键：

```
customerTable.PrimaryKey = new DataColumn[] { customerTable.Columns["UserName"],
                    customerTable.Columns["CompanyName "]};
```

或者写成：

```
DataColumn[] myKey = new DataColumn[2];
myKey[0] = customerTable.Columns["UserName"];
myKey[1] = customerTable.Columns["CompanyName"];
customerTable.PrimaryKey = myKey;
```

5.2.5 Constraint

为了维护数据的完整性，可以使用 Constraint 来强制对 DataTable 中数据进行限制。Constraint 对象存在于 DataTable 对象的 Constraints 集合中。约束是应用于某列或相关各列的自动规则，它决定了某行的值以某种方式更改时的操作过程。当 DataSet 的 EnforceConstraints 属性为 true 时，就可强制使用 Constraints。

ADO. NET 中有两种约束：外键约束（ForeignKeyConstraint）和唯一约束（UniqueConstraint）。默认情况下，通过将 DataRelation 添至 DataSet 来创建两张或多张表之间的关系时，两种约束都会自动创建。但是，也可以在创建关系时，通过指定 createConstraints = false 禁用这一行为。

1. UniqueConstraint

UniqueConstraint 对象是 DataTable 的唯一约束，确保指定的某列或多个列中的数据组合在同一个 DataTable 中的唯一性，防止数据冗余。

表 5-8 列出了 UniqueConstraint 对象的常用属性。

表 5-8 UniqueConstraint 对象的属性

属性名称	数据类型	说明
Columns	DataColumn 对象数组	返回作为约束中一部分的列
ConstraintName	String	包含约束的名称
ExtendedProperties	PropertyCollection	包含动态属性和动态值的集合
IsPrimaryKey	Boolean	表示约束是否是 DataTable 的主键
Table	DataTable	返回约束所属的 DataTable

创建 UniqueConstraint 对象的方法有很多,如下所示。

(1) 使用 Microsoft Visual Studio 2010 设置 DataTable 的 Constraints 属性字段,打开约束集合编辑器,可创建 UniqueConstraint 对象。

(2) 将 DataTable 的某列的 Unique 属性设置为 true,会自动创建 UniqueConstraint 对象。通过将单列的 Uniquc 属性设置为 false,则相关的 UniqueConstraint 对象也被删除。

(3) 当设置 DataTable 的 PrimaryKey 时,会自动创建 UniqueConstraint 对象;从 DataTable 的 PrimaryKey 属性中删除时,则相关的 UniqueConstraint 对象也被删除。

(4)通过编程使用 UniqueConstraint 构造函数创建 UniqueConstraint 对象,然后将创建的 UniqueConstraint 对象添加到该表的 Constraints 属性中。

以下程序代码是为 DataTable 的两列创建 UniqueConstraint 对象。

```
UniqueConstraint custUC = new UniqueConstraint(new DataColumn[]
                {customerTable.Columns["CustomerID"],
                 customerTable.Columns["CompanyName"]});
customerTable .Constraints.Add(custUC);
```

2. ForeignKeyConstraint

ForeignKeyConstraint 对象是 DataTable 之间的约束规则。ForeignKeyConstraint 强制了有关如何对相关表所做更新和删除进行传播的规则。例如,如果更新或删除了一个表格中的某行中的值,并且一个或多个相关的表中也使用了这个相同的值,ForeignKeyConstraint 将会决定相关表中发生的操作。

表 5-9 列出了 ForeignKeyConstraint 对象的常用属性。

表 5-9 ForeignKeyConstraint 对象的属性

属性名称	数据类型	说明
AcceptRejectRule	AeceptRejectRule	控制对父行调用 AcceptChanges 方法或 RejectChanges 方法是否影响子行
Columns	DataColumn 对象数组	返回构成约束的子表中的列
ConstraintName	String	包含约束的名称
DeleteRule	Rule	控制对父行的删除是否影响子行,或是怎样影响子行
ExtendedProperties	PropertyCollection	包含动态属性或动态值的集合
RelatedColumns	DataColumn 对象数组	返回构成约束的父表中的列
RelatedTable	DataTable	返回跟约束有关的父表
Table	DataTable	返回跟约束有关的子表
UpdateRule	Rule	控制对父行的修改是否影响子行,或是怎样影响子行

ForeignKeyConstraint 的 DclctcRulc 和 UpdateRule 属性定义在用户试图删除或更新相关表中某行时采取的操作。表 5-10 描述可用于 ForeignKeyConstraint 的 DeleteRule 和 UpdateRule 属性的不同设置。

ForeignKeyConstraint 可以限制并传播对相关列的更改。根据为列 ForeignKeyConstraint 设置的属性,并且如果 DataSet 的 EnforceConstraints 属性是 true,对父行执行某些特定操作将会导致异常。例如,如果 ForeignKeyConstraint 的 DeleteRule 属性是 None,那么在父行有子行的情况下,则无法删除父行。

表 5-10　ForeignKeyConstraint 的 DeleteRule 和 UpdateRule 属性值

规　则	说　明	规　则	说　明
Cascade	删除或更新相关行。这是默认值	SetDefault	将相关行中的值设置为默认值
SetNull	将相关行中的值设置为 DBNull	None	对相关行不采取任何操作

创建 ForeignKeyConstraint 对象的方法有很多，如下所示。

(1) 使用 Microsoft Visual Studio 2010 设置 DataTable 的 Constraints 属性字段，打开约束集合编辑器，可创建 ForeignKeyConstraint 对象。

(2) 通过编程使用 ForeignKeyConstraint 构造函数创建 ForeignKeyConstraint 对象，然后将创建的 ForeignKeyConstraint 对象添加到该表的 Constraints 属性中。

在创建 ForeignKeyConstraint 对象时，可将 DeleteRule 和 UpdateRule 值作为参数传递给构造函数，也可将它们设置为属性(其中 UpdateRule 值设为默认值 Cascade)。

```
ForeignKeyConstraint custOrderFK = new ForeignKeyConstraint("CustOrderFK",
fastFoodDS.Tables["Customer"].Columns["CustomerID"],
fastFood DS.Tables["BookingOrder "].Columns["CustomerID"]);
custOrderFK.DeleteRule = Rule.None;
fastFood DS.Tables["BookingOrder"].Constraints.Add(custOrderFK);
```

5.2.6　动态构建 DataTable

DataTable 对象是内存中的数据表格，可以由它来缓存数据，作为数据的操作对象。下面通过实例说明如何动态创建 DataTable：

首先新建一个 Windows 窗体应用程序 ch52，从工具箱中把 DataGridView 控件拖曳到 Form1 窗体设计器中，名称为 dataGridView1，用来显示动态创建 DataTable 中的数据，如图 5-10 所示。

图 5-10　项目中的窗体设计器

接下来在 Form1. cs 中添加如下代码，其中 GetData 方法就是动态创建 DataTable 的实例 dt 对象，通过从数据库中读取数据并存入到动态创建的 dt 对象中，然后绑定到 dataGridView1 控件上显示数据。

```
using System;
using System.Collections.Generic;
using System.ComponentModel;
using System.Data;
using System.Drawing;
using System.Linq;
using System.Text;
using System.Windows.Forms;
using System.Data.SqlClient;

namespace ch52
{
    public partial class Form1 : Form
    {
        public Form1()
        {
            InitializeComponent();
        }

        private void Form1_Load(object sender, EventArgs e)
        {
            GetData();
        }

        private void GetData()
    {
       SqlConnection sqlcon = new SqlConnection("Data Source = .;Initial Catalog = FastFood;
Integrated Security = True ");
        SqlCommand sqlcom = new SqlCommand(" select  CustomerID, UserName from Customer",
sqlcon);
        sqlcon.Open();
        SqlDataReader sdr = sqlcom.ExecuteReader();

        DataSet ds = new DataSet();
        using (DataTable dt = new DataTable("Customer"))
        {
            DataColumn dtc = new DataColumn("CustomerID", typeof(int));
            dt.Columns.Add(dtc);
            dtc = new DataColumn("UserName", typeof(string));
            dt.Columns.Add(dtc);
            while (sdr.Read())
            {
                DataRow dtr = dt.NewRow();
                dtr["CustomerID"] = sdr["CustomerID"].ToString();
                dtr["UserName"] = sdr["UserName"].ToString();
```

```
                dt.Rows.Add(dtr);
            }
            ds.Tables.Add(dt);
        }
        this.dataGridView1.DataSource = ds;
        this.dataGridView1.DataMember = "Customer";
    }
    }
}
```

以上程序的运行结果如图 5-11 所示。

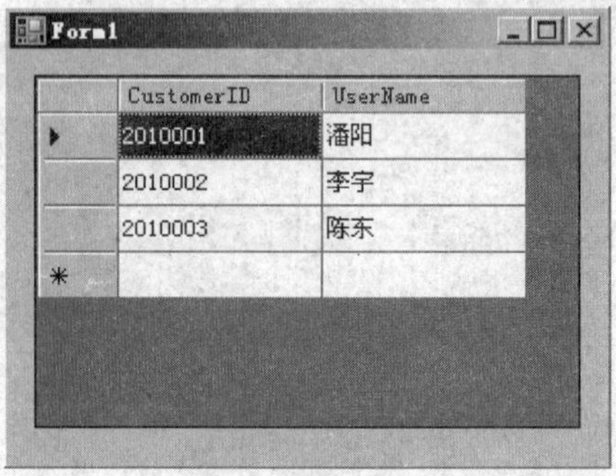

图 5-11　程序的运行结果

5.2.7 DataTable 的事件

DataTable 对象提供一系列可以由应用程序处理的事件。表 5-11 列出了 DataTable 的常用事件。

表 5-11　DataTable 的常用事件

名　称	说　明
ColumnChanged	在 DataRow 中指定的 DataColumn 的值被更改后发生
ColumnChanging	在 DataRow 中指定的 DataColumn 的值发生更改时发生
RowChanged	在成功更改 DataRow 之后发生
RowChanging	在 DataRow 正在更改时发生
RowDeleted	在表中的行已被删除后发生
RowDeleting	在表中的行要被删除之前发生
TableCleared	清除 DataTable 后发生
TableClearing	清除 DataTable 后发生在调用 Clear 方法后，开始执行 Clear 操作前发生
TableNewRow	插入新 DataRow 时发生

5.2.8 DataTable 事件的实际用法

以下示例创建 4 个事件：OnColumnChanged、OnColumnChanging、OnRowChanged 和 OnRowChanging。其中的每个事件都在列或行更改时发生。

```
workTable.ColumnChanged   += new
  DataColumnChangeEventHandler(OnColumnChanged);
workTable.ColumnChanging += new
  DataColumnChangeEventHandler(OnColumnChanging);
workTable.RowChanged += new DataRowChangeEventHandler(OnRowChanged);
workTable.RowChanging += new DataRowChangeEventHandler(OnRowChanging);

protected static void OnColumnChanged(
  object sender, DataColumnChangeEventArgs args)
{
  Console.Write(" ColumnChanged: ");
  Console.Write(args.Column.ColumnName + " changed to '" + args.ProposedValue + "'\n");
}

protected static void OnColumnChanging(
  object sender, DataColumnChangeEventArgs args)
{
  Console.Write("ColumnChanging: ");
  Console.Write(args.Column.ColumnName + " equals '" +
    args.Row[args.Column] +
    "', changing to '" + args.ProposedValue + "'\n");
}

protected static void OnRowChanging(
  object sender, DataRowChangeEventArgs args)
{
  if (args.Action != DataRowAction.Nothing)
    Console.WriteLine("    RowChanging: Action = " + args.Action + ",
      CustID = " + args.Row["CustID"]);
}

protected static void OnRowChanged(
  object sender, DataRowChangeEventArgs args)
{
  if (args.Action != DataRowAction.Nothing)
    Console.WriteLine("    RowChanged: Action = " + args.Action + ",
      CustID = " + args.Row["CustID"]);
}
```

5.3 关系数据

关系数据库中的表与表之间通常可以建立某种方式的关联。ADO.NET 的 DataSet 对象借助于 DataRelation 类也可以处理来自相关 DataTable 对象的数据。

DataRelation 定义两张表之间的关系。在包含多个 DataTable 对象的 DataSet 中，可以使用 DataRelation 对象来使一张表与另一张表相关联，在多张表之间导航，以及从相关表中返回子行或父行。

创建 DataRelation 所需的参数是所创建的 DataRelation 的名称以及对用作关系中父列

和子列的那些列的一个或多个 DataColumn 引用的数组。创建 DataRelation 对象的构造函数主要有以下几种。

(1) DataRelation (String, DataColumn, DataColumn)使用指定的 DataRelation 名称，父级和子级 DataColumn 对象，初始化 DataRelation 类的新实例。

(2) DataRelation (String, DataColumn[], DataColumn[])使用指定的 DataRelation 名称以及父级和子级 DataColumn 对象的匹配的数组，初始化 DataRelation 类的新实例。

(3) DataRelation (String, DataColumn, DataColumn, Boolean)使用指定名称、父级和子级 DataColumn 对象以及指示是否要创建约束的值，初始化 DataRelation 类的新实例。

(4) DataRelation (String, DataColumn[], DataColumn[], Boolean)使用指定的名称、父级和子级 DataColumn 对象的匹配数组以及指示是否要创建约束的值，初始化 DataRelation 类的新实例。

默认情况下，向 DataSet 中添加 DataRelation 会将一个 UniqueConstraint 添加到父表中，并将一个 ForeignKeyConstraint 添加到子表中。

下面代码示例是用前文创建的 fastFoodDS 中的两个 DataTable 对象来创建一个 DataRelation。这两个 DataTable 通过 CustomterID 列实现关联。先创建一个 DataRelation 对象，然后将这个 DataRelation 对象添加到 fastFoodDS 对象的 Relations 集合中。该示例中的第一个参数指定所创建的 DataRelation 的名称。第二个参数设置父 DataColumn，第三个参数设置子 DataColumn。

```
DataRelation rel = new DataRelation("CustOrders",
fastFoodDS.Tables["Customer"].Columns["CustomerID"],
fastFoodDS.Tables["BookingOrder"].Columns["CustomerID"]);
fastFoodDS.Relations.Add(rel);
```

或者写成：

```
fastFoodDS.Relations.Add("CustOrders",
fastFoodDS.Tables["Customer"].Columns["CustomerID"],
fastFoodDS.Tables["BookingOrder"].Columns["CustomerID"]);
```

DataRelation 对象还公开了一些属性，用来加强引用的完整性。例如，可以对一个 DataRelation 对象进行设置，使得在父行中对主键值进行修改时，更改会自动向下层叠到子行中。还可以对 DataRelation 对象进行设置，使得在删除 DataTable 中的一行时，所有子 DataTable 对象（由关联定义）中的相应行也会自动被删除。

表 5-12 列出了 DataRelation 对象的常用属性。

表 5-12 DataRelation 对象的常用属性

名　称	说　明
ChildColumns	获取此关系的子 DataColumn 对象
ChildKeyConstraint	获取关系的 ForeignKeyConstraint
ChildTable	获取此关系的子表
DataSet	获取 DataRelation 所属的 DataSet
ExtendedProperties	获取存储自定义属性的集合

续表

名　　称	说　　明
Nested	获取或设置一个指示 DataRelation 对象是否是嵌套的值
ParentColumns	获取作为此 DataRelation 的父列的 DataColumn 对象的数组
ParentKeyConstraint	获取 UniqueConstraint，它确保 DataRelation 的父列中的值是唯一的
ParentTable	获取此 DataRelation 的父级 DataTable
RelationName	获取或设置用于从 DataRelationCollection 中检索 DataRelation 的名称

当创建 DataRelation 后，可以使用它在多张表之间导航和检索值。用 parentRelations 和 childRelations 属性来表述。ParentRelations 表是父表，childRelations 是子表，子表是对父表的引用，这样就使得一张表中的某行与另一张表中的某一行甚至整张表相关联。

上例中已经创建了 DataRelation 对象，就可以使用以下代码来获取所有客户相关的订单：

```
foreach (DataRow rowCustomer in fastFoodDS.Tables["Customer"].Rows) {
    Console.WriteLine(rowCustomer["CompanyName"]);
    foreach (DataRow rowOrder in rowCustomer.GetChildRows(rel))
      Console.WriteLine(" {0}", rowOrder["OrderID"]);
    Console.WriteLine();
}
```

5.4　综合运用

下面通过一个完整的实例说明 DataSet、DataTable、DataColumn、DataRow、DataRelation 等使用。该实例主要定义了三个方法：

(1) public static DataSet createDataSet()——该方法实现了 DataSet 对象架构的创建。

(2) public static void getData(DataSet ds)——该方法实现了 DataSet 对象数据的获取，数据来源于数据库。

(3) public static void displayData(DataSet fastFoodDS)——该方法实现了每个公司订餐情况的输出。

完整的程序实现如下：

```
using System;
using System.Collections.Generic;
using System.Linq;
using System.Text;
using System.Data;
using System.Data.SqlClient;
namespace fastfood
{
    class Program
    {
        static void Main(string[] args)
```

```
        {
            DataSet fastFoodDS;
            fastFoodDS = createDataSet();
            getData(fastFoodDS);
            displayData(fastFoodDS);
        }
        //实现构建 DataSet 架构的方法
        public static DataSet createDataSet()
        {
            //创建 DataSet
            DataSet fastFoodDS = new DataSet("FastFood");
            //创建 customerTableTable
            DataTable customerTable = fastFoodDS.Tables.Add("Customer");
            DataColumn col1 = customerTable.Columns.Add("CustomerID", typeof(Int32));
            customerTable.Columns.Add("UserName", typeof(String));
            customerTable.Columns.Add("CompanyName", typeof(String));
            customerTable.Columns.Add("CompanyAddress", typeof(String));
            customerTable.PrimaryKey = new DataColumn [ ] { customerTable.Columns [ "
CustomerID"] };
            //创建 bookingOrderTable
            DataTable bookingOrderTable = fastFoodDS.Tables.Add("BookingOrder");
            DataColumn col2 = bookingOrderTable.Columns.Add("OrderID", typeof(Int32));
            bookingOrderTable.Columns.Add("CustomerID", typeof(Int32));
            bookingOrderTable.Columns.Add("Number", typeof(Int32));
            bookingOrderTable.PrimaryKey = new DataColumn[ ] { bookingOrderTable.Columns["
OrderID"] };
            return fastFoodDS;
        }
        //实现 DataSet 获取数据的方法
        public static void getData(DataSet ds)
        {
             SqlConnection sqlcon = new SqlConnection("Data Source = .; Initial Catalog =
FastFood;Integrated Security = True ");
            SqlCommand sqlcom = new SqlCommand("select  CustomerID,UserName,CompanyName,
CompanyAddress from Customer", sqlcon);
            sqlcon.Open();
            SqlDataReader sdr = sqlcom.ExecuteReader();
            using (DataTable customerTable = ds.Tables["Customer"])
            {
                while (sdr.Read())
                {
                    DataRow dtr = customerTable.NewRow();
                    dtr["CustomerID"] = sdr["CustomerID"].ToString();
                    dtr["UserName"] = sdr["UserName"].ToString();
                    dtr["CompanyName"] = sdr["CompanyName"].ToString();
                    dtr["CompanyAddress"] = sdr["CompanyAddress"].ToString();
                    customerTable.Rows.Add(dtr);
                }
            }
            sqlcon.Close();
```

```
            sqlcom.CommandText = "select OrderID,CustomerID,Number from BookingOrder";
            sqlcon.Open();
            sdr = sqlcom.ExecuteReader();

            using (DataTable bookingOrderTable = ds.Tables["BookingOrder"])
            {
                while (sdr.Read())
                {
                    DataRow dtr = bookingOrderTable.NewRow();
                    dtr["OrderID"] = sdr["OrderID"].ToString();
                    dtr["CustomerID"] = sdr["CustomerID"].ToString();
                    dtr["Number"] = sdr["Number"].ToString();
                    bookingOrderTable.Rows.Add(dtr);
                }
            }
            return;
        }
        //实现输出每个客户的订餐情况的方法
        public static void displayData(DataSet fastFoodDS)
        {
            //创建一个 DataRelation 对象
            DataRelation rel = new DataRelation ( " CustOrders ", fastFoodDS. Tables [ "
Customer"]. Columns [ " CustomerID "], fastFoodDS. Tables [ " BookingOrder "]. Columns [ "
CustomerID"]);
            fastFoodDS.Relations.Add(rel);
            foreach (DataRow rowCustomer in fastFoodDS.Tables["Customer"].Rows)
            {
                Console.WriteLine("客户姓名: " + rowCustomer["UserName"]);
                Console.WriteLine("公司: " + rowCustomer["CompanyName"]);
                //使用 DataRelation 对象的导航功能
                foreach (DataRow rowOrder in rowCustomer.GetChildRows(rel))
                    Console.WriteLine("订餐号: {0}", rowOrder["OrderID"]);
                Console.WriteLine();
            }
            Console.ReadLine();
        }
    }
}
```

输出的结果如图 5-12 所示。

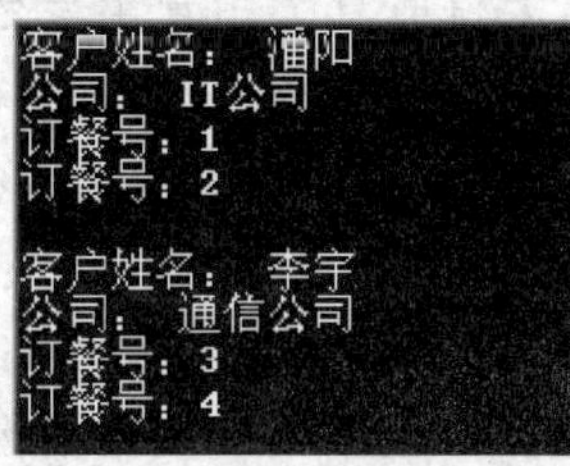

图 5-12　程序的运行结果

5.5 强类型 DataSet

强类型数据集是这样一种数据集，它先从 System.Data.DataSet 类派生，然后使用 XML 架构文件(.xsd 文件)中的信息生成新类。要使用强类型 DataSet，用户需要自定义 DataSet 架构。

5.5.1 DataSet 架构

强类型数据集是从 DataSet 类中继承的类，并且添加了一些用户自定义的额外功能，是用户自定义类。借助 Visual Studio 中的工具，可以生成强类型的数据集。强类型的数据集由一组从 DataSet、DataTable 以及 DataRow 和 EventArgs 类继承的特殊类组成。由于这种继承性，开发人员使用强类型数据集不会丢失任何功能。

ADO.NET 使用 XML Schema Definition (XSD) 文件以及类文件来创建强类型数据集。XSD 文件存储为强类型数据集定义架构的 XML。在以后章节中将会学习更多关于 XML 架构的内容。

强类型的一个重要特征就是开发者可以直接通过操作强类型数据集对象中的域属性来实现对关系数据对象的操作，而不是向非强类型数据集那样，使用结果集进行操作。

例如要输出 Customer 表的第一行中 UserName 字段的值，第一种用非强类型数据集的实现代码是：

```
DataSet  fastFoodDS;
```

//创建并填充 DataSet，这里省略

```
Console.writeLine(fastFoodDS.Tables["Customer"].Rows[0][ "UserName"]);
```

第二种用强类型数据集实现代码变成这样：

```
FastFoodDataSet  fastFoodDS;    // FastFoodDataSet 是强类型数据集
```

//创建并填充 FastFoodDataSet，这里省略

```
Console.writeLine(fastFoodDS.Customer[0]. UserName);
```

第二种方式有诸多优势：更加容易书写和理解；假设不小心写错了表或字段的名称，这个问题在编译时立刻会被发现。不过要是采用基于字符串的方式查找集合，这样的问题就只能在运行时才能发现了。此外，强类型数据集还可以借助 Visual Studio 智能感知查找表或字段的名称。显然，强类型的数据集提供更丰富的运行时和调试时的体验。

5.5.2 构建强类型 DataSet

使用强类型 DataSet，先要创建一个数据集的数据结构的 XSD(XML 架构文档)。正确地创建这样一个文件的最简单方式是使用 Visual Studio。

创建强类型数据集模型的方式有多种，下面来看看其主要方法。

1. 手动创建的方法

(1) 要在 Visual Studio 里创建强类型数据集,可以打开一个项目,在解决方案资源浏览器里右击该项目,选择【添加新项目】,接着选择 DataSet,为生成的强类型 DataSet 类输入希望使用的名称 FastFoodDataSet,如图 5-13 所示。

图 5-13 添加强类型数据集 FastFoodDataSet

这时,强类型数据集的架构是空的,可以看到一个空的数据集设计器界面,如图 5-14 所示。

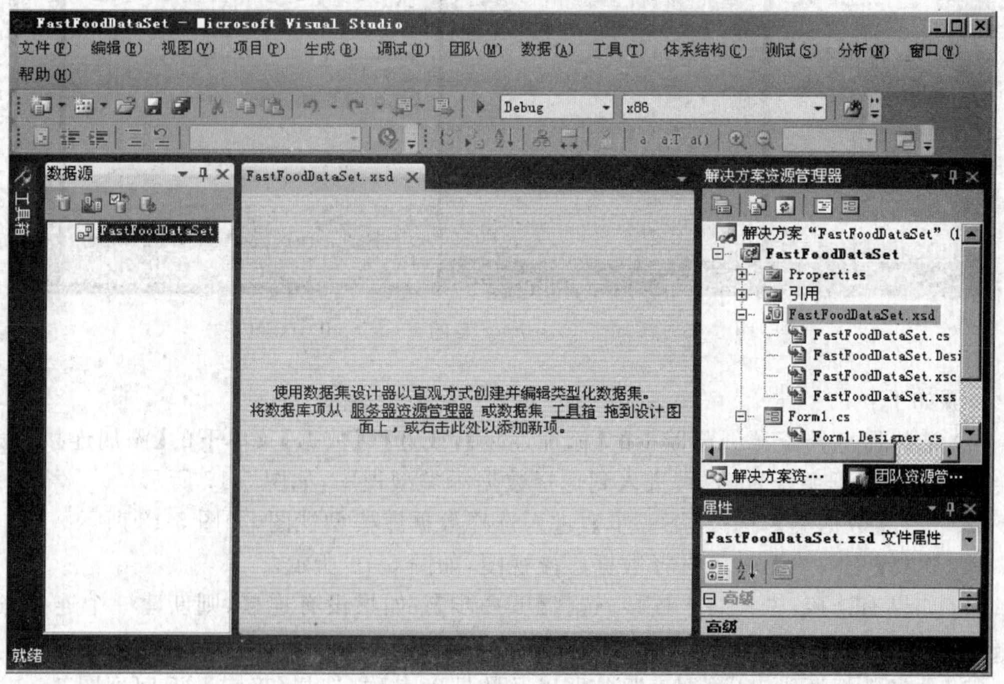

图 5-14 项目中 FastFoodDataSet 设计器

(2) 这是可以手工定义 DataSet 的架构：打开工具箱添加 DataTable 或右击 DataSet 并选择【添加】→【数据表】，然后右击 DataTable 并选择【添加】→【列】来开始逐步构建此表，通过用属性面板来设置对象属性，如下图 5-15、图 5-16 所示。

这样可以根据自己的应用程序建立所需要的强类型集模型。这个强数据集可独立于任何的数据源。

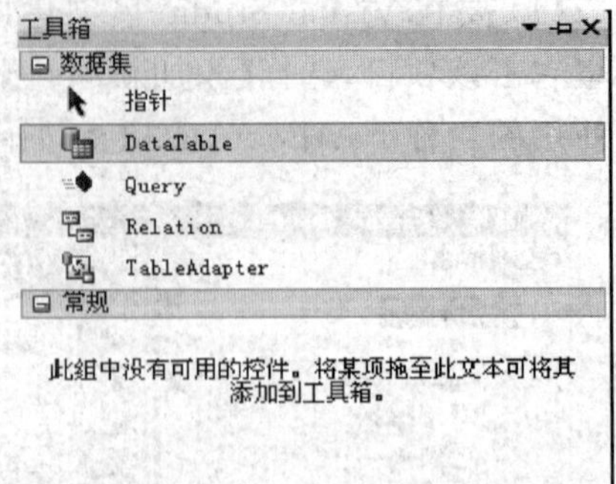

图 5-15　工具箱视图

2. 服务器资源浏览器的方法

如果使用的表是来源于数据库，可以用一种更快捷的方式来实现，那就是用服务器资源浏览器的方法。Visual Studio 将自动创建相应的强类型数据集类。

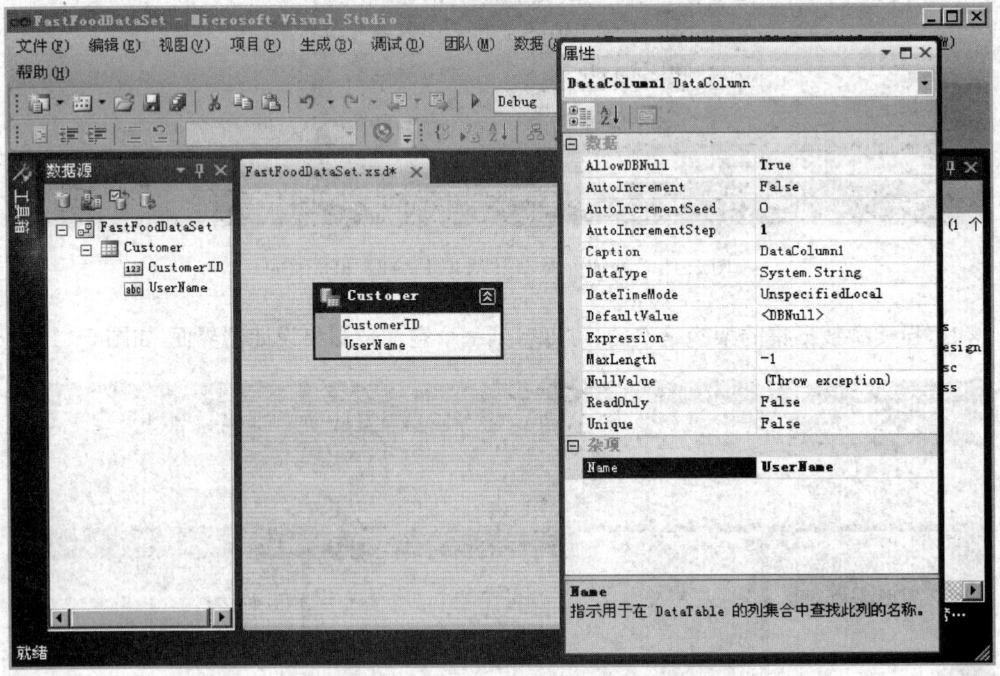

图 5-16　添加了 Customer 表的 FastFoodDataSet

步骤如下：

(1) 选择服务器资源浏览器中的【添加连接】，或选择【数据】菜单下的【添加连接】命令，都会弹出一个数据源配置向导，进入到选择数据源类型视图，如图 5-17 所示。

(2) 选择【数据集】，选择【下一步】，进入选择数据库模型视图，如图 5-18 所示。

(3) 选择【下一步】，进入选择数据连接视图，如图 5-19 所示。

(4) 如果有连接，选择一个连接，选择【下一步】；如果没有连接，则新建一个连接，选择【新建连接】，进入添加连接视图，如图 5-20 所示。

(5) 选择数据源类型、数据库服务器以及数据库名称，选择【确定】，返回到图 5-19 所示界面，再选择【下一步】，如图 5-21 所示。

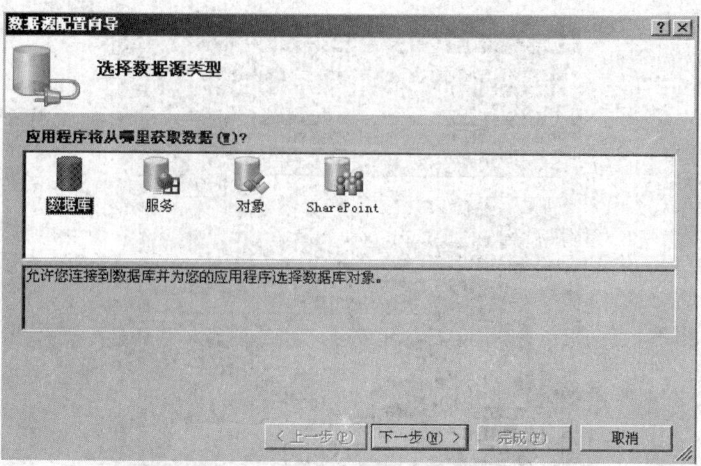

图 5-17 选择数据源类型

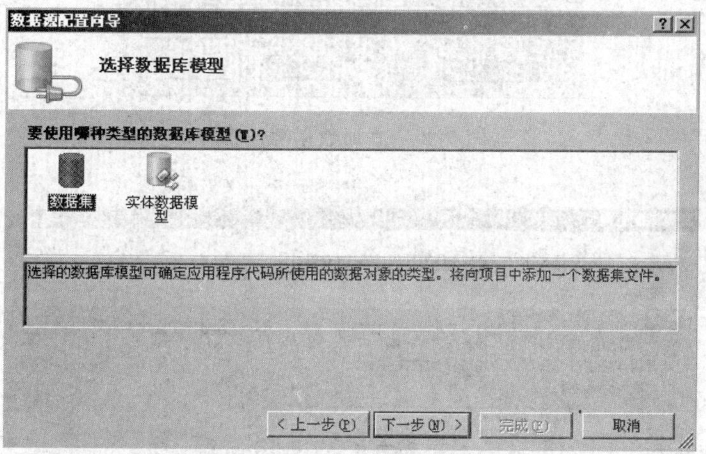

图 5-18 选择数据库模型

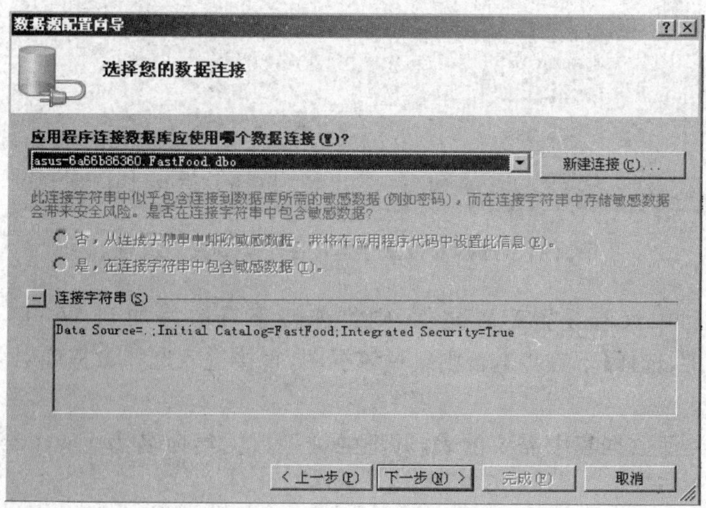

图 5-19 选择数据源

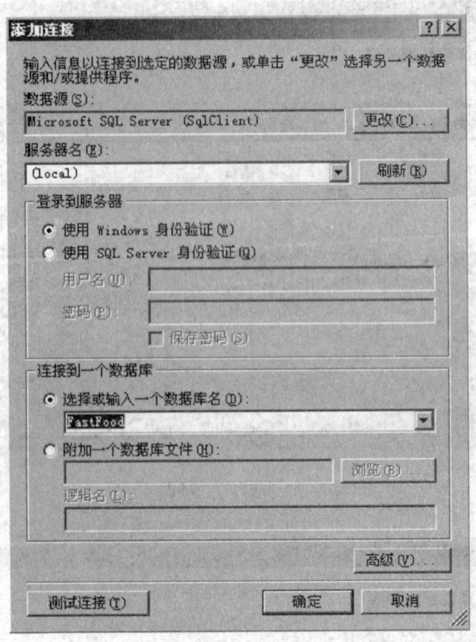

图 5-20 添加数据源连接

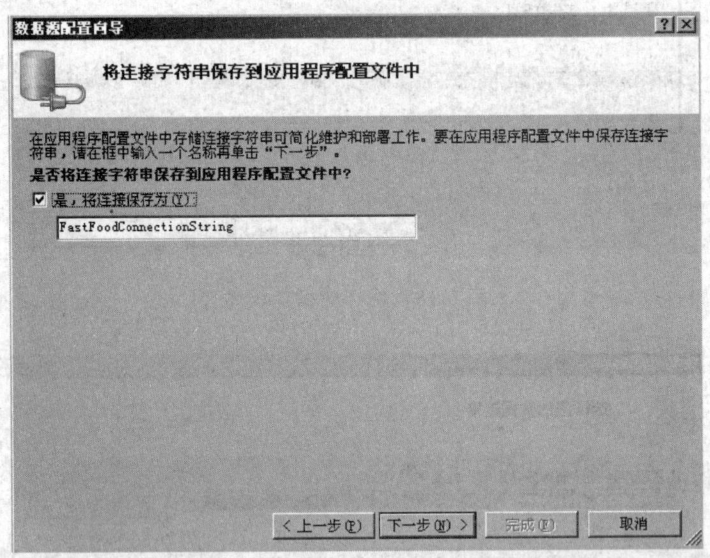

图 5-21 选择是否保存连接字符串到配置文件

(6) 如果项目中没有设置配置文件，则将连接字符串添加到 Windows 应用程序 app.config 配置文件中，选择【下一步】，否则跳过该视图，直接进入选择数据库对象视图，如图 5-22 所示。

(7) 选择强类型数据集中需要的表，并把强类型数据集命名为 FastFoodDataSet1，选择【完成】，如图 5-23 所示。

这时在项目中生成了一个强类型数据集 FastFoodDataSet1 类，并且该类中定制了许多

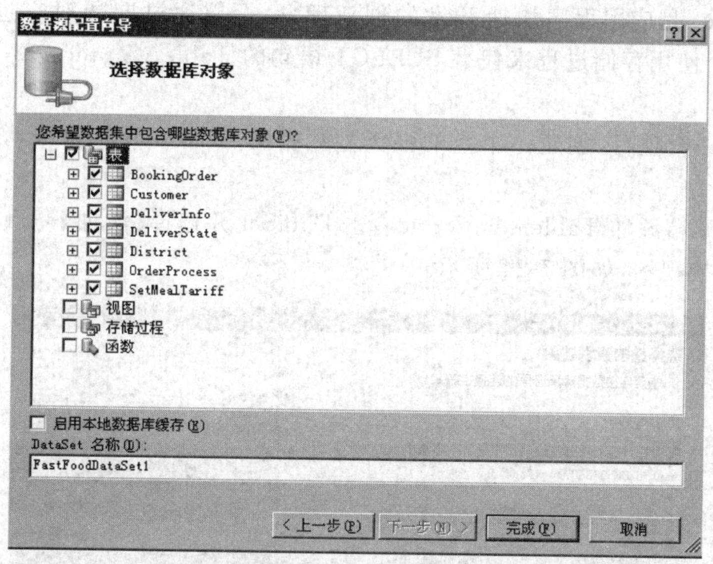

图 5-22　选择数据库对象

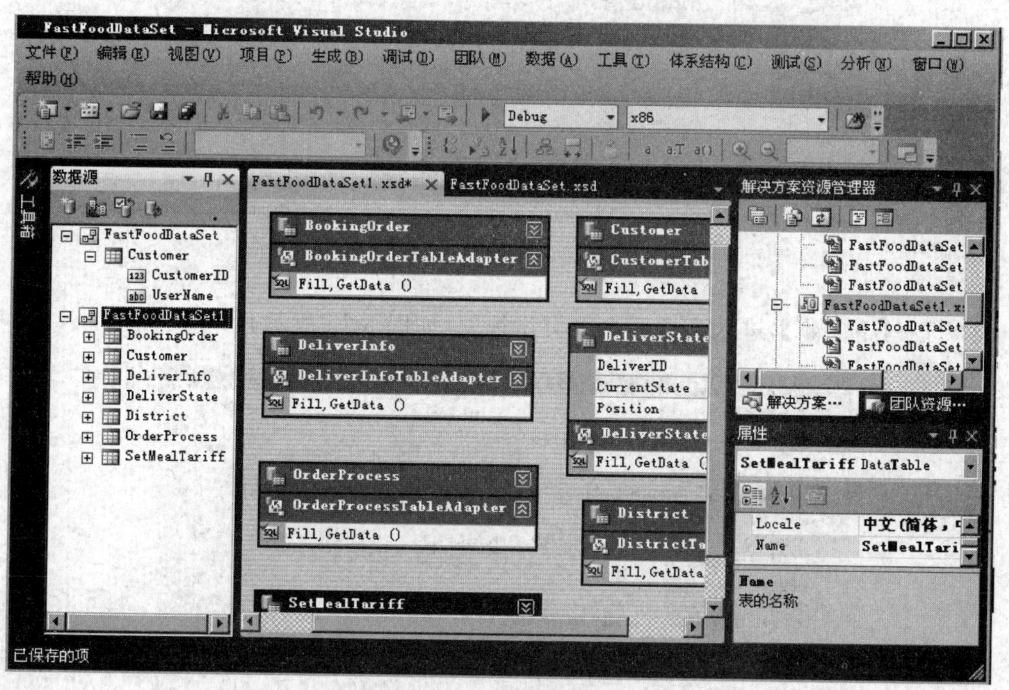

图 5-23　生成了架构的 FastFoodDataSet1

DataTable,现在在应用程序中就可以使用这一个类了。

3. 使用数据集设计器中的 TableAdapter 的方式

.NET 也通过 TableAdapter 类扩展强类型数据集模型。本质上,TableAdapter 是自动生成的数据访问类。强类型数据集是保存数据,而 TableAdapter 是用于获取数据源数据和把在强类型数据集中更新的数据永久保存到数据源中。

TableAdapter 是应用程序快速开发的创新理念，可以通过向导对它进行自定义。例如，可以创建一个使用存储过程来代替 SELECT 语句的 TableAdapter。

操作步骤：

(1) 先打开一个项目，创建一个空的强类型数据集 FastFoodDataSet，方法大家可参考手动创建的方式。

(2) 打开工具箱添加 TableAdapter 或右击 DataSet 并选择【添加】→ TableAdapter，进入到选择数据连接视图，如图 5-24 所示。

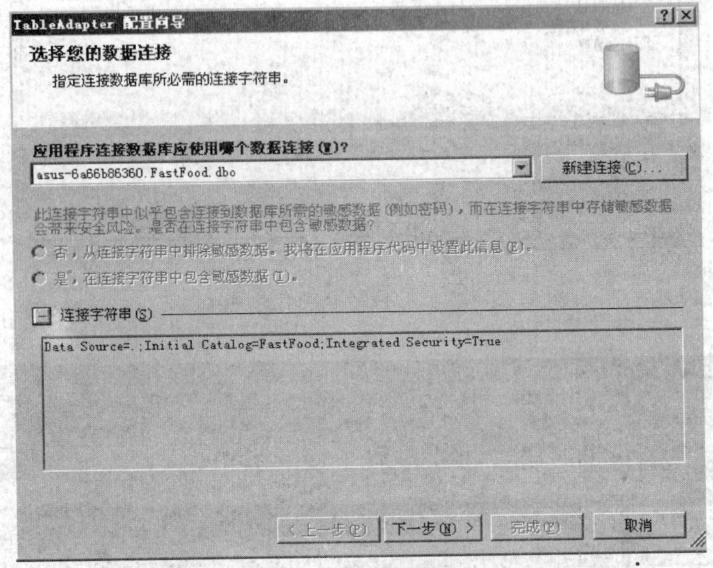

图 5-24　选择数据源

(3) 选择【下一步】，进入到选择命令类型视图，如图 5-25 所示。

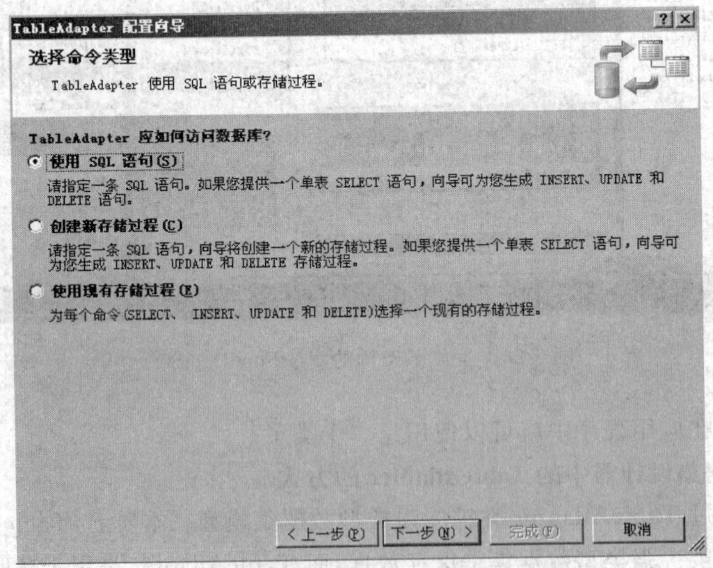

图 5-25　选择命令类型

(4) 命令类型可以选择 SQL 语句或存储过程，单击【下一步】按钮，进入到输入 SQL 语句视图，如图 5-26 所示。

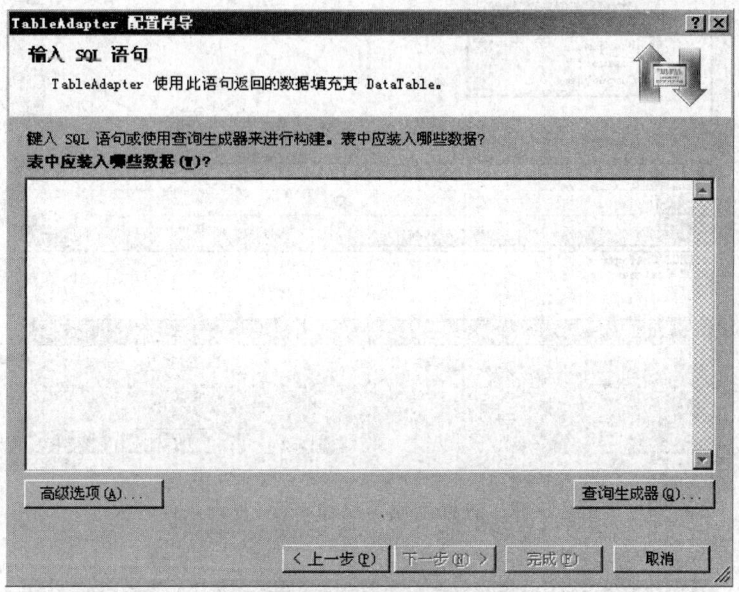

图 5-26　输入 SQL 语句

(5) SQL 语句可以直接输入，可以使用查询生成器生成，选择查询生成器，进入到查询生成器视图，如图 5-27 所示。

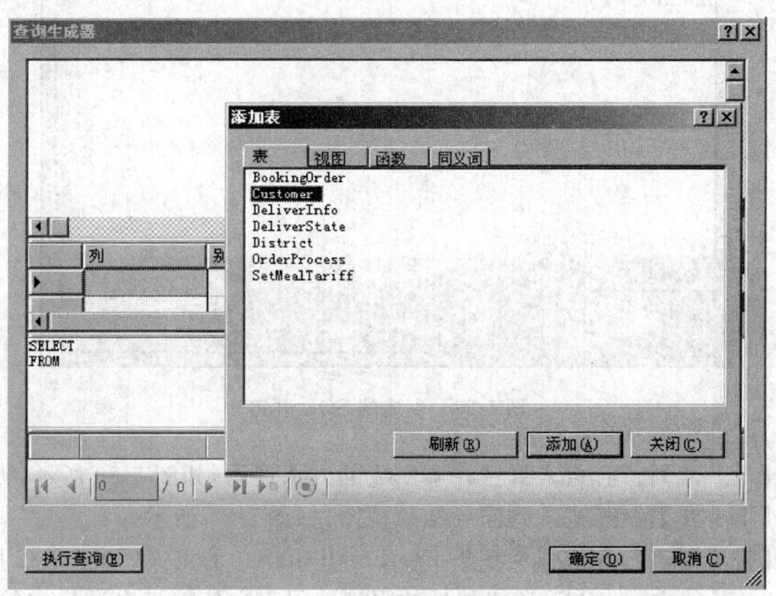

图 5-27　查询生成器添加表

(6) 添加表及查询条件，设置字段等，如图 5-28 所示，单击【确定】按钮，生成了 SQL 查询语句，返回到输入 SQL 语句视图，如图 5-29 所示。

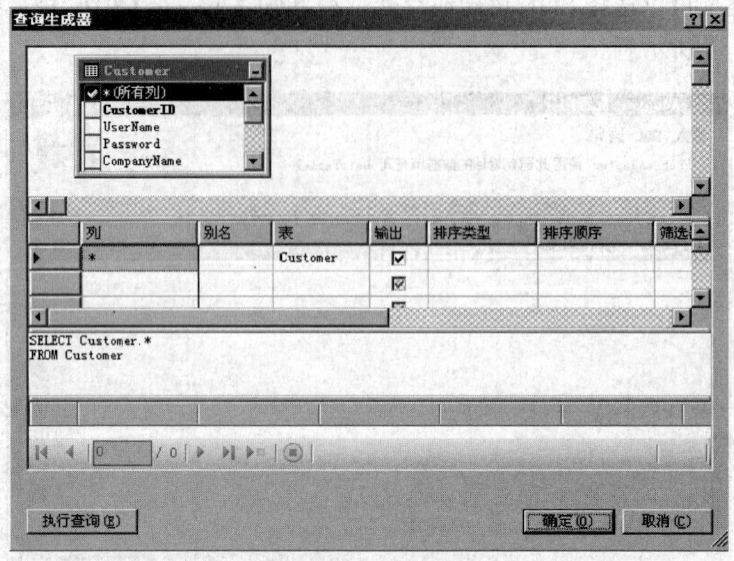

图 5-28　查询生成器添加字段、查询条件

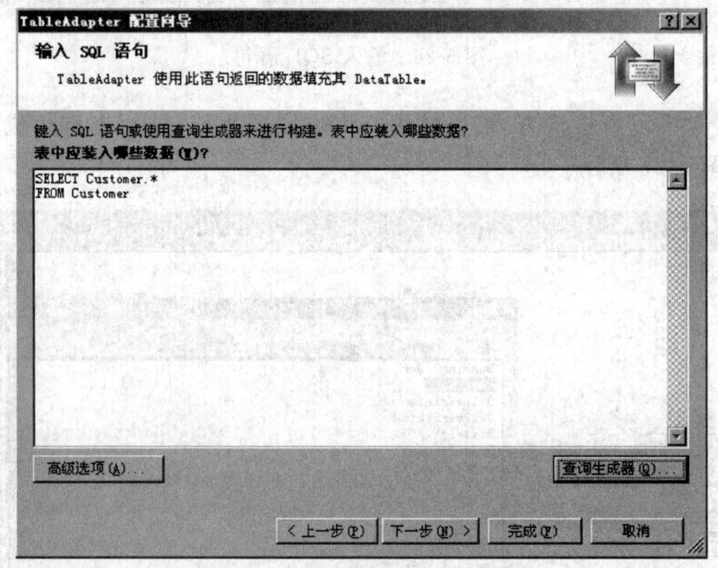

图 5-29　生成的 SQL 语句

(7) 单击【下一步】按钮，进入到选择要生成的方法视图，如图 5-30 所示。

(8) 单击【下一步】按钮，进入到向导结果视图，如图 5-31 所示。

(9) 单击【完成】按钮，完成强类型集 FastFoodDataSet 的定义，如图 5-32 所示。

TableAdapter 的方式也有一些必然性的限制。因为它依赖于自动生成的代码，所以开发人员不能完全自由控制错误处理、日志、缓存、事务或者其他可能需要的关键技术。正因为这样的原因，专业的开发人员创建大型 Web 应用程序时可能会选用强类型数据集，但很少使用 TableAdapter 自动生成的代码。这个模型还不够灵活。

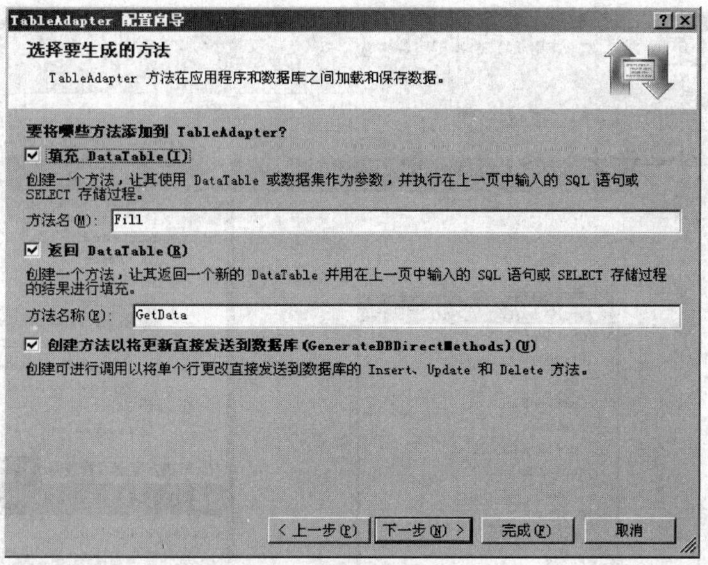

图 5-30　选择产生的方法

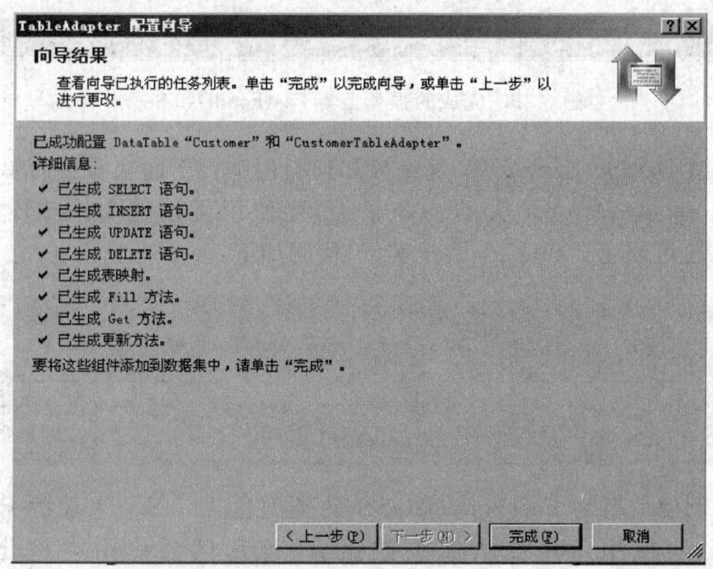

图 5-31　向导结果

虽然 ASP.NET 提供了不使用 TableAdapter 的强类型数据集的选项，但在创建强类型的数据集时会自动得到一组 TableAdapter。也可以很方便地删除这些 TableAdapter。

强类型数据集由派生自一般数据类(如 DataRow、DataTable 和 DataSet)的特殊类组成。这些继承的类加入了强类型属性访问、创建和获取记录的辅助方法、代码转换以及异常处理。如果在类库项目中创建强类型数据集，可以通过查询 DataSet 类文件来研究生成的代码，这个文件通常和强类型 DataSet 的 xsd 文件同名但使用.Designer.cs 做后缀名(如 FastFoodDataSet.Designer.cs)。如果在 Web 应用程序中创建强类型数据集，这段代码将生成为 ASP.NET 编译进程的一部分，所以在项目里看不到它们。

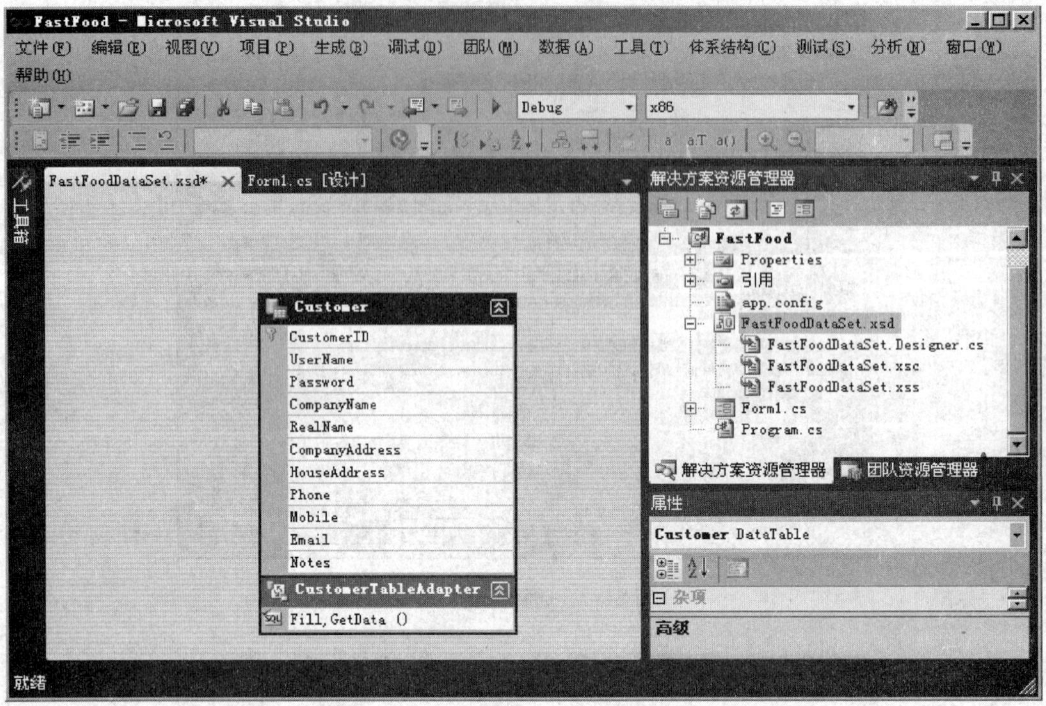

图 5-32　完成的强类型集 FastFoodDataSet

自定义强类型 DataSet 已经完成，那么该如何引用呢？下面来看看简单的使用。

强类型 DataSet 是 DataSet 类的一个子类，要使用可创建 DataSet 实例，也可创建 DataTable 实例，还可创建 TableAdapter 实例，代码如下：

```
FastFoodDataSet ds = new FastFoodDataSet ();
FastFoodDataSet.Customer customerTable = new FastFoodDataSet.Customer ();
FastFoodDataSet.CustomerDataTable customerTable = new FastFoodDataSet.CustomerDataTable();
FastFoodDataSetTableAdapters. CustomerTableAdapter customerAdapter = new
FastFoodDataSetTableAdapters.CustomerTableAdapter();
```

以下代码示例使用名为 FastFoodDataSet 的类型化 DataSet 来加载 FastFood 数据库中客户的列表。当使用 Fill 方法加载数据后，该示例会使用类型化 CustomerRow (DataRow)对象循环访问 Customer 表中的每个客户。它提供了对 CustomerID 列的直接访问，而不是通过 DataColumnCollection 来访问。

```
FastFoodDataSet fastFoodDS = new FastFoodDataSet ();
SqlDataAdapter adapter = new SqlDataAdapter( "SELECT * FROM Customer;",
  "Data Source = (local);Integrated Security = SSPI;Initial Catalog = FastFood");

adapter.Fill(fastFoodDS, "Customer");

foreach(fastFoodDS.CustomerRow customerRow in fastFoodDS.Customer)
  Console.WriteLine(customerRow.CustomerID);
```

5.5.3 类型化 DataSet 的性能

类型化 DataSet 访问不但更易于读取,而且完全受 Visual Studio 代码编辑器中智能感知的支持。除了更易于使用外,类型化数据集的语法还在编译时提供类型检查,从而大大降低了为数据集成员赋值时发生错误的可能性。在运行时对类型化数据集中的表和列的访问也略为快一些,因为访问是在编译时确定的,而不是在运行时通过集合确定的。

尽管类型化数据集有许多优点,但在许多情况下需要使用非类型化数据集。最显而易见的情形是数据集无架构可用。例如,当应用程序正在与返回数据集的组件交互而事先不知道其结构是哪种时,便会出现这种情况。同样,有些时候使用的数据不具有静态的可预知结构,这种情况下使用类型化数据集是不切实际的做法,因为对于数据结构中的每个更改,都必须重新生成类型化数据集类。

更常见的是,许多时候可能需要动态创建无可用架构的数据集。这种情况下,数据集只是一种方便的、可用来保留信息的结构(只要数据可以用关系方法表示)。同时,还可以利用数据集的功能,如序列化传递到另一进程的信息或写出 XML 文件的能力。

5.6 小　　结

当断开与数据源的连接时,进行数据操作的方法也是比较常见的。本章介绍了在非连接环境中使用的 ADO.NET 中的一些类,如 DataSet、DataTable、DataColumn、DataRow、DataRelation、Constraints 等概念以及如何创建并正确应用它们,从而实现在非连接环境下对数据的访问和操作。通过本章的学习,应该能够掌握这些对象的用法,建立起在使用非连接环境中使用 ADO.NET 对象的整体概念,可以实现离线数据访问的方法。

5.7 习　　题

一、选择题

1. 下面(　　)集合包含在 DataSet 集合中。

A. Tables 集合　　B. Columns 集合

C. Rows 集合　　D. Parameters 集合

2. 以下语句执行后 myTable 的名称是(　　)。

```
DataTable  myTable = new DataTable();
```

A. Table1　　B. Table2　　C. TableN　　D. Nothing

3. 要检索指定主表记录的所有子表相关记录,应该调用的方法是(　　)。

A. GetParentRows　　B. GetChildRows

C. GetRelation　　D. GetRows

4. 在 ADO.NET 中,为访问 DataTable 对象从数据源提取的数据行。可使用 DataTable 对象的(　　)属性。

A. Rows　　B. Columns　　C. Constraints　　D. DataSet

5. dt为DataTable类型的变量，引用名为"Customers"的DataTable对象。该表中包含"CustomerID"、"CustomerName"、"Address"、"Telephone"等4列。将数据列"CustomerID"设为该表的主键的正确语句有(　　)。

A. dt.PrimaryKey = "CustomerID";

B. dt.PrimaryKey.Add("CustomerID");

C. dt.PrimaryKey = new object[]{"CustomerID"};

D. dt.PrimaryKey = new DataColumn[]{dt.Columns["CustomerID"]};

6. 已知ds为数据集对象。以下语句的作用是(　　)。

```
ds.Tables["Product"].Constraints.Add(
new UniqueConstraint("UC_ProductName",new string[]{"Name","Class"},true));
```

A. 为表"Product"添加一个由列"Name","Class"组合成的主键约束

B. 为表"Product"添加一个由列"Name","Class"组合成的唯一性约束

C. 为数据集ds添加一个名为"Product"的数据表，并添加两个列，列名分别为"Name"和"Class"

D. 为数据集ds添加一个名为"Product"的数据表，并添加一个名为"UC_ProductName"的数据列

二、填空题

1. 创建DataRelation对象需要指定三个参数________、________和________。

2. 创建计算列时应该使用Column的________属性。

3. DataTable有________、________和________三种集合。

第 6 章 非连接模式下获取数据

6.1 什么是 DataAdapter

DataAdapter 类是 ADO.NET 对象模型中联机与脱机这两部分之间的桥梁。可以使用 DataAdapter 将数据从数据库中提取出来，放到 DataSet 中去，还可以把 DataSet 中存储数据的更新，提交给数据库。DataAdapter 的作用是在数据集和其源数据存储区之间进行数据检索和保存。DataSet 只存储数据而并不与数据源发生交互。它通过 DataAdapter 来管理与数据源的连接并给予非连接的行为。只有当需要的时候，DataAdapter 打开连接并在完成任务后关闭它。

DataAdapter 设计的目的是为处理脱机数据提供支持。

DataAdapter 对象可以隐藏与 Connection、Command 对象沟通的细节，通过 DataAdapter 对象建立、初始化 DataTable，从而和 DataSet 对象结合起来在内存中存放数据表副本，实现离线式数据库操作。

使用的数据库提供程序不一样，选择的 DataAdapter 类也不一样，在这里我们使用的是 MS SQL Server2008 数据库，我们就看看相应的 SqlDataAdapter 类。SqlDataAdapter 对象用于填充 DataSet 对象和更新 MS SQL Server 数据库的一组数据命令和一个数据库连接，它是 DataSet 对象和 MS SQL Server 之间的桥接器，用于检索和保存数据，它通过对数据源使用适当的 Transact-SQL 语句映射方法 Fill( ) 和 Update( ) 来提供这一桥接，当 SqlDataAdapter 对象填充 DataSet 对象时，它将为返回的数据创建必要的表和列。

DataAdapter 使用 Command 对象在数据源中执行 SQL 命令，以便将数据加载到 DataSet 中，并使 DataSet 中数据的更改与数据源保持一致。在 DataAdapter 类中定义了 4 个 Command 类型的对象属性，分别是 SelectCommand、InsertCommand、DeleteCommand 和 UpdateCommand。下面以 SqlDataAdapter 类为例对 DataAdapter 类进行说明。

表 6-1 和表 6-2 分别列出了 SqlDataAdapter 的常用属性和常用方法。

表 6-1 SqlDataAdapter 类常用的公共属性

属性名称	返回值数据类型	说明
AcceptChangesDuringFill	Boolean	该属性用于获取或设置一个值，该值指示在任何 Fill() 操作过程中，在将 AcceptChanges 添加到 DataTable 对象之后是否针对 DataRow 对象调用它
ContinueUpdateOnError	Boolean	该属性用于获取或设置一个值，该值指定在进行更新过程中遇到错误时是否生成异常

续表

属性名称	返回值数据类型	说　明
DeleteCommand	SqlCommand	该属性用于获取或设置一个 Transact-SQL 语句或存储过程,以便从数据集删除记录
InsertCommand	SqlCommand	该属性用于获取或设置一个 Transact-SQL 语句或存储过程,以便从数据源插入新记录
MissingMapping Action	MissingMapping Action	该属性用于确定传入数据没有匹配的表或列时需要执行的操作
MissingSchemaAction	MissingMapping Action	该属性用于确定现有 DataSet 架构与传入数据不匹配时需要执行的操作
SelectCommand	SqlCommand	该属性用于获取或设置一个 Transact-SQL 语句或存储过程,用于在数据源中选择记录
TableMappings	DataTableMapping Collection	该属性用于获取一个集合,它提供源表和 DataTable 对象之间的主映射
UpdateCommand	SqlCommand	该属性用于获取或设置一个 Transact-SQL 语句或存储过程,用于更新数据源中的记录

表 6-2　SqlDataAdapter 类常用的公共方法

属性名称	返回值数据类型	说　明
Fill()	int	该方法用于在 DataSet 对象中添加或刷新行,以匹配数据源中的行
FillSchema()	DataTable[]	该方法用于将 DataTable 对象添加到 DataSet 中,并配置架构以匹配数据源中的架构
GetFillParameters()	IDataParameter[]	该方法用于获取当执行 SQL SELECT 语句时由用户设置的参数
Update()	int	该方法用于为 DataSet 对象中每个已插入、已更新或已删除的行调用相应的 INSERT、UPDATE、DELETE 语句

6.2 使用 DataAdapter

6.2.1 创建 SqlDataAdapter

下面来看看如何创建 SqlDataAdapter。

1. 通过编程方式创建 SqlDataAdapter

SqlDataAdapter 要通过连接对象与数据库建立连接,发送 SQL 语句实现数据库的操作,这里我们先定义连接字符串和命令字符串以及 SqlConnection、SqlCommand 对象。

```
string conString = "Data Source = .;Initial Catalog = FastFood;Integrated Security = True";
SqlConnection myConnection = new SqlConnection(conString);
string strSQL = "SELECT CustomerID,UserName,CompanyName,CompanyAddress FROM Customer ";
SqlCommand cmd = myConnection.CreateCommand(strSQL);
```

创建 SqlDataAdapter 对象，可使用 SqlDataAdapter 类的重载构造函数，并实现与和 SqlConnection、SqlCommand 建立关联。

- 初始化 SqlDataAdapter 类的新实例：

```
SqlDataAdapter daCustomer = new SqlDataAdapter();
daCustomer.SelectCommand = cmd;
```

- 使用指定的 SqlCommand 初始化 SqlDataAdapter 类的新实例：

```
SqlDataAdapter daCustomer = new SqlDataAdapter(cmd);
```

- 使用 selectcommand 字符串和 SqlConnection 对象初始化 SqlDataAdapter 类的新实例：

```
SqlDataAdapter daCustomer = new SqlDataAdapter(strSQL, myConnection);
```

- 使用 selectcommand 字符串和一个连接字符串初始化 SqlDataAdapter 类的新实例：

```
SqlDataAdapter daCustomer = new SqlDataAdapter(strSQL, conString);
```

2. 通过 Visual Studio 2010 创建 SqlDataAdapter

(1) 创建一个 Windows 窗体应用程序 ch61，拖曳一个 SqlDataAdapter 控件到窗体设计器中，Visual Studio 2010 启动数据适配器配置向导，如图 6-1 所示，选择可用的数据源，单击【下一步】按钮。

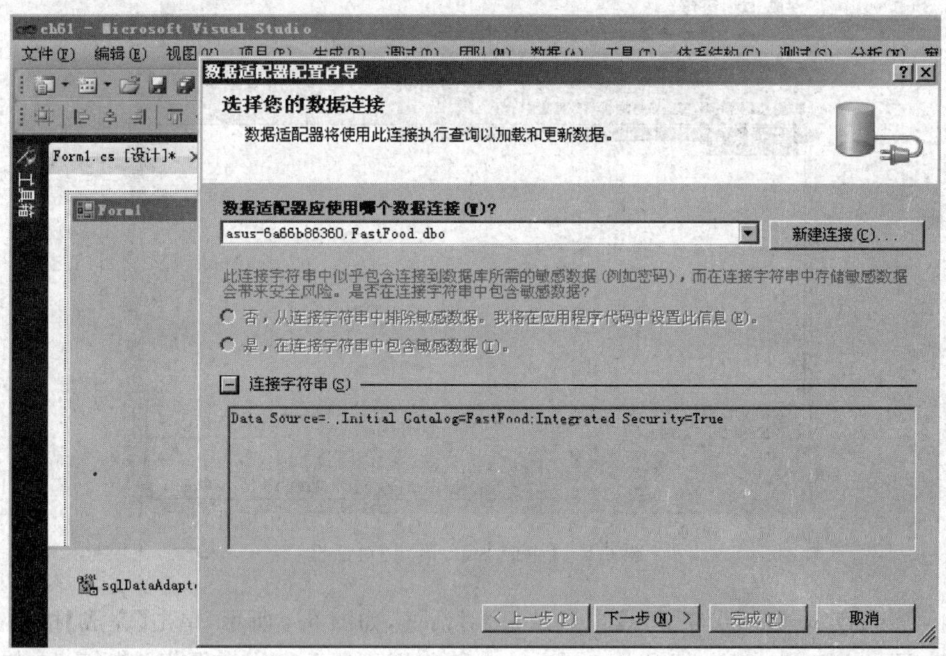

图 6-1　数据源选择对话框

(2) Visual Studio 2010 显示选择命令类型视图，如图 6-2 所示，选择【使用 SQL 语句】，单击【下一步】按钮。

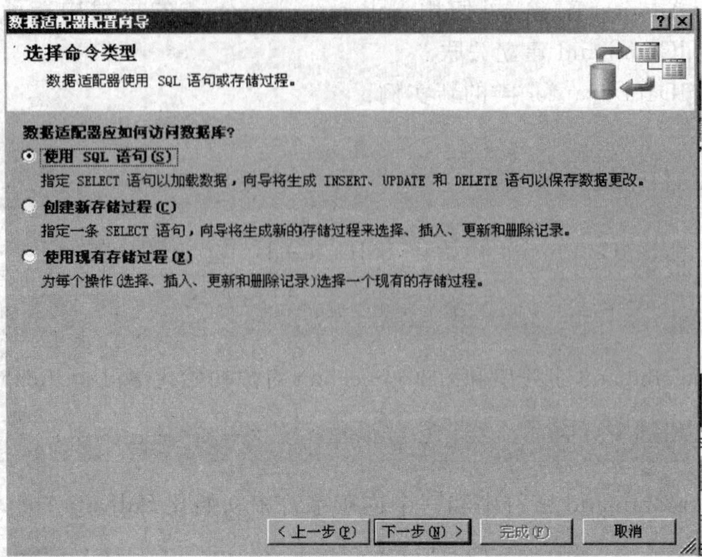

图 6-2 【选择命令类型】对话框

(3) Visual Studio 2010 显示【生成 SQL 语句】对话框，通过查询生成器生成 SQL 语句，如图 6-3 所示，单击【下一步】按钮。

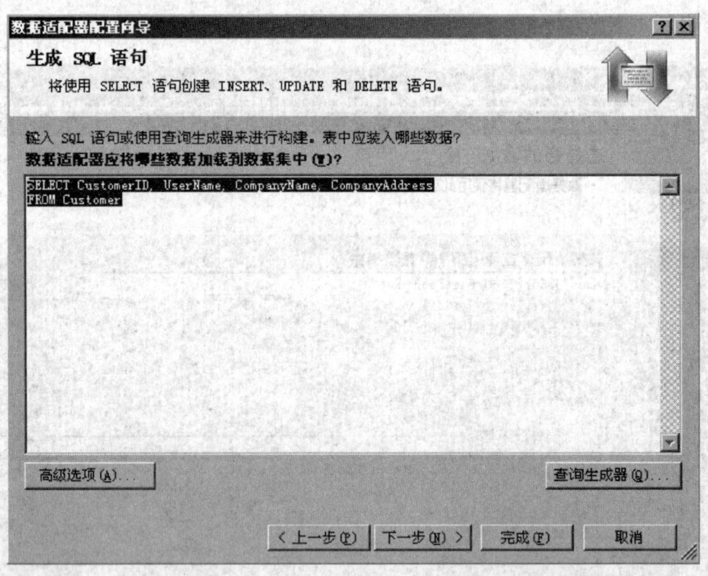

图 6-3 【生成 SQL 语句】对话框

(4) Visual Studio 2010 显示【向导结果】对话框，如图 6-4 所示，单击【完成】按钮。

(5) Visual Studio 2010 把 SqlDataAdapter 和 SqlConnection 添加至组件托盘上，如图 6-5 所示。

(6) 在组件托盘上选中 SqlDataAdapter1，随后在属性窗口中将其重命名为 daCustomer。这样就在项目中创建了 SqlDataAdapter 对象，如图 6-6 所示。

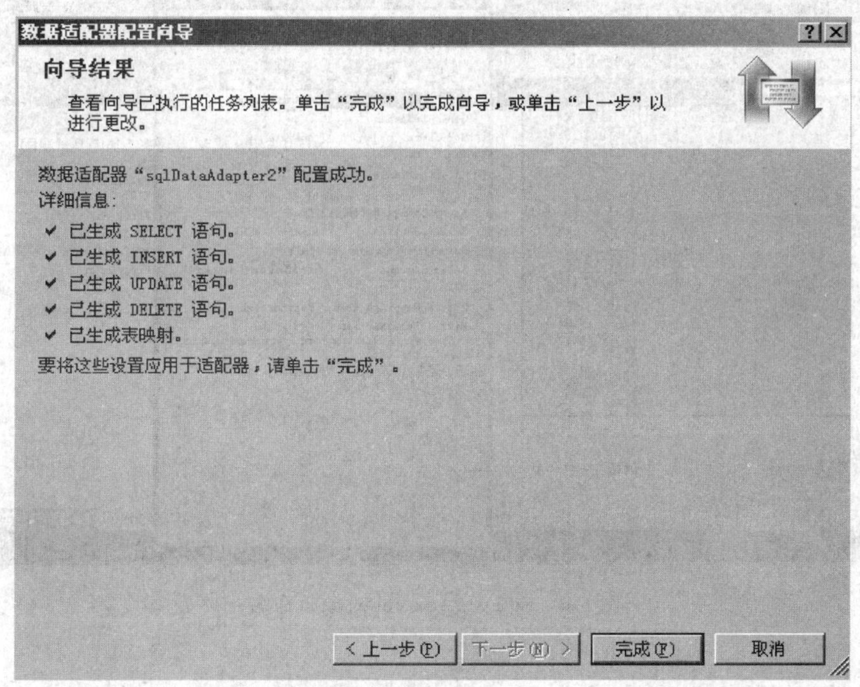

图 6-4 【向导结果】对话框

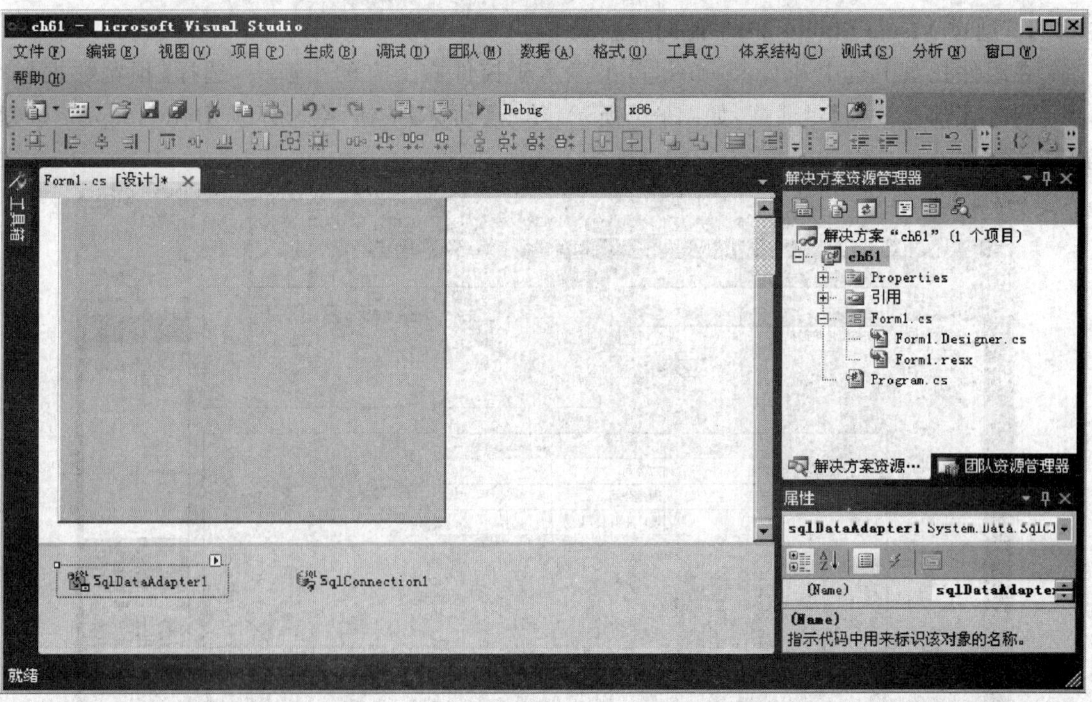

图 6-5 生成的 SqlDataAdapter 对象

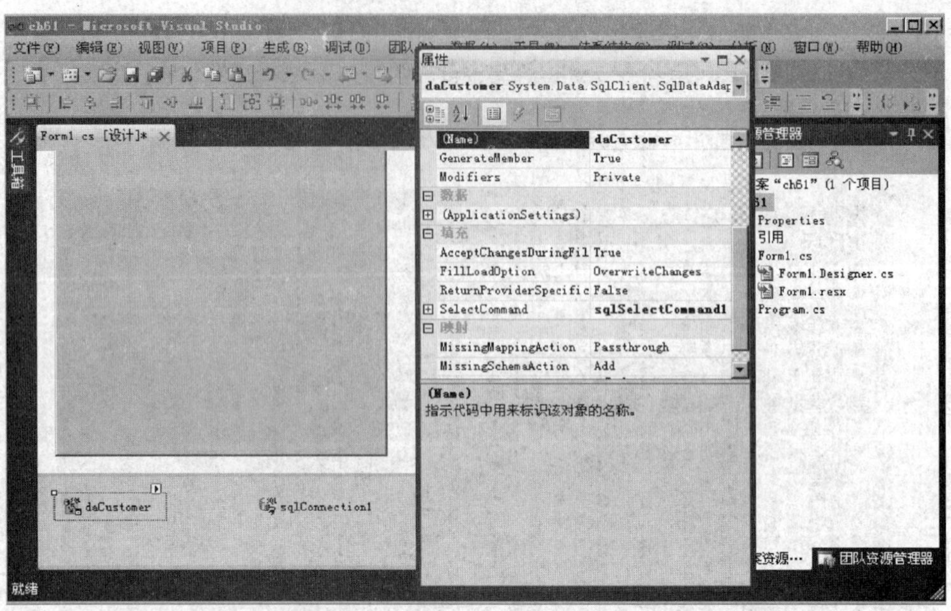

图 6-6　SqlDataAdapter 对象重命名

6.2.2　查询数据表

创建了 SqlDataAdapter 对象以后，我们可以通过该对象去查询数据表。

1. 通过 Visual Studio 2010 查询数据表

在组件托盘上选中 daCustomer，单击显示于控件右上方的小箭头，选择【预览数据】命令，会弹出【预览数据】对话框，如图 6-7 所示，单击【预览】按钮，会显示从 DataAdapter 检索出来的数据。

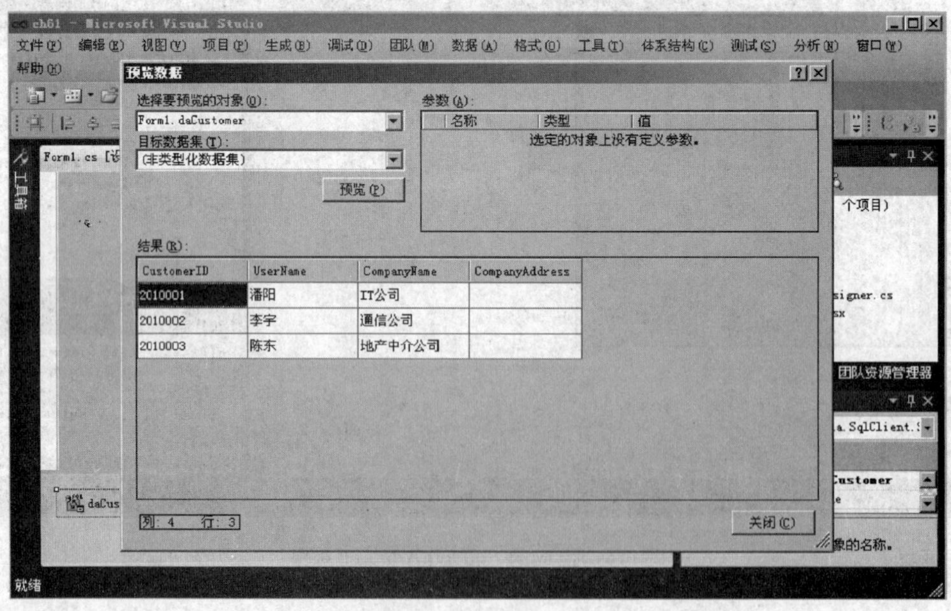

图 6-7　【预览数据】对话框

2. 通过编程实现查询数据表和更新数据表

(1) 创建一个 Windows Forms Application 项目 ch62，拖曳两个 Button 控件和一个 DataGridView 控件到窗体设计器上，如图 6-8 所示。

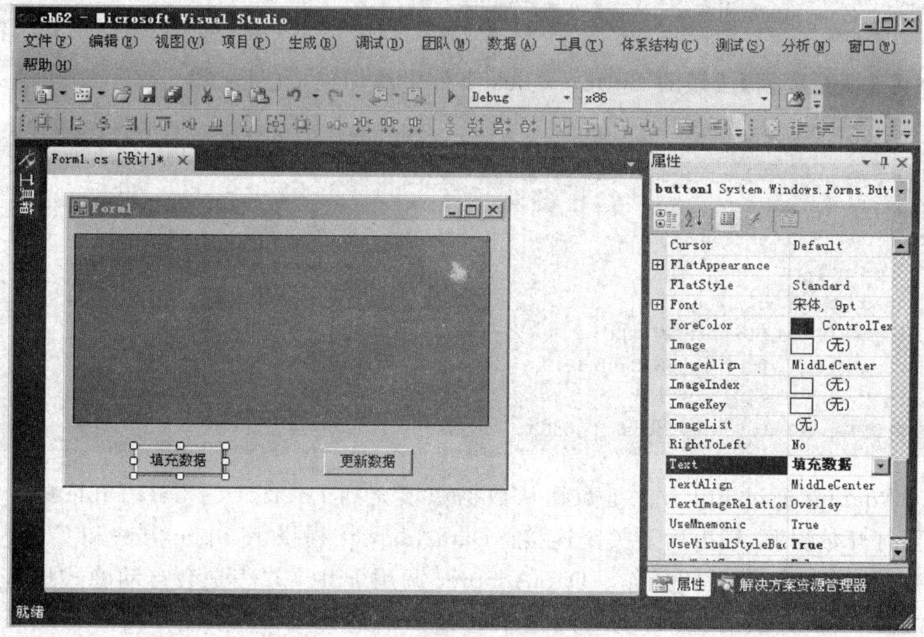

图 6-8 操作数据的 Form 控件设计

(2) 在项目中通过添加数据源的方式创建了一个强类型数据集 FastFoodDataSet，结构如图 6-9 所示，具体操作参考第 5 章的内容。

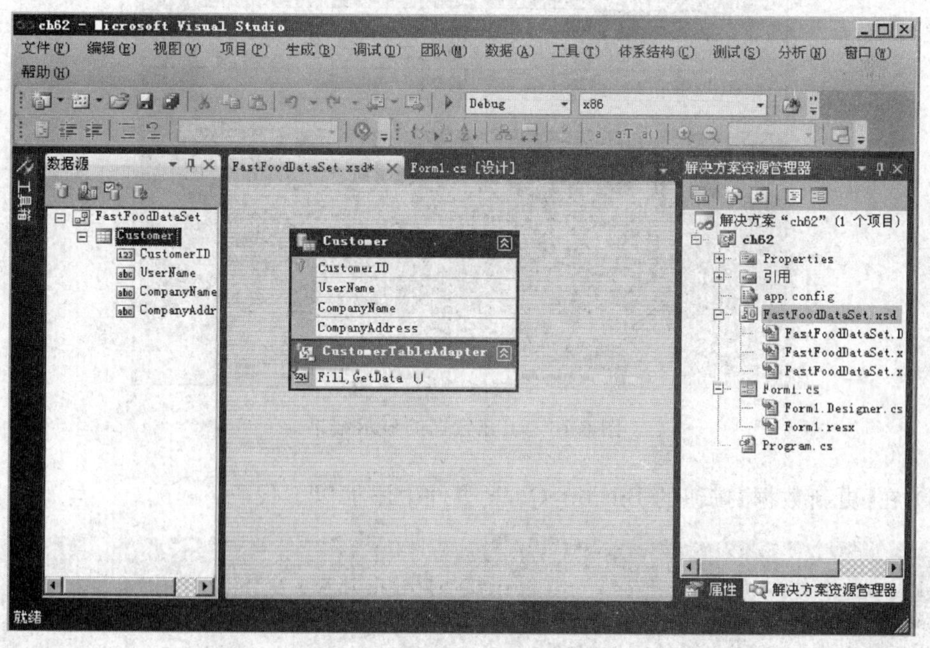

图 6-9 创建好的强类型数据集 FastFoodDataSet

(3) 在 Form 类中声明一个强类型数据集 FastFoodDataSet 的对象实例 fastFoodDS 和一个 SqlDataAdapter 的对象实例 daCustomer 作为其数据成员，代码如下：

```
FastFoodDataSet fastFoodDS = new FastFoodDataSet();
SqlDataAdapter daCustomer = new SqlDataAdapter();
```

(4) 在【填充数据】按钮的 Button_Click 事件中添加以下代码：

```
string conString = "Data Source=.;Initial Catalog=FastFood;Integrated Security=True";
SqlConnection myConnection = new SqlConnection(conString);
string strSQL = "SELECT CustomerID,UserName,CompanyName,CompanyAddress FROM Customer ";
SqlCommand cmd = myConnection.CreateCommand();
cmd.CommandText = strSQL;
myConnection.Open();
daCustomer.SelectCommand = cmd;
daCustomer.Fill(fastFoodDS.Customer);
myConnection.Close();
dataGridView1.DataSource = fastFoodDS.Customer;
```

DataAdapter 通过 Fill 方法把数据从数据源填充到 DataSet 的 DataTable 中。填充数据前先要打开数据源，结束后要关闭连接。DataAdapter 提供了 Open 方法和 Close 方法分别实现数据源的打开与关闭操作。DataAdapter 调用 Fill()方法是会自动隐式地打开一个连接，并且在 Fill 方法后，会自动关闭这个连接。不过在实际应用中，我们还是提倡使用 Open 方法和 Close 方法来显示地打开和关闭数据源的连接。

(5) 按 F5 运行应用程序，选择【填充数据】按钮，运行结果如图 6-10 所示。

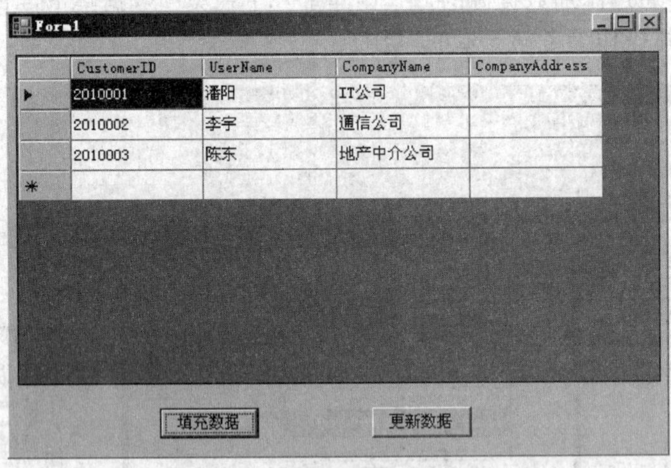

图 6-10 填充数据的显示结果

(6) 在【更新数据】按钮的 Button_Click 事件中添加以下代码：

```
int i = 0;
SqlCommandBuilder cmdbldr = new SqlCommandBuilder(daCustomer);
cmdbldr.ConflictOption = ConflictOption.CompareRowVersion;
i = daCustomer.Update(fastFoodDS.Customer);
```

```
if (i > 0)
    MessageBox.Show("更新数据成功","更新操作提示信息");
else
MessageBox.Show("更新数据失败","更新操作提示信息");
```

DataAdapter 提供了 Update()方法可以将 DataSet 中所做的修改保存回数据库。当调用 Update()方法时，DataAdapter 将分析已作出的更改，并执行相应的 SQL 语句命令，这些命令实质上就是调用 DataAdapter 的 InsertCommand 或 DeleteCommand 或 UpdateCommand。所以要调用 Update()方法，先要设置 DataAdapter 的 InsertCommand 或 DeleteCommand 或 UpdateCommand 属性，否则将发生异常。下面介绍两种设置方法。

(1) 第一种：利用 CommandBuilder 实现。

上面的代码就是采用这种方式，这种方式相对比较简单。传入 DataAdapter 实例创建一个 CommandBuilder 对象，这个 CommandBuilder 对象会自动生成 INSERT、UPDATE 与 DELETE 命令，并在 DataAdapter 对象的 InsertCommand、UpdateCommand、DeleteCommand 属性中设置这些命令。当改变 DataSet 中的数据并调用 DataAdapter 的 Update()方法时，运行自动生成的命令，将改变从 DataSet 推向数据库。

尽管利用 CommandBuilder 对象可以节省一些代码编写工作，但使用此对象时，要记住以下局限：

- DataAdpater 对象的 SelectCommand 命令只能从一张表中读取。
- SelectCommand 中使用的数据库表必须包含主键。
- 表格主键必须放在 SelectCommand 中。
- CommandBuilder 生成命令需要一定时间，因为它要检查数据库。

注意：由于 CommandBuilder 会使程序性能下降，因此应避免大数据量批量更新使用，为了提高性能，应使用存储过程。

(2) 第二种：自己写 SQL 语句实现。

这种方式要分别创建 SqlCommand 设置到 DataAdapter 的 InsertCommand 或 DeleteCommand 或 UpdateCommand 属性。针对本实例可以写一个方法实现更新数据，具体代码如下：

```
private void updateDS()
{
    SqlConnection con = new SqlConnection("Data Source = .; Initial Catalog = FastFood;
Integrated Security = True");
    con.Open();
    //当 DataAdapter 对象执行 update()方法时，会分别调用以下三个命令对数据库进行更新操作
    daCustomer.UpdateCommand = new SqlCommand("update Customer set CustomerID = @
CustomerID, UserName = @ UserName, CompanyName = @ CompanyName, CompanyAddress = @
CompanyAddress where CustomerID = @id", con);
    daCustomer.DeleteCommand = new SqlCommand("delete from Customer where CustomerID = @
CustomerID", con);
    daCustomer.InsertCommand = new SqlCommand("insert into Customer(CustomerID, UserName,
CompanyName, CompanyAddress) values (@ CustomerID, @ UserName, @ CompanyName, @
CompanyAddress)", con);
```

```
//为 UpdateCommand 命令填加参数,并设置参数值.参数值为内存表被改动的行值
    daCustomer.UpdateCommand.Parameters.Add("@CustomerID", SqlDbType.Int, 10,
"CustomerID");
    daCustomer.UpdateCommand.Parameters.Add("@UserName", SqlDbType.VarChar, 20,
"UserName");
    daCustomer.UpdateCommand.Parameters.Add("@CompanyName", SqlDbType.VarChar, 30,
"CompanyName");
    daCustomer.UpdateCommand.Parameters.Add("@CompanyAddress", SqlDbType.VarChar, 50,
"CompanyAddress");
    //参数的 value 应该等于内存表中被修改行的 CustomerID 值
    daCustomer.UpdateCommand.Parameters.Add("@id", SqlDbType.Int, 10, "CustomerID");
    //为 DeleteCommand 命令填加参数,并设置参数值.参数值为内存表被删除的行值
    daCustomer.DeleteCommand.Parameters.Add("@CustomerID", SqlDbType.Int, 10,
"CustomerID");
    //为 InsertCommand 命令填加参数并设置参数值.参数值为内存表被插入的行值
    daCustomer.InsertCommand.Parameters.Add("@CustomerID", SqlDbType.Int, 10,
"CustomerID");
    daCustomer.InsertCommand.Parameters.Add("@UserName", SqlDbType.VarChar, 20,
"UserName");
    daCustomer.InsertCommand.Parameters.Add("@CompanyName", SqlDbType.VarChar, 30,
"CompanyName");
    daCustomer.InsertCommand.Parameters.Add("@CompanyAddress", SqlDbType.VarChar, 50,
"CompanyAddress");

    int i = 0;
    i = daCustomer.Update(fastFoodDS.Customer);
    if (i > 0)
        MessageBox.Show("更新数据成功","更新操作提示信息");
    else
        MessageBox.Show("更新数据失败", "更新操作提示信息");
}
```

写好了上述方法以后，在【更新数据】按钮的 Button_Click 事件中调用这个方法，当要更新数据的时候就可以选择这个按钮，调用执行 updateDS 方法中的代码就可以实现了。

6.2.3 填充 DataSet 中的多个数据表

1. 多个结果集

如果 DataAdapter 遇到多个结果集，即 SelectCommand 返回多个表，则将在 DataSet 中创建多个表。Fill 将自动使用递增值为 DataSet 中的表生成表名称，这些表的命名方式的默认名称为 Table，并以 TableN 格式(从 Table1 开始)继续，如以 Table 为第一个表名，Table1 为第二个表名，依次类推。如果以参数形式向 Fill 方法传递表名，这些表名称则这些表的命名方式为从指定表名称开始，并以 TableNameN 格式(从 TableName1 开始)继续，如以 TableName 为第一个表名，TableName1 为第二个表名，依次类推。下面程序代码将在数据集 fastFoodDS 中创建了两个表名称为 Table，Table1 的表：

```
string conString = "Data Source = .;Initial Catalog = FastFood;Integrated Security = True";
SqlConnection myConnection = new SqlConnection(conString);
```

```
string strSQL = "SELECT * FROM Customer ; SELECT * FROM BookingOrder ;";
SqlCommand cmd = myConnection.CreateCommand();
cmd.CommandText = strSQL;
DataSet fastFoodDS = new DataSet();
SqlDataAdapter daCustomer = new SqlDataAdapter();
myConnection.Open();
daCustomer.SelectCommand = cmd;
daCustomer.Fill(fastFoodDS);
```

如果上述代码最后一条语句换成如下：

```
daCustomer.Fill(fastFoodDS, "customer");
```

将在数据集 fastFoodDS 中创建了两个表名称为 customer,customer1 的表。

2. 从多个 DataAdapter 填充 DataSet

一个 DataSet 可以与任意数量的 DataAdapter 对象一起使用。每个 DataAdapter 都可用于填充一个或多个 DataTable 对象并将更新解析回相关数据源。DataRelation 和 Constraint 对象可以在本地添加到 DataSet,这样就可以关联来自多个不同数据源的数据。例如,DataSet 可以包含来自 Microsoft SQL Server 数据库、通过 OLE DB 公开的 IBM DB2 数据库以及对 XML 进行流处理的数据源的数据等。一个或多个 DataAdapter 对象可以处理与每个数据源的通信。

以下代码示例从 Microsoft SQL Server 2008 上的 FastFood 数据库填充客户列表,从存储在 Microsoft Access 2003 上的 FastFood 数据库填充订单列表。已填充的表通过 DataRelation 相关联,这样,客户列表将与相应客户的订单一起显示出来。

```
// 假设 customerConnection 是一个有效的 SqlConnection 对象
// 假设 bookingOrderConnection 是一个有效的 OleDbConnection 对象
SqlDataAdapter daCustomer = new SqlDataAdapter(
  "SELECT * FROM Customer", customerConnection);
OleDbDataAdapter daBookingOrder = new OleDbDataAdapter(
  "SELECT * FROM BookingOrder ", bookingOrderConnection);

DataSet fastFoodDS = new DataSet();

daCustomer.Fill(fastFoodDS, "Customer");
daBookingOrder.Fill(fastFoodDS, " BookingOrder ");

DataRelation relation = fastFoodDS.Relations.Add("CustOrders",
  fastFoodDS.Tables["Customer"].Columns["CustomerID"],
  fastFoodDS .Tables["BookingOrder"].Columns["CustomerID"]);

foreach (DataRow pRow in fastFoodDS.Tables["Customer"].Rows)
{
  Console.WriteLine(pRow["CustomerID"]);
   foreach (DataRow cRow in pRow.GetChildRows(relation))
    Console.WriteLine("\t" + cRow["OrderID"]);
}
```

6.2.4 查询数据库架构

从数据库获取架构信息通过架构发现过程来完成。通过架构发现，应用程序可以请求托管提供程序查找并返回有关给定数据库的数据库架构（也称为元数据）名称的信息。不同的数据库架构元素（例如表、列和存储过程）通过架构集合进行公开。每个架构集合包含所使用的提供程序特定的各种架构信息。

每个.NET Framework 托管提供程序实现 Connection 类中的 GetSchema 方法，从 GetSchema 方法返回的架构信息采用 DataTable 的形式。GetSchema 方法属于重载方法，提供可选的参数来指定要返回的架构集合以及限制返回的信息量。

适用于 OLE DB、ODBC、Oracle 和 SqlClient 的 .NET Framework 数据提供程序提供了一种返回描述 DataReader 的列元数据的 GetSchemaTable 方法。

1. Get Schema 和架构集合

每个由.NET Framework 管理的提供程序中的 Connection 类实现 GetSchema 方法，该方法用于检索与当前连接的数据库有关的架构信息，从 GetSchema 方法返回的架构信息以 DataTable 的形式传入。GetSchema 方法属于重载方法，提供可选的参数来指定要返回的架构集合以及限制返回的信息量。

2. 指定架构集合

GetSchema 方法的第一个可选参数是以字符串形式指定的集合名称。有两种类型的架构集合：所有提供程序通用的通用架构集合以及每个提供程序特定的特定架构集合。

可以通过调用没有参数或包含架构集合名称“MetaDataCollections”的 GetSchema 方法来查询由 .NET Framework 管理的提供程序，以确定支持的架构集合列表。此时将返回 DataTable，包含支持的架构集合列表、每个架构集合支持的限制数以及所使用的标识符部分数。

3. 检索架构集合示例

以下示例演示如何使用 SQL Server .NET Framework 数据提供程序的 SqlConnection 类的 GetSchema 方法来检索与 FastFood 示例数据库中包含的所有表有关的架构信息：

```
using System;
using System.Data;
using System.Data.SqlClient;

class Program
{
  static void Main()
  {
  string connectionString = GetConnectionString();
  using (SqlConnection connection = new SqlConnection(connectionString))
  {
   // Connect to the database then retrieve the schema information.
   connection.Open();
   DataTable table = connection.GetSchema("Tables");
```

```
    // Display the contents of the table.
    DisplayData(table);
    Console.WriteLine("Press any key to continue.");
    Console.ReadKey();
    }
}

  private static string GetConnectionString()
  {
   return "Data Source = (local);Database = FastFood; Integrated Security = true;";
  }

  private static void DisplayData(DataTable table)
  {
     foreach (DataRow row in table.Rows)
     {
          foreach (DataColumn col in table.Columns)
          {
              Console.WriteLine("{0} = {1}", col.ColumnName, row[col]);
          }
     Console.WriteLine(" ============================== ");
     }
  }
}
```

上述程序的执行结果如图 6-11 所示。

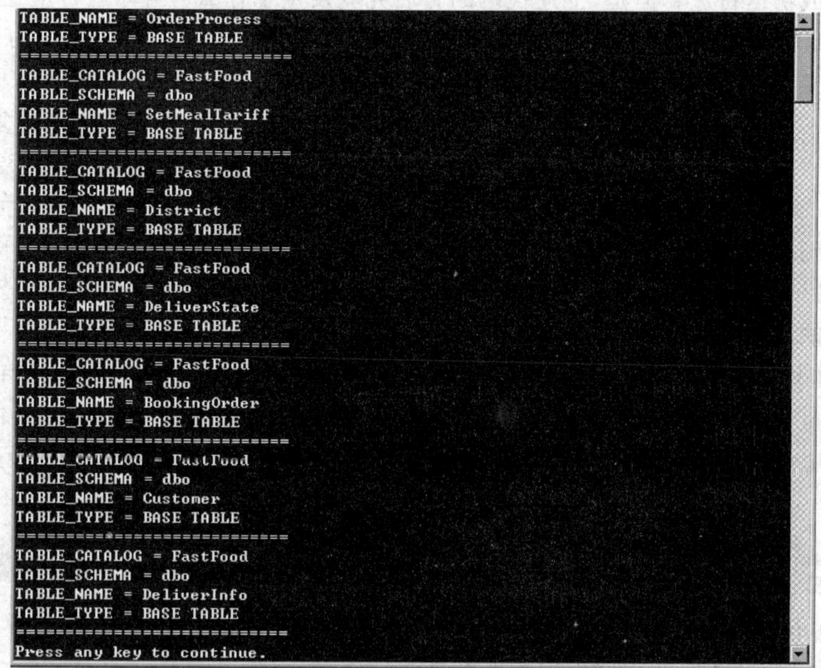

图 6-11 检索架构集合的输出结果

6.3 映　　射

6.3.1 表映射和字段映射

1. 表映射和字段映射

ADO.NET 中提供的表映射机制。表映射机制是一组规则和参数，通过它们，可以控制 SQL 结果集如何映射到内存中对象，即表映射是管理数据行从数据源到内存中数据集的传递过程的规则和行为集合。映射由两个步骤构成——表映射和列映射——它只是一个范围更广的操作的第一个阶段，该操作涉及由数据适配器对象控制的数据集填充。第二个阶段在目标数据集实际被填充后开始。

下面的代码显示了使用 SqlDataAdapter 从数据源填充数据到 DataSet 的典型方式。

```
string conString = "Data Source = .;Initial Catalog = FastFood;Integrated Security = True";
SqlConnection myConnection = new SqlConnection(conString);
string strSQL = "SELECT * FROM Customer ";
SqlCommand cmd = myConnection.CreateCommand();
cmd.CommandText = strSQL;
DataSet fastFoodDS = new DataSet();
SqlDataAdapter daCustomer = new SqlDataAdapter(cmd, myConnection);
daCustomer.Fill(fastFoodDS, " Customter");
```

必须承认，此代码并没有什么高深复杂的地方，一般大家已经对它非常熟悉，并且可能不止一次地成功运行过。但是，上述代码的背后究竟发生了什么？当你运行上述代码时，如果数据集 fastFoodDS 是空的，它会在数据集中创建一个名为认为 Customer 的 Datatable，假设数据聚集 fastFoodDS 已经有一个名为 Customer 的 Datatable，填充的结果集的内容就会和现有的 Customer 对象的内容进行合并。同样，在开始将数据行从结果集复制到一个给定的数据表时，匹配列的内容将进行合并。相反，如果未发现列名相匹配，则会新建一个 DataColumn 对象，并且会添加到内存中的数据表中。问题是，DataAdapter 如何将结果集的内容映射到 Dataset 构成项中？DataAdapter 怎样才能知道哪些表和列的名称相匹配呢？数据适配器 SqlDataAdapte 的 TableMappings 属性正是这个幕后的对象，它决定了结果集中的表如何映射到 DataSet 中的对象。

DataAdapter 在其 TableMappings 属性中包含零个或更多个 DataTableMapping 对象的集合。DataTableMapping 提供对数据源的查询所返回的数据与 DataTable 之间的主映射。DataTableMapping 名称可以代替 DataTable 名称传递到 DataAdapter 的 Fill 方法。以下示例为 DataSet 中的 Customter 表创建名为 CustomterMapping 的 DataTableMapping。

```
daCustomer.TableMappings.Add("CustomterMapping", " Customter");
```

DataTableMapping 能够使用 DataTable 中与数据库中的列名不同的列名。当该表被更新时，DataAdapter 将使用此映射来匹配列。

如果在调用 DataAdapter 的 Fill 或 Update 方法时未指定 TableName 或 DataTableMapping 名称，DataAdapter 将查找名为“Table”的 DataTableMapping。如果该 DataTableMapping

不存在，DataTable 的 TableName 将为“Table”。可以通过创建名为“Table”的 DataTableMapping 来指定默认的 DataTableMapping。

以下代码示例将创建一个 DataTableMapping（从 System.Data.Common 命名空间）并通过将其命名为“Table”来使其成为指定 DataAdapter 的默认映射。然后，该示例将查询结果中第一个表（FastFood 数据库的 Customer 表）中的列映射到 DataSet 的 FastFoodCustomer 表中的一组更为用户友好的名称，如 CompanyName 映射为 Company，RealName 映射为 Name。对于未映射的列，将使用数据源中的列名称。

```
DataTableMapping mapping =
  daCustomer.TableMappings.Add("Table", "FastFoodCustomers");
mapping.ColumnMappings.Add("CompanyName", "Company");
mapping.ColumnMappings.Add("RealName", "Name");

daCustomer.Fill(fastFoodDS);
```

在更为先进的情况下，可以决定需要使用相同的 DataAdapter 来支持为不同的表加载不同的映射。若要完成此任务，只需添加附加的 DataTableMapping 对象。

当 Fill 方法以 DataSet 实例和 DataTableMapping 名称的形式进行传递时，如果存在具有该名称的映射，则使用该映射；否则将使用具有该名称的 DataTable。

以下示例创建一个名称为 Customer 而 DataTable 名称为 BizTalkSchema 的 DataTableMapping。然后，该示例将 SELECT 语句所返回的行映射到 BizTalkSchema DataTable。

```
ITableMapping mapping =
  daCustomer.TableMappings.Add("Customer", "BizTalkSchema");
mapping.ColumnMappings.Add("CustomerID", "ClientID");
mapping.ColumnMappings.Add("CompanyName", "ClientName");
mapping.ColumnMappings.Add("ContactName", "Contact");
mapping.ColumnMappings.Add("PostalCode", "ZIP");

adapter.Fill(fastFoodDS, "Customer");
```

说明：

如果没有为列映射提供源列名称或者没有为表映射提供源表名称，则将自动生成默认名称。如果没有为列映射提供源列，则将给列映射提供递增的默认名称 SourceColumn*N*，这些名称从 SourceColumn1 开始。如果没有为表映射提供源表名称，则将给该表映射提供递增的默认名称 SourceTable*N*，这些名称从 SourceTable1 开始。

建议避免采用列映射的 SourceColumn*N* 的命名约定，或表映射的 SourceTable*N* 的命名约定，因为提供的名称可能会与 ColumnMappingCollection 中的现有默认列映射名称或 DataTableMappingCollection 中的现有默认表映射名称冲突。如果提供的名称已经存在，将引发异常。

2. 处理多个结果集

如果 SelectCommand 返回多个表，Fill 将自动使用递增值为 DataSet 中的表生成表名称，这些表名称从指定表名称开始，并以 TableName*N* 格式（从 TableName1 开始）继续。可以使用表映射将自动生成的表名称映射到要为 DataSet 中的表指定的名称。例如,对于返回两个表(Customer 和 BookingOrder)的 SelectCommand,可对 Fill 发出以下调用。

```
daCustomer.Fill(fatFoodDS, "Customer")
```

在 DataSet 中创建了两个表:Customer 和 Customer1。可以使用表映射来确保第二个表名为 BookingOrder 而不是 Customer1。若要完成此任务,请将 Customer1 的源表映射到 DataSet 表 BookingOrder,如以下示例所示。

```
daCustomer.TableMappings.Add("Customer1", "BookingOrder")
daCustomer.Fill(fatFoodDS, "Customer")
```

6.3.2 ADO. NET 的数据类型映射

.NET Framework 基于用于定义如何在运行时声明、使用和管理类型的通用类型系统。它由值类型和引用类型组成,这两种类型均派生自 Object 基类型。使用数据源时,如果未显式指定数据类型,则要从数据提供程序推断出它。例如,DataSet 对象独立于任何特定的数据源。DataSet 中的数据从数据源中进行检索,而更改则会通过使用 DataAdapter 持久保存回数据源。这意味着当 DataAdapter 使用数据源中的值填充 DataSet 中的 DataTable 时,DataTable 中列的结果数据类型为 .NET Framework 类型,而不是特定于用于连接数据源的 .NET Framework 数据提供程序的类型。

同样,当 DataReader 返回数据源中的值时,生成的值将存储在具有 .NET Framework 类型的局部变量中。对于 DataAdapter 的 Fill 操作和 DataReader 的 Get 方法,将从 .NET Framework 数据提供程序中返回的值来推断 .NET Framework 类型。

当所返回值的特定类型已知时,可以使用 DataReader 的类型化访问器方法,而不是依靠推断出的数据类型。类型化访问器方法以特定 .NET Framework 类型的形式返回值,无须再进行其他类型转换,因此会提高性能。

.NET Framework 数据提供程序的数据类型的 null 值都用 DBNull. Value 表示。

下面以 SQL Server 为例说明数据类型映射的情况。

SQL Server 和 .NET Framework 基于不同的类型系统。例如,.NET Framework Decimal 结构的最大小数位数为 28,而 SQL Server 的 decimal 和 numeric 数据类型的最大小数位数为 38。为了在读取和写入数据时维护数据的完整性,SqlDataReader 将公开用于返回 System. Data. SqlTypes 的对象的 SQL Server 特定的类型化访问器方法以及用于返回 .NET Framework 类型的访问器方法。SQL Server 类型和 .NET Framework 类型也可通过 DbType 和 SqlDbType 类中的枚举表示,当指定 SqlParameter 数据类型时可以使用这些枚举。

表 6-3 显示推断的. NET Framework 类型、DbType 和 SqlDbType 枚举以及 SqlDataReader 的访问器方法。

表 6-3　各种数据类型映射表

SQL Server 数据库引擎类型	.NET Framework 类型	SqlDbType 枚举	SqlDataReader SqlTypes 类型化访问器	DbType 枚举	SqlDataReader DbType 类型化访问器
bigint	Int64	BigInt	GetSqlInt64	Int64	GetInt64
binary	Byte[]	VarBinary	GetSqlBinary	Binary	GetBytes
bit	Boolean	Bit	GetSqlBoolean	Boolean	GetBoolean
char	String Char[]	Char	GetSqlString	AnsiStringFixed Length,String	GetString GetChars
date	DateTime	Date	GetSqlDateTime	Date	GetDateTime
datetime	DateTime	DateTime	GetSqlDateTime	DateTime	GetDateTime
datetime2	DateTime2	DateTime2	GetSqlDateTime	DateTime2	GetDateTime
datetimeoffset	DateTimeOffset	DateTimeOffset	none	DateTimeOffset	GetDateTime Offset
decimal	Decimal	Decimal	GetSqlDecimal	Decimal	GetDecimal
FILESTREAM 属性(varbinary (max)	Byte[]	VarBinary	GetSqlBytes	Binary	GetBytes
float	Double	Float	GetSqlDouble	Double	GetDouble
image	Byte[]	Binary	GetSqlBinary	Binary	GetBytes
int	Int32	Int	GetSqlInt32	Int32	GetInt32
money	Decimal	Money	GetSqlMoney	Decimal	GetDecimal
nchar	String Char[]	NChar	GetSqlString	StringFixed Length	GetString GetChars
ntext	String Char[]	NText	GetSqlString	String	GetString GetChars
numeric	Decimal	Decimal	GetSqlDecimal	Decimal	GetDecimal
nvarchar	String Char[]	NVarChar	GetSqlString	String	GetString GetChars
real	Single	Real	GetSqlSingle	Single	GetFloat
rowversion	Byte[]	Timestamp	GetSqlBinary	Binary	GetBytes
smalldatetime	DateTime	DateTime	GetSqlDateTime	DateTime	GetDateTime
smallint	Int16	SmallInt	GetSqlInt16	Int16	GetInt16
smallmoney	Decimal	SmallMoney	GetSqlDecimal	Decimal	GetDecimal
sql_variant	Object*	Variant	GetSqlValue*	Object	GetValue*
text	String Char[]	Text	GetSqlString	String	GetString GetChars
time	TimeSpan	Time	none	Time	GetDateTime
timestamp	Byte[]	Timestamp	GetSqlBinary	Binary	GetBytes
tinyint	Byte	TinyInt	GetSqlByte	Byte	GetByte
uniqueidentifier	Guid	UniqueIdentifier	GetSqlGuid	Guid	GetGuid
varbinary	Byte[]	VarBinary	GetSqlBinary	Binary	GetBytes
varchar	String Char[]	VarChar	GetSqlString	AnsiString, String	GetString GetChars
xml	Xml	Xml	GetSqlXml	Xml	none

* 如果已知 sql_variant 的基础类型，则使用特定的类型化访问器。

6.4 小　　结

本章阐述了 DataAdapter 对象模型、属性和方法。对如何使用 ADO.NET 中的 DataAdapter 对象进行数据库和数据集之间的数据移动进行了介绍。介绍了如何应用 DataAdapter 实现数据的填充和查询以及 ADO.NET 的映射机制原理。

6.5 习　　题

一、选择题

1. 下列(　　)情况下,应该在程序中使用 DataAdapter 对象。

   A. 查询某种信息,并保存到 XML 文件中

   B. 从数据库检索信息,修改后再保存回数据库

   C. 对 SQL Server 2000 数据库中的所有数据进行备份

   D. 根据用户输入的查询条件,从数据库检索所有匹配信息,将其以 HTML 形式发布到网站页面中

2. 为了使 DataAdapter 执行最基本的功能,在 DataAdapter 对象中,下列(　　) Command 属性的值是必须有效的。

   A. DeleteCommand　　　　B. UpdateCommand

   C. InsertCommand　　　　D. SelectCommand

3. 在使用 DataAdapter 作为从数据源到 DataSet 的通道时,可能遇到数据源和 DataSet 架构不匹配的情况。DataAdapter 使用(　　)对象处理该情况。

   A. UpdateCommand　　　　B. DataBindings

   C. TableMappings　　　　D. XSD 架构文件

4. 在 ADO.NET 编程中,(　　)使用一个 DataAdapter 对象向多个 DataTable 填充数据。

   A. 可以　　　　B. 不可以

5. 有一个名为 customersDataSet 的强类型 DataSet 对象,该对象包含了一个单一的名为 Customers 的 DataTable 对象。Customers 有一个名为 CustomerID 的整型列。若通过由 customersDataSet 提供的类型安全编码规范来访问 CustomerID 值,则要给一个 CustomerID 字符变量赋值,那么应选用(　　)代码。

   A. customerID = customersDataSet. Customers(0). CustomerID. ToString()

   B. customerID =customersDataSet. Customers. Columns("CustomerID"). ToString ()

   C. CustomerID = customersDataSet. Tables ("Customers"). Columns ("CustomerID"). ToString ()

   D. customerID = customersDataSet. Tables ("Customers"). Rows (0) ("CustomersID"). ToString ()

二、填空题

1. DataSet 通过________对象从数据源得到数据，该对象是连接 DataSet 和数据库的一个桥梁。

2. 数据适配器包含 4 个 Command 对象________、________、________和________。

3. ADO.NET 中的 DataAdapte 类的作用________________________。

4. 使用 DataAdapter 的________方法，可以将数据填充到 DataSet 中。

第7章 更新数据

到目前为止，已经掌握 ADO.NET 所提供的两种不同的数据访问模型：连接的模型和断开连接的模型。在连接环境下使用 Command 对象从数据库中读取结果。DataSet、DataTable、DataRow 和 DataRelation 等对象构成了 ADO.NET 的断开连接的部分。DataAdapter 对象在连接模型和断开连接的模型之间起到了桥梁的作用。DataAdapter 可用于从数据源中检索数据并填充 DataSet 中的表。在向 DataSet 中填充数据之后，至底层数据源的连接就被断开，而 DataSet 作为一个独立的个体，可以通过插入、更新或者删除记录来编辑和更新数据集。在更新数据集之后，还需要更新数据源。要实现这一点，要使用 DataAdapter 的 Update()方法将所做的更新返回数据源。学习本章内容后，将能够：

- 通过拖放方法更新数据表；
- 使用命令构建器对象；
- 掌握 DataRow 的 RowState 属性；
- 通过 SqlBulkCopy 复制大量数据；
- 如何接受和拒绝对数据所做的更改。

7.1 更新数据表：简单拖放方法

下面通过使用拖放来创建一个简单的应用程序，它可以从数据库中查询数据，并且把修改更新回数据库。所有这些处理看起来就像魔术，但是并不仅限于此。ADO.NET 实际上为你编写了大量的代码。下面快速地查看一下这个例子，并且看一下 ADO.NET 在幕后到底做了些什么。

(1) 首先，在本地 SQL Server 2008 实例上构建一个名为 FastFood 的数据库，并且使用如下脚本在其中创建一个名为 SetMealTariff(快餐套餐信息表) 数据表，如表 7-1 所示。

表 7-1 SetMealTariff 表(快餐套餐信息)

名　称	字　段	类　型
套餐 ID	SetMealID (pk)	tinyint
套餐名称	SetMealName	nvarchar(30)
套餐价格	SetMealPrice	float
套餐折扣	SetMealDiscount	float
套餐有效位	IsAvailable	bit
套餐图片	SetMealPic	varchar(100)
套餐描述	SetMealNotes	nvarchar(255)

```
CREATE TABLE  SetMealTariff(
    [SetMealID] [tinyint] NOT NULL,
    [SetMealName] [nvarchar](30) NULL,
    [SetMealPrice] [float] NULL,
    [SetMealDiscount] [float] NULL,
    [IsAvailable] [bit] NULL,
    [SetMealPic] [varchar](100) NULL,
    [SetMealNotes] [nvarchar](255) NULL,
CONSTRAINT [PK_SETMEALTARIFF] PRIMARY KEY CLUSTERED
(
    [SetMealID] ASC
)
```

(2) 一旦构建了这个数据表,启动 Visual Studio 并且创建一个 Windows 窗口应用程序,把主窗口中的标题修改为 Exercise 7.1。

(3) 从 Visual Studio 菜单中,选择【数据】→【添加新数据源】。添加针对运行本地 SQL Server 2008 实例上的 FastFood 数据库的一个新数据源。在提示选择数据库对象时,选择 SetMealTariff 表,为简单起见,仅选中前面几列,如图 7-1 所示。

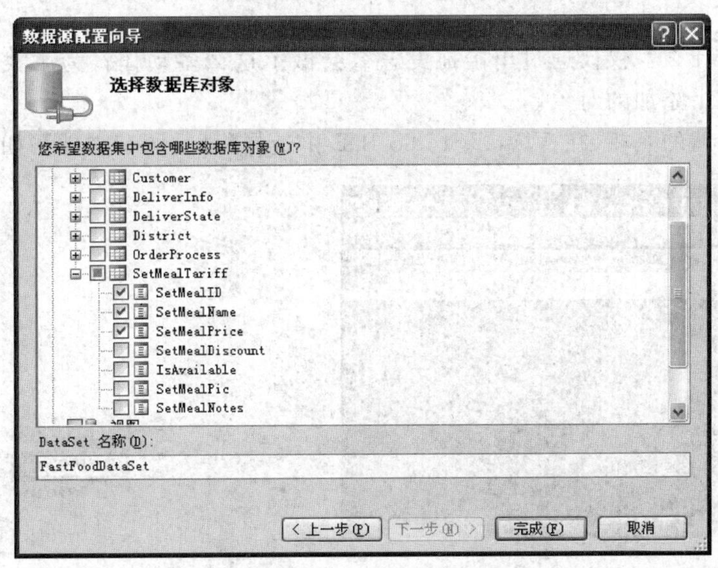

图 7-1　选中 SetMealTariff 表的前三列

(4) 在数据源窗口(选择【数据】→【添加新数据源】)中,选择 SetMealTariff,然后选择 DataGridView 选项,如图 7-2 所示。

(5) 最后,拖放 SetMealTariff 到应用程序主窗口。做些小调整后,应用程序主窗口如图 7-3 所示。

(6) 将会注意到通过 Visual Studio 的拖放操作,添加了一些对象,如图 7-4 所示。

(7) 在 setMealTariffBindingNavigator 控件中,确保【保存】按钮的 enabled 属性为 true。

(8) 编译并运行应用程序。添加如图 7-5 所示的一些行。单击【保存】按钮,现在可以在本地数据库上运行 Select * from SetMealTariff 查询确定保存结果真的已经保存到数据库中。

图 7-2　选择 DataGridView 选项

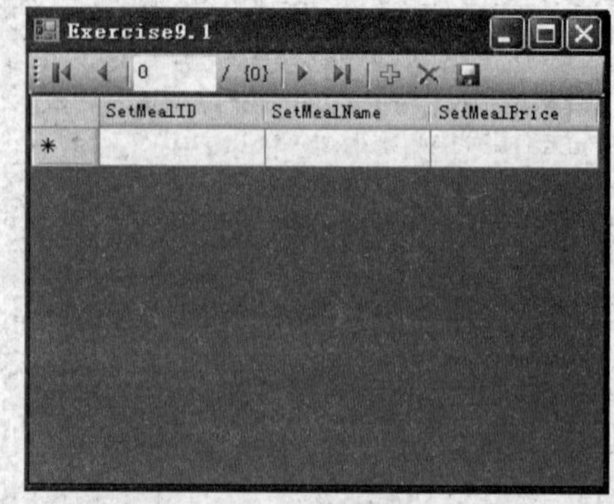

图 7-3　设计模式下通过拖放创建的应用程序主窗口

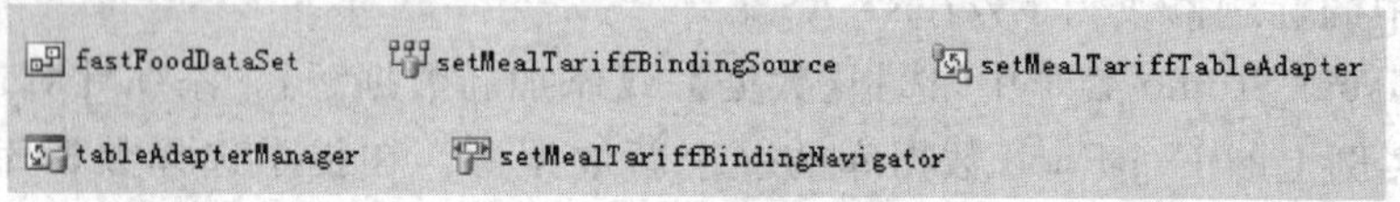

图 7-4　通过 Visual Studio 添加的对象

刚才发生了什么？仅仅通过单击拖曳怎么会做了这么多动作？为了找到答案，接下来考察一下这里逐个添加的对象。

为了找出事情的真相，在 Visual Studio IDE 中选择【显示所有文件】，如图 7-6 所示。

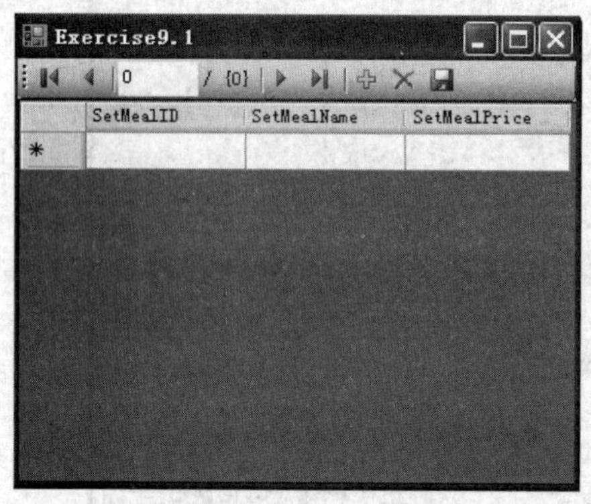

图 7-5　添加几行记录并保存到数据库

图 7-6　【显示所有文件】按钮

第一个添加的对象是 fastFoodDataSet。如果右击，在弹出的菜单中单击【在数据集设计器中编辑】，就会看到它包含了两个对象：名为 SetMealTariff 的 DataTable 和名为 SetMealTariffTableAdapter 的 TableAdapter。如果右击 SetMealTariffTableAdapter 并且选择【配置】，如图 7-7 所示，就会看到如图 7-8 所示的对话框。

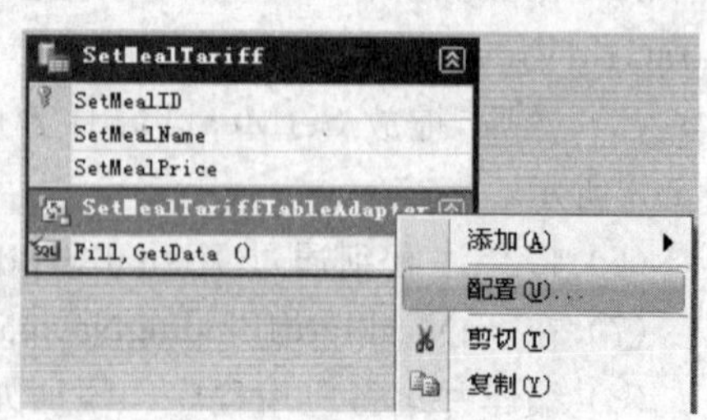

图 7-7　选择【配置】选项

在该对话框中，可以很轻松地配置要用于在运行时填充 FastFoodDataSet 的 Select 查询。不仅如此，单击【高级选项】按钮你还可以看到如图 7-9 所示

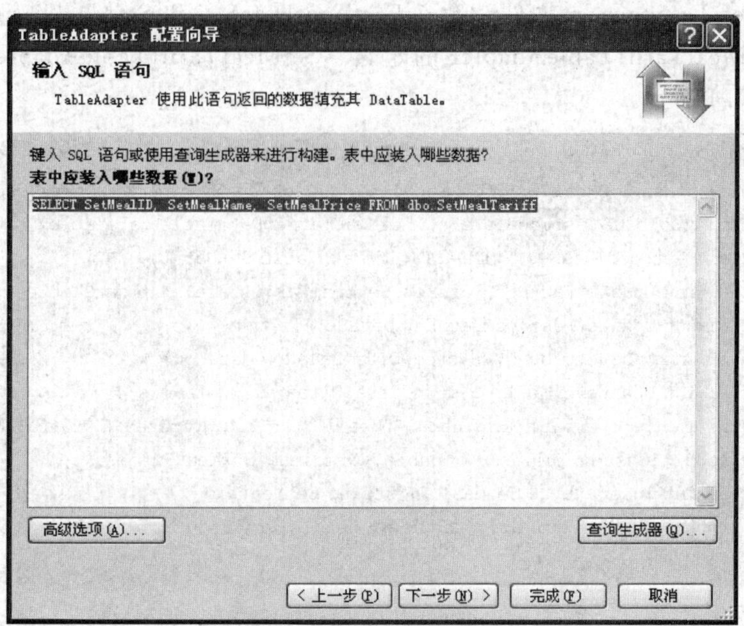

图 7-8 配置 TableAdapter

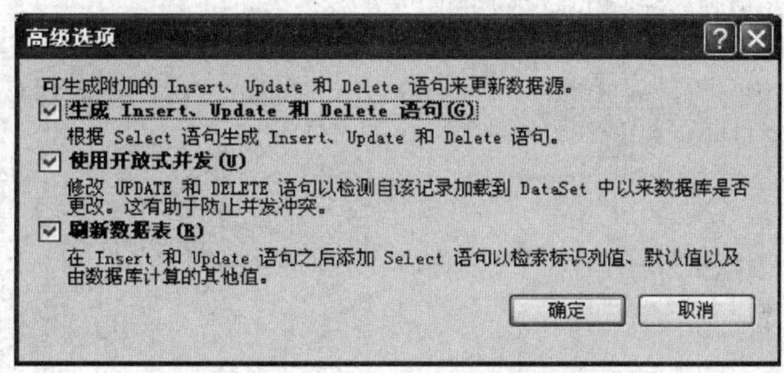

图 7-9 TableAdapter Configuration 对话框(高级选项)

的对话框。

在【高级选项】对话框中显示了三个选项,这些复选项可以进行下面这些操作。

- 指定可以在 TableAdapter 中实现 INSERT、UPDATE 和 DELETE 的操作。
- 使用开放式并发控制。
- 刷新数据表。在更新底层数据源后,刷新呈现给用户的数据,以便展示任何修改或是由于其他用户在同一时间更新同一数据表所产生的并发裁决结果。

如何仅仅是通过拖放就能生成用于更新、插入和删除等的各种查询,并且在 DataTable 的各个行记录上确定是更新、插入还是删除,以及同时考虑并发问题?

注意:我们即将要做的就是分解大量自动生成的代码,这意味着有大量的代码要看,但我们并不需要记住其中任何一行代码,只是看一下其概念并且理解它到底起什么作用。

在前面图 7-6 中启用了【显示所有文件】按钮。这样,在解决方案资源窗口中,注意到 Visual Studio 创建了一个文件,该文件包含了强类型 DataSet 的实际代码。这个文件就是

FastFootDataSet.Designer.cs 文件。除了 FastFootDataSet 和 SetMealTariffDataTable 定义外，还有 SetMealTariffTableAdapter 的定义。SetMealTariffTableAdapter 中的各种方法如代码清单 7.1 所示。

代码清单 7.1　SetMealTariffTableAdapter 内的各种方法

```
public partial class SetMealTariffTableAdapter : global::System.ComponentModel.Component {
public virtual int Fill(FastFoodDataSet.SetMealTariffDataTable dataTable);
public virtual FastFoodDataSet.SetMealTariffDataTable GetData();
public virtual int Update(FastFoodDataSet.SetMealTariffDataTable dataTable);
public virtual int Update(FastFoodDataSet dataSet);
public virtual int Update(global::System.Data.DataRow dataRow);
public virtual int Update(global::System.Data.DataRow[] dataRows);
public virtual int Delete(byte Original_SetMealID, string Original_SetMealName,
        global::System.Nullable<double> Original_SetMealPrice);
public virtual int Insert(byte SetMealID, string SetMealName,
        global::System.Nullable<double> SetMealPrice)
}
```

在 SetMealTariffTableAdapter 类中，对每种方法都有定义。首先把精力集中在 Fill 方法上，该方法填充了 SetMealTariffDataTable。Fill 方法的代码如代码清单 7.2 所示。

代码清单 7.2 SetMealTariffTableAdapter.Fill 方法

```
public virtual int Fill(FastFoodDataSet.SetMealTariffDataTable dataTable) {
            this.Adapter.SelectCommand = this.CommandCollection[0];
            if ((this.ClearBeforeFill == true)) {
                dataTable.Clear();
            }
            int returnValue = this.Adapter.Fill(dataTable);
            return returnValue;
        }
```

考察这段代码可知，这是把 SelectCommand 指定 SqlDataAdapter 对象并且调用该对象的 Fill 方法的一个简单例子。但 this.CommandCollection[0]是什么？有趣的是，如果再浏览一下 SetMealTariffTableAdapter 的代码，就会发现这个命令是在图 7-7 指定的命令文本的一个 SqlCommand 表示。构建该命令的代码可以在 InitCommandCollection 方法中找到，如代码清单 7.3 所示。

代码清单 7.3　SetMealTariff.InitCommandCollection 方法

```
private void InitCommandCollection() {
        this._commandCollection = new global::System.Data.SqlClient.SqlCommand[1];
        this._commandCollection[0] = new global::System.Data.SqlClient.SqlCommand();
        this._commandCollection[0].Connection = this.Connection;
        this._commandCollection[0].CommandText =
            "SELECT SetMealID, SetMealName, SetMealPrice FROM dbo.SetMealTariff";
        this._commandCollection[0].CommandType = global::System.Data.CommandType.Text;
    }
```

CommandCollection 是一个数组，因为一个 TableAdapter 可以拥有多个命令。接着，看一下 Delete(byte Original_SetMealID，string Original_SetMealName，global::System.Nullable<double> Original_SetMealPrice)重载方法的定义代码。如代码清单 7.4 所示。

代码清单 7.4 Delete(byte Original_SetMealID, string Original_SetMealName, global::System.Nullable<double> Original_SetMealPrice)

```
public virtual int Delete(byte Original_SetMealID, string Original_SetMealName, global::
System.Nullable<double> Original_SetMealPrice) {
        this.Adapter.DeleteCommand.Parameters[0].Value = ((byte)(Original_SetMealID));
        if ((Original_SetMealName == null)) {
            this.Adapter.DeleteCommand.Parameters[1].Value = ((object)(1));
            this.Adapter.DeleteCommand.Parameters[2].Value = global::System.DBNull.Value;
        }
        else {
            this.Adapter.DeleteCommand.Parameters[1].Value = ((object)(0));
            this.Adapter.DeleteCommand.Parameters[2].Value = ((string)
            (Original_SetMealName));
        }
        if ((Original_SetMealPrice.HasValue == true)) {
            this.Adapter.DeleteCommand.Parameters[3].Value = ((object)(0));
            this.Adapter.DeleteCommand.Parameters[4].Value = ((double)
            (Original_SetMealPrice.Value));
        }
        else {
            this.Adapter.DeleteCommand.Parameters[3].Value = ((object)(1));
            this.Adapter.DeleteCommand.Parameters[4].Value = global::System.DBNull.Value;
        }
         global::System.Data.ConnectionState previousConnectionState = this.Adapter.
DeleteCommand.Connection.State;
          if (((this.Adapter.DeleteCommand.Connection.State & global::System.Data.
ConnectionState.Open)
                    ! = global::System.Data.ConnectionState.Open)) {
            this.Adapter.DeleteCommand.Connection.Open();
        }
        try {
            int returnValue = this.Adapter.DeleteCommand.ExecuteNonQuery();
            return returnValue;
        }
        finally {
            if ((previousConnectionState = = global::System.Data.ConnectionState.
Closed)) {
                this.Adapter.DeleteCommand.Connection.Close();
            }
        }
    }
```

在此，这段代码接受 SetMealID 和 SetMealName 作为函数的参数，在命令 DeleteCommand 上设置一个参数，并且简单地使用 ExecuteNonQuery 方法来执行该命令。如果看一下 DeleteCommand 的定义，就会发现它就是 InitAdapter 私有方法。其定义如代码清单 7.5 所示。

```
代码清单 7.5 DeleteCommand this._adapter.DeleteCommand = new global::System.Data.SqlClient.SqlCommand();
    this._adapter.DeleteCommand.Connection = this.Connection;
this._adapter.DeleteCommand.CommandText = @"DELETE FROM [dbo].[SetMealTariff] WHERE (([SetMealID] = @Original_SetMealID) AND ((@IsNull_SetMealName = 1 AND [SetMealName] IS NULL) OR ([SetMealName] = @Original_SetMealName)) AND ((@IsNull_SetMealPrice = 1 AND [SetMealPrice] IS NULL) OR ([SetMealPrice] = @Original_SetMealPrice)))";
    this._adapter.DeleteCommand.CommandType = global::System.Data.CommandType.Text;
this._adapter.DeleteCommand.Parameters.Add(new global::System.Data.SqlClient.SqlParameter("@Original_SetMealID", global::System.Data.SqlDbType.TinyInt, 0, global::System.Data.ParameterDirection.Input, 0, 0, "SetMealID", global::System.Data.DataRowVersion.Original, false, null, "", "", ""));
this._adapter.DeleteCommand.Parameters.Add(new global::System.Data.SqlClient.SqlParameter("@IsNull_SetMealName", global::System.Data.SqlDbType.Int, 0, global::System.Data.ParameterDirection.Input, 0, 0, "SetMealName", global::System.Data.DataRowVersion.Original, true, null, "", "", ""));
this._adapter.DeleteCommand.Parameters.Add(new global::System.Data.SqlClient.SqlParameter("@Original_SetMealName", global::System.Data.SqlDbType.NVarChar, 0, global::System.Data.ParameterDirection.Input, 0, 0, "SetMealName", global::System.Data.DataRowVersion.Original, false, null, "", "", ""));
this._adapter.DeleteCommand.Parameters.Add(new global::System.Data.SqlClient.SqlParameter("@IsNull_SetMealPrice", global::System.Data.SqlDbType.Int, 0, global::System.Data.ParameterDirection.Input, 0, 0, "SetMealPrice", global::System.Data.DataRowVersion.Original, true, null, "", "", ""));
this._adapter.DeleteCommand.Parameters.Add(new global::System.Data.SqlClient.SqlParameter("@Original_SetMealPrice", global::System.Data.SqlDbType.Float, 0, global::System.Data.ParameterDirection.Input, 0, 0, "SetMealPrice", global::System.Data.DataRowVersion.Original, false, null, "", "", ""));
```

事实上，如果看一下 InitAdapter 的代码，就会发现在该私有方法内构建了各种表映射、适配器和命令。InitAdapter 的完整代码如代码清单 7.6 所示。

```
    代码清单 7.6 InitAdapter
private void InitAdapter() {
            this._adapter = new global::System.Data.SqlClient.SqlDataAdapter();
            global::System.Data.Common.DataTableMapping tableMapping = new global::System.Data.Common.DataTableMapping();
            tableMapping.SourceTable = "Table";
            tableMapping.DataSetTable = "SetMealTariff";
            tableMapping.ColumnMappings.Add("SetMealID", "SetMealID");
            tableMapping.ColumnMappings.Add("SetMealName", "SetMealName");
            tableMapping.ColumnMappings.Add("SetMealPrice", "SetMealPrice");
            this._adapter.TableMappings.Add(tableMapping);
            this._adapter.DeleteCommand = new global::System.Data.SqlClient.SqlCommand();
            this._adapter.DeleteCommand.Connection = this.Connection;
            this._adapter.DeleteCommand.CommandText = @"DELETE FROM [dbo].[SetMealTariff] WHERE (([SetMealID] = @Original_SetMealID) AND ((@IsNull_SetMealName = 1 AND [SetMealName] IS NULL) OR ([SetMealName] = @Original_SetMealName)) AND ((@IsNull_SetMealPrice = 1 AND [SetMealPrice] IS NULL) OR ([SetMealPrice] = @Original_SetMealPrice)))";
```

```
            this._adapter.DeleteCommand.CommandType = global::System.Data.CommandType.Text;
            this._adapter.DeleteCommand.Parameters.Add(new global::System.Data.SqlClient.SqlParameter("@Original_SetMealID", global::System.Data.SqlDbType.TinyInt, 0, global::System.Data.ParameterDirection.Input, 0, 0, "SetMealID", global::System.Data.DataRowVersion.Original, false, null, "", "", ""));
            this._adapter.DeleteCommand.Parameters.Add(new global::System.Data.SqlClient.SqlParameter("@IsNull_SetMealName", global::System.Data.SqlDbType.Int, 0, global::System.Data.ParameterDirection.Input, 0, 0, "SetMealName", global::System.Data.DataRowVersion.Original, true, null, "", "", ""));
            this._adapter.DeleteCommand.Parameters.Add(new global::System.Data.SqlClient.SqlParameter("@Original_SetMealName", global::System.Data.SqlDbType.NVarChar, 0, global::System.Data.ParameterDirection.Input, 0, 0, "SetMealName", global::System.Data.DataRowVersion.Original, false, null, "", "", ""));
            this._adapter.DeleteCommand.Parameters.Add(new global::System.Data.SqlClient.SqlParameter("@IsNull_SetMealPrice", global::System.Data.SqlDbType.Int, 0, global::System.Data.ParameterDirection.Input, 0, 0, "SetMealPrice", global::System.Data.DataRowVersion.Original, true, null, "", "", ""));
            this._adapter.DeleteCommand.Parameters.Add(new global::System.Data.SqlClient.SqlParameter("@Original_SetMealPrice", global::System.Data.SqlDbType.Float, 0, global::System.Data.ParameterDirection.Input, 0, 0, "SetMealPrice", global::System.Data.DataRowVersion.Original, false, null, "", "", ""));

            this._adapter.InsertCommand = new global::System.Data.SqlClient.SqlCommand();
            this._adapter.InsertCommand.Connection = this.Connection;
            this._adapter.InsertCommand.CommandText = "INSERT INTO [dbo].[SetMealTariff] ([SetMealID], [SetMealName], [SetMealPrice]) VA" +
                "LUES (@SetMealID, @SetMealName, @SetMealPrice);\r\nSELECT SetMealID, SetMealName, " +
                "SetMealPrice FROM SetMealTariff WHERE (SetMealID = @SetMealID)";
            this._adapter.InsertCommand.CommandType = global::System.Data.CommandType.Text;
            this._adapter.InsertCommand.Parameters.Add(new global::System.Data.SqlClient.SqlParameter("@SetMealID", global::System.Data.SqlDbType.TinyInt, 0, global::System.Data.ParameterDirection.Input, 0, 0, "SetMealID", global::System.Data.DataRowVersion.Current, false, null, "", "", ""));
            this._adapter.InsertCommand.Parameters.Add(new global::System.Data.SqlClient.SqlParameter("@SetMealName", global::System.Data.SqlDbType.NVarChar, 0, global::System.Data.ParameterDirection.Input, 0, 0, "SetMealName", global::System.Data.DataRowVersion.Current, false, null, "", "", ""));
            this._adapter.InsertCommand.Parameters.Add(new global::System.Data.SqlClient.SqlParameter("@SetMealPrice", global::System.Data.SqlDbType.Float, 0, global::System.Data.ParameterDirection.Input, 0, 0, "SetMealPrice", global::System.Data.DataRowVersion.Current, false, null, "", "", ""));

            this._adapter.UpdateCommand = new global::System.Data.SqlClient.SqlCommand();
            this._adapter.UpdateCommand.Connection = this.Connection;
            this._adapter.UpdateCommand.CommandText = @"UPDATE [dbo].[SetMealTariff] SET [SetMealID] = @SetMealID, [SetMealName] = @SetMealName, [SetMealPrice] = @SetMealPrice WHERE (([SetMealID] = @Original_SetMealID) AND ((@IsNull_SetMealName = 1 AND [SetMealName] IS NULL) OR ([SetMealName] = @Original_SetMealName)) AND ((@IsNull_SetMealPrice = 1 AND [SetMealPrice] IS NULL) OR ([SetMealPrice] = @Original_SetMealPrice)));
```

```
                    SELECT SetMealID, SetMealName, SetMealPrice FROM SetMealTariff WHERE
(SetMealID = @SetMealID)";
                this._adapter.UpdateCommand.CommandType = global::System.Data.CommandType.
Text;
                this._adapter.UpdateCommand.Parameters.Add(new global::System.Data.SqlClient.
SqlParameter("@SetMealID", global::System.Data.SqlDbType.TinyInt, 0, global::System.Data.
ParameterDirection.Input, 0, 0, "SetMealID", global::System.Data.DataRowVersion.Current,
false, null, "", "", ""));
                this._adapter.UpdateCommand.Parameters.Add(new global::System.Data.SqlClient.
SqlParameter("@SetMealName", global::System.Data.SqlDbType.NVarChar, 0, global::System.
Data.ParameterDirection.Input, 0, 0, "SetMealName", global::System.Data.DataRowVersion.
Current, false, null, "", "", ""));
                this._adapter.UpdateCommand.Parameters.Add(new global::System.Data.SqlClient.
SqlParameter("@SetMealPrice", global::System.Data.SqlDbType.Float, 0, global::System.
Data.ParameterDirection.Input, 0, 0, "SetMealPrice", global::System.Data.DataRowVersion.
Current, false, null, "", "", ""));
                this._adapter.UpdateCommand.Parameters.Add(new global::System.Data.SqlClient.
SqlParameter("@Original_SetMealID", global::System.Data.SqlDbType.TinyInt, 0, global::
System.Data.ParameterDirection.Input, 0, 0, "SetMealID", global::System.Data.
DataRowVersion.Original, false, null, "", "", ""));
                this._adapter.UpdateCommand.Parameters.Add(new global::System.Data.SqlClient.
SqlParameter("@IsNull_SetMealName", global::System.Data.SqlDbType.Int, 0, global::System.
Data.ParameterDirection.Input, 0, 0, "SetMealName", global::System.Data.DataRowVersion.
Original, true, null, "", "", ""));
                this._adapter.UpdateCommand.Parameters.Add(new global::System.Data.SqlClient.
SqlParameter("@Original_SetMealName", global::System.Data.SqlDbType.NVarChar, 0, global::
System.Data.ParameterDirection.Input, 0, 0, "SetMealName", global::System.Data.
DataRowVersion.Original, false, null, "", "", ""));
                this._adapter.UpdateCommand.Parameters.Add(new global::System.Data.SqlClient.
SqlParameter("@IsNull_SetMealPrice", global::System.Data.SqlDbType.Int, 0, global::
System.Data.ParameterDirection.Input, 0, 0, "SetMealPrice", global::System.Data.
DataRowVersion.Original, true, null, "", "", ""));
                this._adapter.UpdateCommand.Parameters.Add(new global::System.Data.SqlClient.
SqlParameter("@Original_SetMealPrice", global::System.Data.SqlDbType.Float, 0, global::
System.Data.ParameterDirection.Input, 0, 0, "SetMealPrice", global::System.Data.
DataRowVersion.Original, false, null, "", "", ""));
        }
```

现在，在看其他代码前，如果先看一下代码清单 7.6 中代码，就会发现最终用于删除记录的 SQL 查询是由 SetMealID、SetMealName 和 SetMealPrice 共同标识的，如下所示：

```
DELETE FROM [dbo].[SetMealTariff]
WHERE
(([SetMealID] = @Original_SetMealID)
AND ((@IsNull_SetMealName = 1 AND [SetMealName] IS NULL) OR ([SetMealName] = @Original_
SetMealName))
AND ((@IsNull_SetMealPrice = 1 AND [SetMealPrice] IS NULL) OR ([SetMealPrice] = @Original
_SetMealPrice)))
```

如果看一下这段代码，就会看到 UpdateCommand 和 InsertCommand 重复了同样的模式。

最后，看一下 Update(FastFoodDataSet dataset)的定义，可以猜测到，该重载方法负责获取 DataSet 可能发生的任何改变，并且把它们保存回数据库。该代码清单如 7.7 所示。

```
代码清单 7.7 SetMealTableAdapter.Update(FastFoodDataSet dataset)
public virtual int Update(FastFoodDataSet dataSet) {
        return this.Adapter.Update(dataSet, "SetMealTariff");
    }
```

因此用于更新整个 DataSet、遍历每个数据表、每行并且确定需要针对每行记录做什么(添加/插入/删除/保持不变)的代码是在代码清单 7.7 中实现的。这段代码为什么如此简单呢？仅仅调用了一个 SqlDataAdapter.Update？从本章后面可以看出，Update 方法做了所有这一切。它通过逐个地查看每个行记录的 RowState，然后调用必要的 SqlCommand 来实现这些操作，这样的 SqlCommand 作为 SqlDataAdapter 的 InsertCommand、UpdateCommand 和 DeleteCommand 属性来指定。

前面的操作并没有指定 InsertCommand、UpdateCommand、或 DeleteCommand。上述所做的只是指定了一个 SelectCommand，为什么会出现这种效果呢？因为基于在图 7.9 中选中的第一个复选框，这些命令是"自动"生成的。这些命令是由 SqlCommandbuilder 对象生成的。

下面介绍如何利用 SqlCommandBuilder 对象以非拖放方式来生成命令。

7.2 使用命令构建器对象

在前面的例子中，已经看到了在单张表上的拖放操作如何创建各种命令，以及带有少量代码的完整功能的应用程序。也看到了 SelectCommand 的确是所指定的唯一命令，所有其他命令都是幕后自动生成的。这些命令都是由 SqlCommandBuilder 对象生成的。

通过进一步考察，所生成的命令可能并不是性能最高的命令，其实例可以在如下 UpdateCommand.CommandText 中看到：

```
UPDATE
     [dbo].[SetMealTariff]
SET  [SetMealID] = @SetMealID,
     [SetMealName] = @SetMealName,
     [SetMealPrice] = @SetMealPrice
WHERE (([SetMealID] = @Original_SetMealID) AND
     ((@IsNull_SetMealName = 1 AND [SetMealName] IS NULL) OR ([SetMealName] = @Original_
SetMealName)) AND ((@IsNull_SetMealPrice = 1 AND [SetMealPrice] IS NULL) OR ([SetMealPrice]
= @Original_SetMealPrice)));
SELECT SetMealID, SetMealName, SetMealPrice FROM SetMealTariff WHERE (SetMealID = @
SetMealID)
```

这段自动生成的 SQL 查询相当简单！它不仅试图去更新主键，而且它也在 WHERE 子名中比较了每个列。可以看出，对于这个 UPDATE，为了明确地考虑并发冲突，自动生成代码利用了一种特别安全的方法：在更新过程中针对原始值比较每个列。显然，可以在

TableAdapter 的属性中指定自己的命令文本。事实上，对于涉及多张表的复杂查询，必须指定这些命令。

SqlCommandBuilder 对象使用指定的 SelectCommand 直接从数据库中获取元数据。如果 SelectCommand 发生了改变，就应该调用 SqlCommandBuilder 对象的 RefreshSchema 方法来刷新其他命令。命令构建器生效的条件是，指定的 SelectCommand 必须是仅仅针对一张表，而且获取结果至少包含主键或唯一列。如果条件不满足，就会出现 InvalidOperationException。显然，天下没有免费午餐，同样在 ADO.NET 也是如此，因此生成这些查询会需要一些额外的工作，通常是对数据库架构的附加查询。

在默认情况下，CommandBuilder 并不会生成效率很高的查询，但是它会采用一种相当安全的方法——在 Update、Insert 或 Delete 操作中比较所有的列——这可能是最安全的而且是兼容大多数数据库的方法，因为它并没有使用任何特定数据库的功能(比如微软 Sql Server 的时间戳)。然而，同时它也可能是效率最低的方法，因为 WHERE 子句太复杂了。

事实上可以通过 ConflictOption 属性指定 CommandBuilder 对象，而不使用这种安全又低效的方法。这是.NET 2.0 中的一种新功能。接下来用一个例子来看一看。这个例通过如下步骤来创建：

(1) 先创建一个控制台应用 Exercise 7.2。

(2) 这个练习的目的是试验一下 CommandBuilder 对象。实例化 CommandBuilder 对象的方法用两种：第一种方法是使用默认构造函数，然后把 DataAdaper 赋值给它的属性。第二种方法是把 DataAdapter 指定为构造函数的参数。下面使用第二种方法，如下所示。

```
SqlDataAdapter myDataAdapter =
new SqlDataAdapter ( " SELECT SetMealID, SetMealName, SetMealPrice FROM SetMealTariff",
connectString);
SqlCommandBuilder cmdBldr = new SqlCommandBuilder(myDataAdapter);
```

(3) 接下来检查一下命令构造器所生成的各种命令，首先看一下更新命令，如下所示。

```
Console.WriteLine("Update Command = ");
            Console.WriteLine(cmdBldr.GetUpdateCommand().CommandText);
```

编译并运行该程序。注意 GetUpdateCommand 方法所生成的命令文本。其内容应该类似于如下代码。

```
UPDATE
    [SetMealTariff]
SET
    [SetMealID] = @p1,
    [SetMealName] = @p2,
    [SetMealPrice] = @p3
WHERE    (([SetMealID] = @p4)
        AND ((@p5 = 1 AND [SetMealName] IS NULL) OR ([SetMealName] = @p6))
        AND ((@p7 = 1 AND [SetMealPrice] IS NULL) OR ([SetMealPrice] = @p8)))
```

(4) 可以看出，数据适配器会把参数 p4、p6 和 p8 替换为原始的值，因此所生成的命令会在更新时检查所有的列，以确定没有并发冲突。现在，继续修改代码，添加额外的代码行为命令构造器的 ConflictOption 属性赋值，把 ConflictionOption 的值从默认值 CompareAllSearchableValues 修改为 CompareRowVersion。完整代码如下。

```
SqlDataAdapter myDataAdapter =
new SqlDataAdapter ( " SELECT SetMealID, SetMealName, SetMealPrice FROM SetMealTariff",
connectString);
SqlCommandBuilder cmdBldr = new SqlCommandBuilder(myDataAdapter);
cmdBldr.ConflictOption = ConflictOption.CompareRowVersion;

Console.WriteLine("Update Command = ");
Console.WriteLine(cmdBldr.GetUpdateCommand().CommandText);
```

(5) 编译并运行该应用程序，并且再次检查更新命令的文本值，就会看到如下结果。

```
UPDATE
    [SetMealTariff]
SET
    [SetMealID] = @p1,
    [SetMealName] = @p2,
    [SetMealPrice] = @p3
WHERE (([SetMealID] = @p4))
```

注意：这里之所以根据 SetMealId 来定位行，是因为该列已设置为主键。否则将会出现异常。

另外一种方法是为表增加带有 TimeStamp 数据类型的数据表，Sql Server 中 TimeStamp 数据类型列是一个特殊的列，它会在每次记录值有改动时改变其值。因此，这是最有效的检查并发冲突的好方法。

(6) 这样就可以看到如何利用 CommandBuilder 对象来生成查询，以及通过 ConflictOption 属性可得到一些完全拖放操作下所不具备的额外的灵活性。这就使得数据层能像所预期的那样高效而且整洁。总之，最费劲且令人沮丧而又不干净还需要自己编写 SQL 的方法可能就是在高要求的企业级应用程序中的最佳选择。

7.3 DataRow 中的状态管理以及在更新数据时状态管理的使用

前面已经知道 DataSet 可以存储从底层数据源或以非连接方式获取数据，但是这远远不够。应用程序在与底层数据源保持不连接时可能需要对数据做很多次的修改，最终要用数据适配器通过 Update 方法重新连接到数据源，并且把相应的记录的更新、插入或删除保存到数据库。

在这个连接、获取、断开连接、修改、重新连接并且保存修改的场景中，需要考虑很多事情：

- 需要确定插入、删除或更新哪些记录；
- 其他用户可能会同时保存他们的修改，而且在非连接缓存中所保存的查询到的数据对于其他人而言可能是无效的；

- 为新插入的记录所生成的键值可能并不正确；
- 在执行正确的更新后，你可能需要把当前数据刷新回应用程序；

事实上，DataSet、DataTable 以及组成 ADO.NET 非连接部分的其他对象的确支持一系列可以让你正确地解决所有这些问题的功能。

ADO.NET 用行状态和行版本管理表中的行。行状态指示行的状态；行版本在修改行中存储的值时维护各个阶段的值，包括当前值、原始值和默认值。例如，在修改了行中的某列后，该行的状态将为 Modified，并且有两个行版本：Current（包含行的当前值）和 Original（包含列修改前行的值）。

每个 DataRow 对象都具有 RowState 属性，可以检查此属性来确定行的当前状态。表 7-2 给出了对每个 RowState 枚举值的简要说明。

从表 7-2 可以看出，ADO.NET 通过检查每行的 RowState 属性就能识别该行发生过什么操作。也可以看出数据适配器的 Update 命令如何基于 DataRow 的 RowState 属性来区分需要对某行做什么样的操作。

表 7-2 DataRowState 枚举

RowState	值	描述
Unchanged	2	自上次调用 AcceptChanges 之后，或自 DataAdapter.Fill 创建了行之后，未做出过任何更改
Added	4	已将行添加到表中，但尚未调用 AcceptChanges
Modified	16	已更改了行的某个元素
Deleted	8	已将该行从表中删除，并且尚未调用 AcceptChanges
Detached	1	该行不属于任何 DataRowCollection。新建行的 RowState 设置为 Detached。通过调用 Add 方法将新的 DataRow 添加到 DataRowCollection 之后，RowState 属性的值设置为 Added。对于已经使用 Remove 方法（或是在使用 Delete 方法之后使用了 AcceptChanges 方法）从 DataRowCollection 中移除的行，也设置为 Detached

在 DataSet、DataTable 或 DataRow 上调用 AcceptChanges 时，会移除行状态为 Deleted 的所有行。剩余的行会被赋予 Unchanged 行状态，并且 Original 行版本中的值会改写为 Current 行版本值。调用 RejectChanges 时，会移除行状态为 Added 的所有行。剩余的行会被赋予 Unchanged 行状态，并且 Current 行版本中的值会改写为 Original 行版本值。关于行版本会在 7.5.3 节中讨论。

让我们用一个演示所有这 5 种行记录状态的练习来考察一下。在这个练习中，数据库已经包含了如图 7-10 所示的一些数据，这些数据是在控制台应用程序中获取到 DataTable 中的。

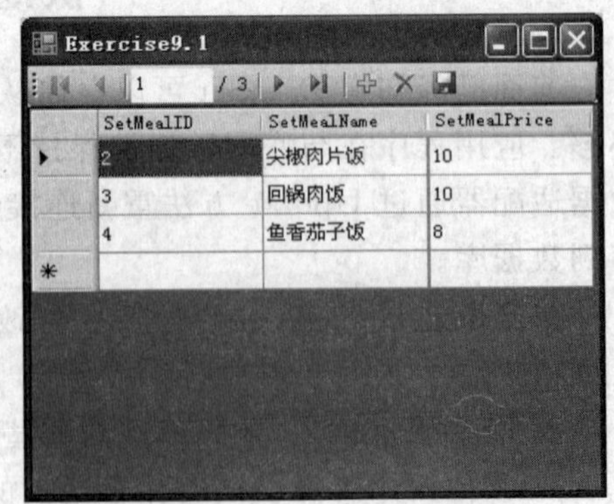

图 7-10 数据库中的现在记录

在上述程序界面中执行如下修改：

- 把表示“尖椒肉片饭”的第一行修改为“鱼香肉丝饭”。
- 删除表示“回锅肉饭”的第二行。
- 表示“鱼香茄子饭”的第三行不做任何改动。
- 添加表示“肉沫茄子饭”的第四行。

• 使用 NewRow 方法创建第五行，但是并不把它添加到 DataTable。

接下来编写一个能对 DataTable 中各 DataRow 执行这些操作的应用程序。

(1) 首先创建一个新的控制台应用程序，将其命名为 Exercise7.3。

(2) 添加一个辅助函数来显示 SetMealTariff 的行记录状态，如代码清单 7.8 所示。

代码清单 7.8 显示行记录状态

```
private static void DisplayRowStates(string Message, DataTable table)
        {
            Console.Clear();
            Console.WriteLine("\n");
            Console.WriteLine(Message);
            Console.WriteLine("-----------------------------------------");

            foreach (DataRow dr in table.Rows)
            {
                Console.WriteLine(dr.RowState.ToString ());
            }
            Console.WriteLine("\nPress Enter to Continue...");
            Console.Read();
        }
```

编写填充 DataTable 并且显示行记录状态的代码，如代码清单 7.9 所示。

代码清单 7.9 填充 DataTable 并显示行记录状态

```
static void Main(string[] args)
        {
            string connectString;
            connectString = "Data Source = OEM - A9C4ECA0C60\\SQLEXPRESS; " + "Initial Catalog
= FastFood;User ID = sa;password = ffffff";
            SqlConnection testConnection = new SqlConnection(connectString);
            SqlCommand testCommand = testConnection.CreateCommand();
            testCommand.CommandText = "SELECT SetMealID, SetMealName, SetMealPrice FROM dbo.
SetMealTariff";

            SqlDataAdapter sqlDa = new SqlDataAdapter(testCommand);
            DataTable SetMealTariffTable = new DataTable("SetMealTariff");
            sqlDa.Fill(SetMealTariffTable);

            DisplayRowStates("Row States for a freshly filled DataTable:",SetMealTariffTable);
        }
```

编译并运行该应用程序，将会看到如图 7-11 所示的输出。

从图 7-11 看出没有对行记录做任何修改，所有的行记录都正确地呈现为未修改(Unchanged)状态。

(3) 接着，执行如下修改：

• 把表示“尖椒肉片饭”的第一行修改为“鱼香肉丝饭”。

• 删除表示“回锅肉饭”的第二行。

• 表示“鱼香茄子饭”的第三行不做任何改动。

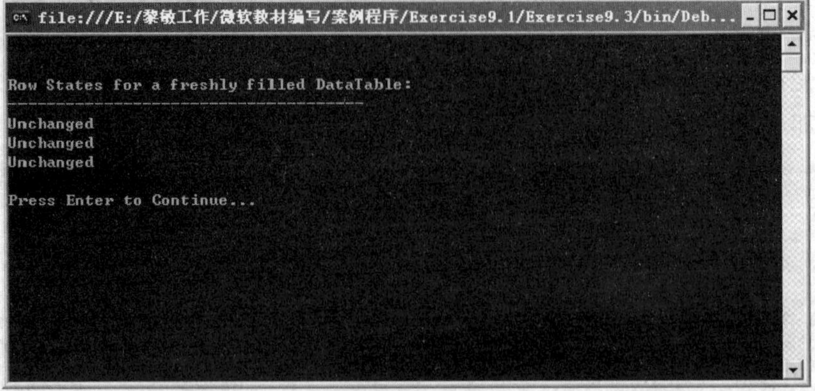

图 7-11　新填充的 DataTable 的记录状态

• 添加表示“肉沫茄子饭”的第四行。

这些修改可以在代码清单 7.10 中看到，在上一步代码的基础上把这些代码添加在调用 DisplayRowStates 方法的前面。

代码清单 7.10 对 DataTable 做修改

```
DataRow rowInQuestion;
          //Make Changes - Modify the "尖椒肉片饭"
          rowInQuestion = SetMealTariffTable.Rows[0];
          rowInQuestion["SetMealName"] = "鱼香肉丝饭";
          rowInQuestion["SetMealPrice"] = 10;
          //Make Changes - Delete the "回锅肉饭"
          rowInQuestion = SetMealTariffTable.Rows[1];
          rowInQuestion.Delete();
          //Make Changes - Insert a "肉沫茄子饭"
          rowInQuestion = SetMealTariffTable.NewRow();
          rowInQuestion["SetMealId"] = 5;//主键通常应当自动生成,这里只是演示方便
          rowInQuestion["SetMealName"] = "肉沫茄子饭";
          rowInQuestion["SetMealPrice"] = 9;
           SetMealTariffTable.Rows.Add(rowInQuestion);
```

编译并运行该应用程序，就会看到如图 7-12 所示的输出。

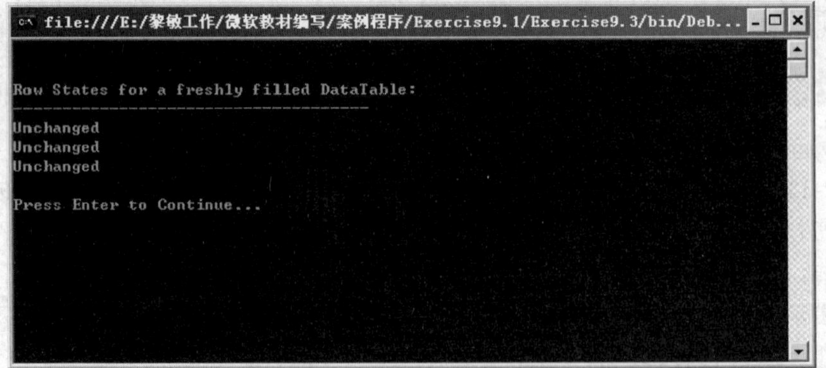

图 7-12　修改后的 DataTable 的记录状态

可以看出，行记录显示了正确的行记录状态，这些状态清晰地标识了哪个行是修改(Modified)、删除(Deleted)和添加(Added)的，以及哪个行是不变(Unchanged)的。

现在类似于"肉沫茄子饭"行，创建一个新行，但是不添加到 SetMealTariffTable 中，然后检查这个新行的行记录状态：

```
rowInQuestion = SetMealTariffTable.NewRow();
          rowInQuestion["SetMealId"] = 6;
          rowInQuestion["SetMealName"] = "红烧肥肠饭";

          Console.WriteLine(rowInQuestion.RowState.ToString());
```

编译并运行该应用程序，就会看到输出 Detached。因此，当 DataRow 没有关联到 DataTable 时，其行记录状态为 Detached。实际上，如果遍历 SetMealTariffTable 的各个行，就会注意到该新行并不是 SetMealTariffTable 的一部分。

(4) 接着把这些修改更新回数据库。当代码调用 SqlDa. Update 并且把 SetMealTariffTable 作为参数传递时，数据适配器就会遍历每个行，并且针对 DataRowState. Added 调用 InsertCommand，针对 DataRowState. Modified 调用 UpdateCommand，针对 DataRowState. Deleted 调用 DeleteCommand。分离的(Detached)行并不是 DataTable 的一部分，因此它们会被忽略，而未改动的行不需要任何操作，因此它们也会被忽略。

对于剩下的行，根据改动的准确特性，DataRow 的 RowState 被赋予了合适的值。根据 RowState，执行数据适配器上合适的命令。保存必需的命令属性是 DeleteCommand、InsertCommand 和 UpdateCommand。

但是首先需要指定 DeleteCommand、InseretCommand 和平 UpdateCommand 属性。现在可以指定任何有效的 SQL 命令，包括存储过程。但是为了简单起见，继续使用 7.2 节所讨论的 SqlCommandBuilder 对象，如代码清单 7.11 所示。

代码清单 7.11　设定各种命令

```
     //把修改保存到数据库
          SqlCommandBuilder cmbldr = new SqlCommandBuilder(sqlDa);
          //设置 Update Command
          sqlDa.UpdateCommand = cmbldr.GetUpdateCommand();
          Console.WriteLine("Update Command :" + sqlDa.UpdateCommand.CommandText);
          //设置 Insert Command
          sqlDa.InsertCommand = cmbldr.GetInsertCommand();
          Console.WriteLine("Insert Command :" + sqlDa.InsertCommand.CommandText);
          //设置 Delete Command
          sqlDa.DeleteCommand = cmbldr.GetDeleteCommand();
          Console.WriteLine("Delete Command:" + sqlDa.DeleteCommand.CommandText);

          sqlDa.Update(SetMealTariffTable);
```

在编译并运行该应用程序之前，在本地 Sql Server 上建立一个跟踪(针对所访问的那个数据库)。该跟踪的目的在于捕获发送到数据库的所有查询。

(5) 在跟踪运行起来以后，编译并运行该应用程序。该应用程序就会报告其将 UpdateCommand 设置为：

```
UPDATE
    [dbo].[SetMealTariff]
SET
    [SetMealID] = @p1,
    [SetMealName] = @p2,
    [SetMealPrice] = @p3
WHERE (([SetMealID] = @p4) AND
    ((@p5 = 1 AND [SetMealName] IS NULL) OR ([SetMealName] = @p6)) AND
    ((@p7 = 1 AND [SetMealPrice] IS NULL) OR ([SetMealPrice] = @p8)))
    Insert Command 是:
    INSERT INTO [dbo].[SetMealTariff] ([SetMealID], [SetMealName], [SetMealPrice]) VALUES
(@p1, @p2, @p3)
    DeleteCommand 是:
    DELETE FROM [dbo].[SetMealTariff]
    WHERE (([SetMealID] = @p1) AND
        ((@p2 = 1 AND [SetMealName] IS NULL) OR ([SetMealName] = @p3)) AND
        ((@p4 = 1 AND [SetMealPrice] IS NULL) OR ([SetMealPrice] = @p5)))
```

(6) 接着使用如下代码片段检查更新后的 DataTable 的最终行记录状态。

```
DisplayRowStates("Final Row States:",SetMealTariffTable);
```

其输出结果如图 7-13 所示。

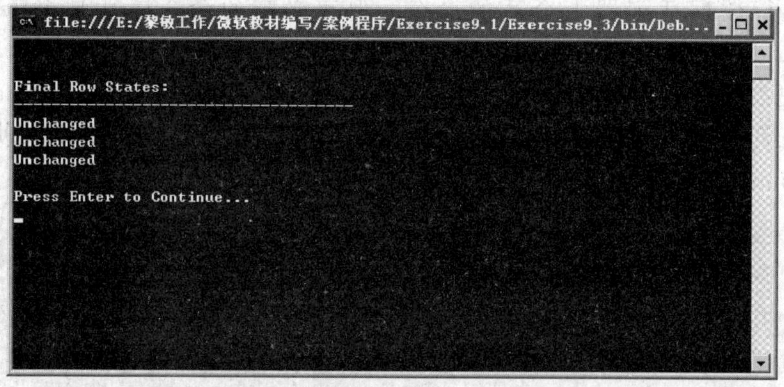

图 7-13　最终修改后的 DataTable 的记录状态

(7) 这段代码有一大缺点。对于这三个更新,程序最终与数据库进行了三次数据传输。有很多方法来避免这个问题。其中一种方法是在 Update 语句之前,添加 UpdateBatchSize,如下所示。

```
sqlDa.UpdateBatchSize = 3;
```

7.4　移动大量的数据

Microsoft SQL Server 提供一个称为 BCP(Bulk Copy Program,批量复制程序)的命令提示符实用工具,用于将数据从一张表移动到另一张表(表既可以在同一个服务器上,也可以在不同服务器上)。SqlBulkCopy 类允许编写提供类似功能的托管代码解决方案。还有其他将数据加载到 SQL Server 表的方法(例如 INSERT 语句),但相比之下 SqlBulkCopy 提供明显的性能优势。

使用 SqlBulkCopy 类只能向 SQL Server 表写入数据。但是,数据源不限于 SQL Server;可以使用任何数据源,只要数据可加载到 DataTable 实例或可使用 IDataReader 实例读取数据。

下面的 Winform 程序演示如何使用 SqlBulkCopy 类加载数据。在此示例中,使用 SqlDataReader 将数据从 FastFood 数据库中的 BookingOrder(快餐订单表)表复制到同一数据库中的 BookingOrderHistory(快餐订单历史表)表。

在 Sql Server 2008 Management Studio Express 中创建 BookingOrderHistory 表的脚本如下:

```
SELECT   *   into   BookingOrderHistory
             From   BookingOrder where (1 = 0)
```

Winform 程序清单如下:

```
using System;
using System.Data;
using System.Windows.Forms;
using System.Data.SqlClient;
namespace SqlBulkCopyDemo
{
    public partial class Form1 : Form
    {
        public Form1()
        {
            InitializeComponent();
        }
        private void button1_Click(object sender, EventArgs e)
       {
            SqlConnection sourceConnection = new SqlConnection("Data Source = localhost\\
SQLEXPRESS;Initial" + "Catalog = FastFood;User ID = sa;password = ffffff");
            {
                SqlCommand cmdBookingOrder = sourceConnection.CreateCommand();
                cmdBookingOrder.CommandText = "select * from BookingOrder";
                sourceConnection.Open();
                SqlDataReader dr = cmdBookingOrder.ExecuteReader();

                SqlConnection sourceConnection = new SqlConnection("Data Source = localhost
\\SQLEXPRESS;Initial" + "Catalog = FastFood;User ID = sa;password = ffffff");
                destConnection.Open();
                SqlBulkCopy bc = new SqlBulkCopy(destConnection);
                bc.DestinationTableName = "BookingOrderHistory";
                bc.WriteToServer(dr);
                bc.Close();
                dr.Close();
```

```
            }
        }
    }
}
```

程序执行后，打开 Sql Server 2008 中的 FastFood 数据库，查看 BookingOrderHistory 表，将会发现 BookingOrder 表的记录都已复制到 BookingOrderHistory 表中。

7.5 编辑非连接数据

ADO.NET 中组成 ADO.NET 非连接部分的各种对象提供了编辑或修改自身的功能，同时在某种程度上能记住对它们自身的各种编辑。与数据库一样，主要有三种修改操作可以在非连接数据上执行：

- 添加新行；
- 修改现在行；
- 删除现在行。

因此，ADO.NET 提供了多种选择以及多个对象来实现这个目标。

7.5.1 添加新行

有两种方法添加新行记录到 DataTable 上，还有两种方法添加现在行记录（来自于其他 DataTable 或 Detached 行）到 DataTable 上。

首先看一下添加新行记录。第一种方法假定已经有了一个架构，或者至少已经在 DataTable 中预加载了结构。这通常是生成带有所有相关列及其各种属性集的新行的一种捷径。如下代码所示：

```
rowInQuestion = SetMealTariffTable.NewRow();
        rowInQuestion["SetMealId"] = 5;//主键通常应当自动生成,这里只是演示方便
        rowInQuestion["SetMealName"] = "肉沫茄子饭";
        rowInQuestion["SetMealPrice"] = 9;
        SetMealTariffTable.Rows.Add(rowInQuestion);
```

相反，如果正在处理一个附属在 DataTable 上的 DataViwe 对象，可以在 DataView 上使用 AddNew 方法获得同样的结果。

添加一个新 DataRow 和 DataTable 的第二种方法是使用 LoadDataRow 方法。这种方法可以允许在一个简单的方法调用中添加一个新 DataRow 并且设置其各种值，如下所示。

```
object[ ]  rowVals = {"5", "肉沫茄子饭"};
    SetMealTariffTable.LoadDataRow(rowVals,false);
```

在这两种方法之间一个有意思的差异在于：第一种方法将添加新行，并且把其 RowState 属性设置为 DataRowState.Added。此时，可以调用 AcceptChanges 把 DataTable 或 DataSet 中所有这样的行记录状态修改为 DataRowState.Unmodified。第二种方法可以允许传入另一

个参数，如果该参数设置为 true，那么不仅会添加该行，还会把其 RowStae 设置为 DataRowState. UnModified。

此外，添加现在 DataRow 到 DataTable 也有两种方法。第一种是 ImportRow 方法，该方法只接受一个 DataRow 作为参数；第二种是 Merge 方法，该方法合并两个非连接的数据集合(DataSet、DataTable、DataRow 数组等)。

7.5.2 修改现存行记录

修改现存行记录是很容易的。只需找到正确的行和正确的列，并且赋一个值给它。如下代码片段所示。

```
rowInQuestion = SetMealTariffTable.Rows[0];
            rowInQuestion["SetMealName"] = "鱼香肉丝饭";
            rowInQuestion["SetMealPrice"] = 10;
```

该编辑结束后 DataRowState 值将会是 Modified。尽管可能已经对此有所了解，但是必须提一下，在内存的非连接缓存中修改一行记录并不意味着也修改了底层数据库。数据库并不会改变，除非成功地在相关数据适配器上调用了 Update。

还有另一种修改行记录的方法。DataRow 对象有一种名为 BeginEdit 的方法，以及一种与之相匹配的名为 EndEdit 的方法。可以在这两种方法调用之间修改行记录。在此其差异在于所有的修改都被缓冲到调用 EndEdit。万一改变了主意，那么调用 CancelEdit，所有修改就会回滚，如下代码片段所示。

```
rowInQuestion = SetMealTariffTable.Rows[0];
   rowInQuestion.BeginEdit();
   rowInQuestion["SetMealName"] = "鱼香肉丝饭";
   rowInQuestion.EndEdit(); // This could have been rowInQuestion.CancelEdit() also
```

最后，还有另外一种方法可以修改行记录。可以通过简单地把对象数组加载到 DataRow 的 ItemArray 属性中来修改行记录，如下所示。

```
rowInQuestion = SetMealTariffT
able.Rows[0];
rowInQuestion.ItemArray = new object[] {null, "鱼香肉丝饭"}
```

当使用 ItemArray 属性时，通过把特定的列指定为 null 或 Nothing，这些值就不会改变。

相反，如果正在处理的是 DataView 对象，就可以识别所感兴趣的单个 DataRowView 对象，然后像在 DataRow 上那样使用 BeginEdit/EndEdit 方法。此外，也可以直接使用 DataRowView 对象的 Row 属性来访问 DataRow。由于 DataRowView 对象所处理的是相关的 DataRow 对象，因此这就很有意义。

然而，DataRowView 对象上有两个有意思的属性：IsEdit 和 IsNew 属性。这两个属性可用于识别记录是否被编辑，以及正在编辑的行记录是否是新行。

7.5.3 删除现存行记录

删除行的确很简单，只需要调用其上的 DELETE 方法即可，如下所示。

```
rowInQuestion = SetMealTariffTable.Rows[1];
        rowInQuestion.Delete();
```


该语句将会把该行的 RowState 标记为 Deleted。然而，行记录还留在 DataTable 中，直到在 DataTable 上使用 DataAdapter 执行 Update 或者 AcceptChanges。因此，这种方法在通过数据适配器把有关被删除行记录的信息发送到数据库时很有用。如果行记录实际上从 DataTable 中删除了，那么数据适配器就无法知道哪行记录上需要执行删除操作了。

删除行的另一种方法是在 DataRowCollection 对象(DataTable. Row 是 DataRowCollection 类型的)上使用 Remove 或 RemoveAt 方法。如下所示。

```
rowInQuestion.Remove(rowInQuestion);
rowInQuestion.RemoveAt(1);
```

也可以使用核心选项并且调用 DataRowCollection. Clear()方法从 DataTable 的 Rows 集合中完全删除所有记录。

然而，在 DataView 上并没有 Remove 、RemoveAt 和 Clear 方法。如果你使用的是 DataView，那么要么使用 DataView. Table 属性访问底层数据表，要么调用 DataRowView . Delete 把 DataTable 中的行标记为 Deleted(实际上并没有删除)。

再说一下，在这三个例子(添加、修改和删除)中，理解只有非连接缓存中的数据被编辑了这一点很关键。使用其中任何一条语句，底层数据库都没有改变。实际上，底层数据库直到调用了带有合适的命令对象集合的相关数据适配器的 Update 命令才会修改。

因此在做修改时，仍可以查看某一范围内的 DataRow 历史记录，通过如下代码就可以实现。

```
rowInQuestion = SetMealTariffTable.Rows[0];
rowInQuestion.BeginEdit();
rowInQuestion["SetMealName"] = "鱼香肉丝饭";
Console.Write(rowInquestion["SetMealName",DataRowVersion.Proposed]);
rowInQuestion.EndEdit();

Console.Write(rowInquestion["SetMealName",DataRowVersion.Original]);
Console.Write(rowInQuestion["SetMealName",DataRowVersion.Current]);
```

因此，可以与列名一起指定 DataRowVersion，并且通过指定想要什么样的版本来获取 DataRow 的各种版本。表 7-3 列出了可以用于 DataRowVersion 的各种值。

表 7-3 DataRowVersion 枚举

常 量	说 明
Original	该行中包含其原始值
Current	该行中包含当前值
Proposed	该行中包含建议值
Default	DataRowState 的默认版本。对于 Added、Modified 或 Deleted 的 DataRowState 值，默认版本是 Current。对于 Detached 的 DataRowState 值，该版本是 Proposed

DataRowVersion 通知存在 DataRow 的哪个版本。版本在以下情况下发生更改：

- 在调用 DataRow 对象的 BeginEdit 方法之后，如果更改该值，则 Current 和 Proposed 值变得可用。
- 在调用 DataRow 对象的 CancelEdit 方法之后，Proposed 值将被删除。
- 在调用 DataRow 对象的 EndEdit 方法之后，Proposed 值变成 Current 值。
- 在调用 DataRow 对象的 AcceptChanges 方法之后，Original 值变得与 Current 值相同。
- 在调用 DataTable 对象的 AcceptChanges 方法之后，Original 值变得与 Current 值相同。
- 在调用 DataRow 对象的 RejectChanges 之后，Proposed 值将被丢弃，版本变成 Current。

通过用列引用来传递 DataRowVersion 参数，可以查看行的不同行版本，如下例所示。

```
DataRow custRow = custTable.Rows[0];
        string custID = custRow["CustomerID", DataRowVersion.Original].ToString();
```

7.6 GetChanges 和 Merge

当在断开连接的环境中工作时，可以在 DataSet 中对数据进行更改，然后将所做的更改传送回数据库。使用 DataSet 对象的 GetChanges()方法可产生新的 DataSet 对象，该对象仅包含原始 DataSet 中已做更改的行的副本。然后，可以将新副本合并至原始 DataSet 中。

下面是 DataSetAdapter 对象的 GetChanges()方法的语法。

```
public DataSet GetChanges(
          DataRowState rowStates
);
```

rowStates 参数用来指定新对象所应包含的更改类型。可以创建仅包含某种更改类型(例如，删除的行)的子集。

7.6.1 使用 GetChanges()方法的时机

在为了满足其他对象的需要而必须更改另一个类时，可以使用 GetChanges()方法。

当进行更新操作时，执行插入和删除的顺序对于相关父/子表(例如“员工”表现和“部门”表)是至关重要的。当为新客户插入新订单时，必须在插入员工(子)记录之前插入部门(父)记录。但是，必须在删除部门(父)记录之前删除员工(子)记录。

7.6.2 在 DataSet 中获得更改的示例

下面的例子将测试名为 dsEmployees 的 DataSet，看其是否有更新的行。如果有更新的行，将其复制到名为 dsTemp 的临时 DataSet 中。在 DataGrid 中将显示更新的行。

```
if (dsEmployees.HasChanges(DataRowState.Modified))
{
```

```
        DataSet dsTemp;
        dsTemp = dsEmployees.GetChanges(DataRowState.Modified);
        dataGrid1.DataSourc = dsTemp.Table[0].DefaultView;
    }
```

7.6.3 将更改合并到 DataSet

当对 DataSet 进行更改时，通常需要创建一个新的 DataSet，它仅包含对原始 DataSet 所做的更改。DataSet 对象的 Merge()方法将此 DataSet 的内容同第二个 DataSet 合并起来，第二个 DataSet 通常仅包含对原始 DataSet 所做的更改。同其他用来处理对 DataSet 所做更改的方法类似，Merge()方法也可以实现重载。

下面是 Merge()方法的语法，其中的 DataSet 的数据和架构将被合并。

```
public  void  Merge(
    DataSet dataSet
);
```

Merge()方法合并两个拥有类似架构的 DataSet 对象。通常在客户端应用程序上使用 Merge()方法将对数据源所估摸的最新更改合并到现有 DataSet 中。这样就允许客户端应用程序拥有一个刷新过的 DataSet，它含有数据源中的最新数据。

通常在执行一系列过程之后调用 Merge()方法，这些过程包括确认更改、协调错误、用更改来更新数据源以及最后刷新现有的 DataSet。

7.7 使用映射名称更新记录

在前面的章节介绍了 TableMapping 和 ColumnMapping 如何帮助你在获取数据时跨越由不同的列/表或差异导致的转换鸿沟。同样的概念可以应用到其他数据库操作，比如插入新的记录或更新现在的记录。事实上，在映射了列名后，可以到处使用它们以实现各种数据库任务。接下来看 Access DB.MDB 数据库中添加新记录的例子，代码如下。

```
#region Using directives
using System;
using System.Collections.Generic;
using System.Text;
using System.Data.OleDb;
using System.Data.Common;
using System.Data;
#endregion
namespace Exercise_7_7
{
    class Program
    {
        static void Main(string[ ]args)
        {
            DataSet dsUsers = new DataSet("Users");
```

```
try
{
    //Define a connection object
    OleDbConnection dbConn = new OleDbConnection(
        "Provider = Microsoft.Jet.OLEDB.4.0;" +
        "Password = ;User ID = Admin;Data Source = db.mdb");
    //Create a data adapter to retrieve records from DB
    OleDbDataAdapter daUsers =
    new OleDbDataAdapter("SELECT ID,fn,ln,cty,st" + "FROM tabUsers",dbConn);
    //Define each column to map
    DataColumnMapping dcmUserID = new DataColumnMapping("ID","UserID");
    DataColumnMapping dcmFirstName = new DataColumnMapping("fn","FirstName");
    DataColumnMapping dcmLastName = new DataColumnMapping("ln","LastName");
    DataColumnMapping dcmCity = new DataColumnMapping("cty","City");
    DataColumnMapping dcmState = new DataColumnMapping("st","State");
    //Define the table containing the mapped columns
    DataTableMapping dtmUsers = new DataTableMapping("Table","User");
    dtmUsers.ColumnMappings.Add(dcmUserID);
    dtmUsers.ColumnMappings.Add(dcmFirstName);
    dtmUsers.ColumnMappings.Add(dcmLastName);
    dtmUsers.ColumnMappings.Add(dcmCity);
    dtmUsers.ColumnMappings.Add(dcmState);

    //Activate the mapping mechanism
    daUsers.TableMappings.Add(dtmUsers);

    //Fill the dataset
    daUsers.Fill(dsUsers);

    //Declare a command builder to create SQL instructi
    //to create and update records.
    OleDbCommandBuilder cb = new OleDbCommandBuilder(daUsers);

    //Insert a new record in the DataSet
    DataRow r = dsUsers.Tables["User"].NewRow();
    r["LastName"] = "Robinson";
    r["City"] = "Houston";
    r["State"] = "Texas";
    dsUsers.Tables["User"].Rows.Add(r);

    //Insert the record in the database
    daUsers.Update(dsUsers.GetChanges());

    //Align in-memory data with the data source ones
    dsUsers.AcceptChanges();

    //Print successfully message
    Console.WriteLine("A new record has been" + "added to the database.");
}
catch(Exception ex)
```

```
                {
                        //Reject DataSet changes
                        dsUsers.RejectChanges();

                        //An error occurred.Show the error message
                        Console.WriteLine(ex.Message);
                }
            }
        }
}
```

下面代码中,使用了映射机制更新列。

```
#region Using directives
using System;
using System.Collections.Generic;
using System.Text;
using System.Data.OleDb;
using System.Data.Common;
using System.Data;
#endregion
namespace Exercise_7_8
{
    class Program
    {
        static void Main(string[]args)
        {
            DataSet dsUsers = new DataSet("Users");
            try
            {
                OleDbConnection dbConn = new OleDbConnection("Provider = Microsoft.Jet.
OLEDB.4.0;" + "Password = ;User ID = Admin;Data Source = db.mdb");

                //Create a data adapter to retrieve records from db
                OleDbDataAdapter daUsers = new OleDbDataAdapter("SELECT ID,fn,ln,cty,st"
+ "FROM tabUsers",dbConn);

                //Define each column to map
                DataColumnMapping dcmUserID = new DataColumnMapping("ID","UserID");
                DataColumnMapping dcmFirstName = new DataColumnMapping("fn","FirstName");
                DataColumnMapping dcmLastName = new DataColumnMapping("ln","LastName");
                DataColumnMapping dcmCity = new DataColumnMapping("cty","City");
                DataColumnMapping dcmState = new DataColumnMapping("st","State");

                //Define the table containing the mapped columns
                new DataTableMapping("Table","User");
                dtmUsers.ColumnMappings.Add(dcmUserID);
                dtmUsers.ColumnMappings.Add(dcmFirstName);
                dtmUsers.ColumnMappings.Add(dcmLastName);
                dtmUsers.ColumnMappings.Add(dcmCity);
```

```
                    dtmUsers.ColumnMappings.Add(dcmState);

                    //Activate the mapping mechanism
                    daUsers.TableMappings.Add(dtmUsers);

                    //Fill the dataset
                    daUsers.Fill(dsUsers);
                    DataColumn[]dcaKey = {dsUsers.Tables["User"].Columns["User]
                    dsUsers.Tables["User"].PrimaryKey = dcaKey;

                    //Declare a command builder to create SQL instructions

                    //to create and update records.

                    OleDbCommandBuilder cb = new OleDbCommandBuilder(daUsers);
                    //Update an existing record in the DataSet
                    DataRow r = dsUsers.Tables["User"].Rows.Find(8);
                    if(r! = null)
                    {
                        r["FirstName"] = "Venus";
                        r["LastName"] = "Williams";
                        r["City"] = "Houston";
                        r["State"] = "Texas";

                        //Update the record in the database
                        daUsers.Update(dsUsers.GetChanges());
                        //Align in - memory data with the data source ones
                        dsUsers.AcceptChanges();
                        //Print success message
                        Console.WriteLine("The record has been updated" + "successfully.");
                    }
                    else
                    {
                        Console.WriteLine("No record found...");
                    }
                }
                catch(System.Exception ex)
                {
                    dsUsers.RejectChanges();

                    //An error occurred. Show the error message
                    Console.WriteLine(ex.Message);
                }
            }
        }
    }
```

在上面代码中,可以看到 Find 方法如何获取在更新过程中使用到的对 DataRow 对象的引用。这段代码必须在 DataSet 内定义主键以便使用 Find 方法,该方法需要一个有效的主键值作为参数来获取正确的记录。

7.8 小　　结

在本章之前，介绍了 ADO.NET 各种设施所提供的在连接或非连接模式下获取和处理数据功能。通过对本章学习，可以编写从查询到处理到更新的完整应用程序的整个流程。

更新数据由三种操作组成：添加、修改和删除。在本章中介绍了 DataAdapter 对象如何使用来自 DataSet 或 DataTable 的各种信息以及如何执行必要的查询。同时也展示了一种轻松地使用 CommandBuilder 对象构造那些查询的方法，以及这种方法的优缺点。因为在需要时需要指定自己的查询。

此外，本章还介绍了在 DataSet、DataTable 和 DataView 对象中各种可用于编辑数据的方法。了解这些方法可以轻松有效地处理非连接缓存的数据。按照同样的思路，诸如 GetChanges、Merge 和映射这样的设施可以创建最适合应用程序需求的更新逻辑。这些都是重要的知识，需要牢固掌握。

7.9 习　　题

一、选择题

1. 在 DataSet 中，若修改某一 DataRow 对象的任何一列的值，该行的 DataRowState 属性的值将变为(　　)。

A. DataRowState.Added　　B. DataRowState.Deleted
C. DataRowState.Detached　　D. DataRowState.Modified

2. myDataSet 是一数据中集对象，其中包含通过 DataAdapter 从数据库检索的构架和数据。在本地对 myDataSet 进行修改后，调用下列语句 DataSet changes＝myDataSet.GetChanges()；获得的新的数据集 changes 将包含原数据集中状态为(　　)的数据行。

A. Added　　B. Deleted　　C. Detached
D. Modified　　E. Unchanged

3. DataAdapter 对象的 Update 查询语句中，使用(　　)Where 子句可以保证本行的更新不会覆盖其他用户的更改。

A. 包含数据源所有的列　　B. 只包含主键列
C. 包含主键列和一个时戳列　　D. 包含主键列和已修改列

4. DataAdapter 对象的使用与(　　)属性关联的 Command 对象将 DataSet 修改的数据保存入数据源。

A. SelectCommand　　B. InsertCommand
C. UpdateCommand　　D. DeleteCommand

5. 开发一个客户信息应用程序，使用户可以在一个 Windows 窗体里查看和更新客户信息。应用程序使用一个 DataTable 对象和一个 DataAdapter 对象来管理数据并与一个中央数据库进行交互，应用程序必须满足以下要求：当一个用户完成一系列改动后，这些改动必须写到数据库中，储存在 DataTable 对象中的数据必须能够指出数据库更新已结束。应该使用的代码是(　　)。

A. DataTable. AcceptChanges()
   DataAdapter. Update(DataTable)

B. DataAdapter. Update(DataTable)
   DataTable. AcceptChanges()

C. DataTable. Reset()
   DataAdapter. Update(DataTable)

D. DataAdapter. Update(DataTable)
   DataTable. Reset()

二、填空题

在 DataSet 和 DataTable 对象中，可以通过设置 SqlDataAdapter 的________属性来批量传输数据库之间的数据，也可以通过________方法，筛选 DataTable 或 DataSet 中被更改的部分，还可以通过________方法将指定 DataSet、DataTable 或 DataRow 对象的数组合并为 DataSet。

第8章　事　务

在多用户场景下，甚至在单用户场景下，由于多个进程、线程和实体能对数据库进行修改，就会存在覆盖其他人的修改的风险。而在同一个进程中如果执行大量的数据库操作，前一个操作完成后若未及时刷新而执行后一个操作，所显示的结果就会是错误的。

例如，当走到ATM(自动提款机)前，插入卡，然后输入需要提取多少现金。这样的事务中有一些截然不同的步骤：首先检查是否有足够的资金，接着支付资金，然后相应地扣减账户余额。

必须确保在检查资金和支付之间没有其他操作，因为如果不这样，有人就可能攻击系统，在一次检查资金后多次取款，并致使ATM机每次取款后的余额不变，系统安全就会失去保障。

在取出现金时，账户余额相应地扣减也很重要，反之在存款时亦然。最糟糕的是，不但没有得到现金，账户余额反而还被扣减了。

因此，所有这些步骤必须一起发生，就好像它们就是一个步骤一样，也就是说，它们必须一起提交或回滚。一起提交或回滚所有这些步骤的操作通常称为事务。

本章将深入研究应用到ADO.NET和数据库的事务的基础，同时也会使用.NET 2.0中新的命名空间System.Transaction充分讨论分布式事务。本章会展示每种方法的各种优缺点，而这能帮助开发人员在系统架构上做出明智的选择。

本章讨论的内容也与特定的SQL Server 2008相关的功能——MARS(多活动结果集)，以及在ADO.NET中对它的支持。

8.1　什么是事务

事务是一组要么全部成功，要么全部失败的操作。首先分析一个传统的事务例子。假设要把1000美元从账户A转到账户B。这个操作包含两个步骤：

(1) 在账户A上扣除1000美元；

(2) 在账户B上添加1000美元。

假设成功地完成了步骤(1)，但是由于一些错误，步骤(2)失败了。如果不取消步骤(1)，那么整个操作将出错。事务有助于避免这种情况。只有所有的步骤都成功之后，同一个事务中的操作才会改变数据库。所以在本例中，如果步骤(2)失败，步骤(1)导致的改变将不会提交给数据库。

事务通常都遵守ACID属性，以确保无论多复杂的事务都能独立和可靠，8.2节将讨论ACID属性。

8.1.1 ACID 属性

事务的特点主要由 ACID 属性体现。为了通过 ACID 测试，一个事务必须是 Atomic、Consistent、Isolated 和 DurabLe 的。首字母容易记住，每个词的意思却不是很明显。下面简要介绍这 4 种属性：

- Atomic(原子件)——事务里的所有步骤要么都成功执行，要么都不执行。只有一个事务的所有步骤都成功，整个事务才算成功。
- Consistent(一致性)——事务把它基于的数据库从一个稳定状态转换到另一个稳定状态。
- Isotatd(隔离性)——每一个事务都是一个独立的实体。同时运行的时候，一个事务不会影响其他的事务。
- Durable(持久件)——在事务声明成功前，事务期间的改变，将永久存储在一些介质中，一般是存储在硬盘上。也就是说，日志被保持在一个驱动器里，在失败的时候，可以通过重建数据库来保持事务的完整性。

注意：尽管这些是事务的理想特性，但在特殊情况下可以改变它们使事务符合要求。特别地，可以改变一个事务的隔离行为，这些方法将在后面章节进行讨论。此外，构造嵌套的事务允许控制一个事务的原子性。

然而，只有在深思熟虑之后才可以改变这些行为，下面几节将对何时改变与怎么改变这种行为进行讨论。

8.1.2 数据库事务

事务经常被用在许多商业程序里。一般在开发一个软件系统时，一些 RDBMS 被用来储存数据。为了在这些软件系统里应用事务，选用的 RDBMS 必须支持事务。现代数据库，如 SQL Server 2000 和 Oracle 为事务提供了强大的支持。例如，SQL Server 2000 提供 Transaction-SQL 语句，比如 BEGIN TRANSACTION，COMMIT TRANSACTION 和 ROLLBACK TRANSACTION。

数据存取 API，如 ODBC，OLE DB 和 ADO. NET，使开发者能够在他们的程序里应用事务。一般在处理单个数据库时，RDBMS 和数据存取 API 就可以以提供事务支持。在许多大型程序里，包含了不止一个数据库，因此需要使用 Microsoft 分布事务协调器(Microsoft Distributed Transaction Coordinator，MSDTC)。Microsoft 事务服务器(Microsoft TransactionServer，MTS)和 COM+(都是流行的中间件)，也可以在内部使用 MSDTC 来为多数据库事务提供便利。需要指出的是，.NET 通过 system. EnterpriseServices 命名空间提供到 COM+功能的访问。

ADO. NET 事务与 MTS 或 COM+事务不同。ADO. NET 事务是基于连接的，每次仅同时连接一个数据库。COM+事务使用 MSDTC 为事务提供便利，能够同时连接多个数据库。

8.1.3 事务词表

有一些命令经常被用在数据库事务上下文中。它们是 BEGIN，COMMIT 和

ROLLBACK,这都是用于实现事务的基本模块。在进一步讨论事务之前,我们先来看一下这些命令有什么作用。

- BEGIN:在执行事务之前,必须首先用 BEGIN 初始化事务。
- COMMIT:当事务期间所有的改变被成功写入数据库时,我们说事务已经被提交。COMMIT 命令用于事务提交。
- ROLLBACK:当由于事务的某部分失败而取消事务的所有改变时,应该使用 ROLLBACK 进行回滚。

上面已经介绍了事务的基础知识,下面看看 ADO. NET 是如何为它们提供支持的。

8.2 ADO. NET 的事务支持

ADO. NET 为数据库事务提供了强大支持。在这种支持下的事务是单数据库事务。这样的事务是基于连接的,事务功能是由 ADO. NET 的连接对象提供的。但是,ADO . NET 中的事务支持实现与 ADO 中的有些不同。

如果读者使用过 ADO,就会记得,连接对象本身提供方法(如 BeginTrans, CommitTrans 和 RollbackTrans)。在 ADO. NET 中,连接对象只是被用来启动一个事务。事务的提交(Commit)或回该(Rollback)由一个专门的对象负责,此对象是一个事务类的实现。这样能够把单一事务对象同多个不同的命令对象关联起来,使这些命令参与到同一个事务里。

ADO. NET 提供了到数据的连接和断开访问,并且在这两种模式下都提供了对事务的支持。在连接模式里,事务的典型操作步骤如下:

- 打开一个数据库连接;
- 启动一个事务;
- 通过命令对象激活对连接的直接查询;
- 提交或回滚事务;
- 断开连接。

图 8-1 显示了在连接模式下事务是怎样处理的。

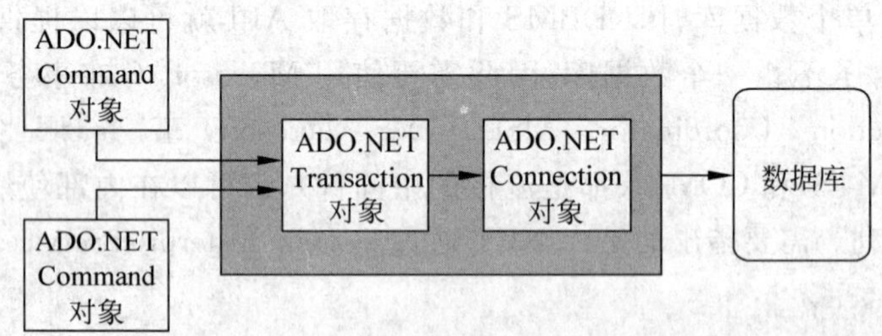

图 8-1 连接模式下的事务

在断开模式下,通常把数据(通常是一个或几个表格)存放到一个 DataSet 对象里,并按要求对其进行操作,然后更新数据库中的数据。在这种模式下,操作的步骤一般如下:

- 打开一个数据库连接;
- 为一个 DataSet 对象取得必要的数据;

- 断开数据库连接；
- 操作 DataSet 里的数据；
- 重新打开一个数据库连接；
- 启动一个事务；
- 用 DataSet 更新数据库；
- 断开这个连接。

图 8-2 展示了这些步骤。

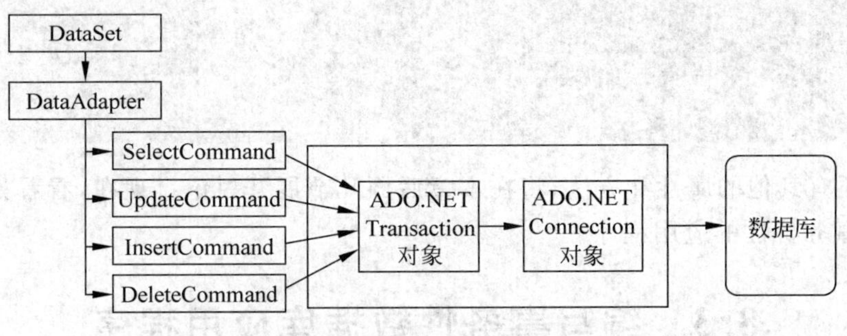

图 8-2　断开连接模式下的事务

在连接模式下执行事务相对简单，因为能够控制每件可能发生的事。但是，在断开模式下，把更新数据传回数据库时，就要考虑并发事件。

8.3 节将讨论事务类，还将讨论事务类的通用方法以及使用这些方法的典型方式。

目前，有三种. NET 数据提供者：OLEDB、SQLClient 和 ODBC。每一个都有它们自己的事务类实现；OLEDB 数据提供者有 OLEDBTransaction 类，在 System. Data. OLEDB 命名空间里；SQLClient 数据提供者有 SqlTransaction 类，其在 System. Data. SqlClient 命名空间里；ODBC 数据提供者有 ODBCTransaction 类，其在 System. Data. ODBC 命名空间里。

所有这些类都实现了 System. Data 命名空间里的 IDbTransaction 接口。这些类的多数属性和方法是相同的。但是，每个类又都有自己的一些特殊的方法，这些方法将在后面章节进行介绍。事务类有两个最常用的方法。它们是：

- Commit——这个方法把一个事务标记为成功。一旦调用该方法，所有未决的改变将被永久地写入底层数据库；
- Rollback——这个方法把一个事务标记为失败。数据库状态保持不变，悬而未决的改变将被丢弃。数据库通常将这两个方法一起使用。

下面的代码片段显示了它们典型的应用：

```
using(SqlConnection MyConnection = new SqlConnection(connectionString))
{
    MyConnection.Open();
    MyTransaction =  MyConnectlon.BeginTransaction();
    MyCommand1.Transactlon  = MyTransaction;
    MyCommand2.Transactlon  = MyTransaction;
    Try
    {
```

```
        MyCommand11.ExecuteNonQuery();
        MyCommand12.ExecuteNonQuery();
        MyTransaction.Commit();
    }
    catch
    {
         MyTransaction.Rollback();
    }
    Finally
    {
         MyConnection.Close();
    }
}
```

事务类还有其他的属性和方法，将在本章后面几节展开讨论。现在，看看如何开发使用 ADO. NET 事务特性的应用程序。

8.3 编写事务性数据库应用程序

在程序里用 ADO. NET 来执行一个基本事务相当简单。开发一个事务程序的最典型步骤如下：

- 用连接对象的 Open 方法打开一个数据库连接。
- 用连接对象的 BeginTransaction 方法启动一个事务。这个方法将提供一个事务对象，这个事务对象将被用于提交或回滚事务。注意，在调用 BeginTransaction 之前，任何执行查询引起的改变在查询执行后，将立即被提交给数据库。
- 把命令对象的 Transaction 属性设为上面提到的事务对象。
- 用命令对象执行 SQL 命令。为此，可能要用多个对象，条件是所有对象的 Transaction 属性均被设为有效的事务对象。
- 用事务对象的 Commit 或 Rollback 方法提交或回滚事务。
- 关闭数据库连接。

注意：一旦在特定的连接下启动了一个事务，所有使用该特定连接的查询都必须在此事务的范围之内。例如，可以在一个事务内部执行两个 INSERT 询问和一个 UPDATE 询问。如果在此事务外执行一个 SELECT 询问，将收到一个错误，指出仍有一个事务悬而未决。另外，一个连接对象每次只能有一个未决的事务。也就是说，一旦在一个对象上调用 BeginTransaction 方法，便不能再调用 BeginTransaction，除非提交或回滚此事务。在这种情况下，将会收到一个错误信息，指示无法支持并联事务。为了避免这种错误，可以用另外一个连接来执行此查询。

下面，把关于事务的知识应用于实际，开发一个利用 ADO. NET 事务特性的应用程序。

8.3.1 实现事务

这一节将开发一个控制台程序，举例说明怎样开发事务程序。

在快餐店网上预订配送系统的后台管理中，有一个业务是中心工作人员根据点餐订单和递送人员的状态,在递送人员中选择一个去送餐。

程序按下面的方式进行操作:

- 查询点餐订单表(BookingOrder)的未处理的订单列表,查询递送人员状态表(DeliverState)中的递送状态为 Waiting 的人员列表。
- 从查询到的订餐列表中同时选中几个送餐地点在一条线路上的订单,再选中一个递送状态为 Waiting 的递送人员。
- 单击【确定】按钮,生成订单配送处理信息(在 OrderProcess 表中插入订餐配送记录,同时把表 DeliverState 中选中的递送人员的当前状态改为 Going)。

网上订单表 BookingOrder、订单处理表 OrderProcess、递送员状态表 DeliverStatus 三张表的表结构如表 8-1~表 8-3 所示。

表 8-1　BookingOrder 表:网上订餐记录

名　称	字　段	类　型
点餐订单 ID	OrderID (pk)	int
客户 ID	CustomerID	int
点餐数量	Number	int
送餐地点	Address	nvarchar(50)
套餐 ID	SetMealID	tinyint
预订送餐时间	WantedTime	datetime
订单提交时间	TransTime	datetime

表 8-2　Orderprocess 表:订餐处理记录

名　称	字　段	类　型
点餐配送 ID	DeliveryID (pk)	int
点餐订单 ID	OrderID	int
外送员工 ID	DeliverID	int
送到时间	CompleteTime	datetime
送餐状态	DeliveryStatus	tinyint

表 8-3　DeliverState 表:递送员的状态信息

名　称	字　段	类　型
外送员工 ID	DeliverID	int
当前状态	CurrentState	nvarchar(6)
所处位置	Position	tinyint

在点餐订单表 BookingOrder 插入两条待处理订单,如图 8-3 所示。

OrderID	CustomerID	Number	Address	SetMealID
8001	101	1	南昌市高新开发区火炬大道江山大厦B座1单元102室	6
8002	160	1	南昌市高新开发区火炬大街539号	9

图 8-3　BookingOrder 表中的记录

在递送人员状态表 DeliverState 中插入两个递送人员的状态记录,如图 8-4 所示。

在这里,生成订单配送信息和改变递送人员的状态包含在同一个事务中,要么一起成

DeliverId	CurrentState
2	Waiting
6	Waiting

图 8-4　DeliverState 表中的记录

功，要么一起回滚。

下面是单击【确定】按钮生成订单配送处理记录的事务程序。为了简化程序，突出事务处理的功能，下面程序直接根据 BookingOrder 中的两条记录和 DeliverState 中的一条记录生成了两条 OrderProcess 记录。

```
private void btnDone_Click(object sender, EventArgs e)
      {
            SqlConnection sqlConnection1 = new SqlConnection(connectionString);
            SqlCommand myCommand = sqlConnection1.CreateCommand();
            SqlTransaction myTransaction = null;
            try
            {
                sqlConnection1.Open();
                myTransaction = sqlConnection1.BeginTransaction();
                myCommand.Transaction = myTransaction;
                myCommand.CommandText = "insert into OrderProcess (Orderid,DeliverId," +
                                        "DeliveryStatus ) values( 8001,2,2)";
                myCommand.ExecuteNonQuery();
                myCommand.CommandText = "insert into OrderProcess (Orderid,DeliverId," +
                                        "DeliveryStatus ) values( 8002,2,2)";
                myCommand.ExecuteNonQuery();
                myCommand.CommandText = "update DeliverState set CurrentState= 'going'" +
                                        "where DeliverId=2";
                myCommand.ExecuteNonQuery();
                myTransaction.Commit();
            }
            catch (System.Exception ex)
            {
                myTransaction.Rollback();
                throw ex;
            }
            finally
            {
                myCommand.Dispose();
            }
      }
```

该段程序成功执行后，在订单配送处理表 OrderProcess 表中插入了两条记录，如图 8-5 所示，DeliverState 表中的记录更改为如图 8-6 所示结果。

DeliveryID	OrderID	DeliverID	DeliveryStatus
1	8001	2	2
2	8002	2	2

图 8-5　程序执行后 OrderProcess 表中的记录

DeliverId	CurrentState
2	going
6	Waiting

图 8-6 程序执行后 DeliverState 表中的记录

下面的代码中,事务是通过调用连接对象上的 BeginTransaction 方法启动的。BeginTransaction 方法返回一个事务对象的实例。

```
sqlConnection1.Open();
            myTransaction = sqlConnection1.BeginTransaction();
            myCommand.Transaction = myTransaction;
```

注意:在调用 sqlConnection1.BeginTransaction()方法创建事务对象之前,必须执行 sqlConnection1.Open()打开连接对象,否则程序运行时,sqlConnection1.BeginTransaction()方法不能实例化一个事务对象。

一旦构建了事务,使用命令对象运行各种 SQL 语句就是一个很简单的问题了,如下代码:

```
myCommand.CommandText = "insert into OrderProcess (Orderid,DeliverId," + "DeliveryStatus )
values( 8001,2,2)";
myCommand.ExecuteNonQuery();
myCommand.CommandText = "insert into OrderProcess (Orderid,DeliverId," + "DeliveryStatus )
values( 8002,2,2)";
myCommand.ExecuteNonQuery();
myCommand.CommandText = "update DeliverState set CurrentState = 'going'" + "where DeliverId = 2";
myCommand.ExecuteNonQuery();
```

有时要改变同一对象的 CommandText 属性以便发出不同的查询或者创建新的命令对象。如果使用新的命令对象,必须设置它们的 Transaction 属性。通常,可以在 try…catch 代码块中放置合适的代码,以便在产生错误时能回滚事务。

一旦应用程序完成了各种操作,就必须调用此事务对象的 Commit 或 Rollback 方法:

```
catch (System.Exception ex)
         {
             myTransaction.Rollback();
             throw ex;
         }
         finally
         {
             myTransaction.Commit();
         }
```

一个事务应该尽可能快的完成。一个活动事务给许多资源上了锁,因此使得事务尽可能小是非常实际的。如果在一个事务中检索数据,就应该仅仅 SELECT 真正需要的行。

8.3.2 隔离级别

在介绍了怎样执行基本事务之后,将深入学习一些细节知识。在这一节中将讨论

Isolation Level 以及它们是怎样影响程序的，以及将解释一些在讨论隔离级别时经常用到的术语。最后介绍怎样在代码里设置隔离级别。

1. 什么是隔离级别

隔离级别通常用于衡量一个事务外面的改变对此事务内部的可见程度。例如，在默认状态下，如果两个事务各自独立运行，由一个事务插入的记录，在另一个事务里是不可见的，除非第一个事务已经提交了。

有时可能想改变事务的这种行为，使第二个事务可以见到第一个事务插入的记录。通过相应地设置隔离级别的后件可以达到这种目的。ADO.NET 程序员可以通过隔离级别枚举值来设置隔离级别(在本章后面介绍)。

2. 一些相关术语

在深入讨论之前，先解释在讨论隔离级别时经常用的一些术语。

- 脏读(Dirty readn)——是事务读取尚未提交的数据的情况。考虑这样一种情况；事务 A 向表格插入一些记录，但还没处理。事务 B 读取这些记录。现在，如果事务 A 回滚，事务 B 读取的将是无效的数据。
- 不可重复读(Non-repeatable read)——考虑这样一种情形：事务 A 从一个表格里读取记录，然后事务 B 改变或删除这些资料，并且提交这些改变。现在，如果事务 A 想重读记录，而这些记录已经不同了或者根本没有了。这种情形就叫做不可重复读取。
- (幻影读)Phantom read——假设事务 A 对于选择记录有一些标准。最初，事务 A 有 100 个匹配这些标准行。现在事务 B 插入一些匹配此标准的行。如果事务 A 再次执行选择操作，与前面的情形相比它将收到一组不同的行。用这种方式添加的行叫做幻影行。

3. ADO.NET 中可能的隔离级别

现在看一下不同的隔离级别值，它们可以用 ADO.NET 实现。如前所述，这些值可以通过 IsolationLevel 枚举访问。

- Chaos(混乱)——来自隔离程度更高的事务的悬而未决的修改不能被覆盖。SQL Server 和 Oracle 不支持这种设置。
- ReadUncommited——这种情况下，可能产生脏读，它意味着没有设置共享锁，也没有排他锁。如果想处理与特定条件匹配所有数据，而不管它有没有被提交，则这种隔离级别设置比较合适。
- ReadCommited——当事务读取数据时，设置共享锁。这避免了脏读，但是事务完成前，数据可以被改变。这可能会导致不可重复读取或幻影读。如果我们要处理所有与特定条件匹配而且已提交的数据时，隔离级别的这种设置比较合适。

共享锁是当一个事务想要从数据库读取数据，而且在数据项上没设置排他锁时放置的锁。当表格上有共享锁时，其他事务便不能修改数据。排外锁则用于防止多个事务同时修改数据。当一个事务需要更新一个或多个表格，并且每个表格上都没有其他锁时，就可以放置排外锁。

- RepeatableRead——这种情况下，共享锁被设置在所有用于查询的数据上。这可以防止其他人修改数据，也可以防止出现不可重复读取。然而，幻影行还是可能出现的。如果想要被读取的记录及将来读取时保留有相同的值，适合用这种类型。

- Serializable——这种情况下，range 锁被放置在数据集上，防止在事务完成前，其他用户更新或添加数据集里的行。如果希望在处理完毕前，确保正在处理的数据不能重复，这个类则比较合适。
- Unspecified——在这种情况下，应用一个与指定的隔离级别不同的隔离级别，但是这个级别不确定。

通过 OleDbConnection 或 SqlConnection 对象的 BeginTransaction 方法启动一个事务时，可以提供这些隔离级别值。通过访问事务对象 IsolationLevel 属性，可以读取隔离级别的当前值。

4. 改变隔离级别

现在开发一个小的应用程序，改变 SQL Server 数据体的默认隔离级别（从 Read Committed 到 Read Uncommitted）。此应用程序以下面的方式工作。

- 打开一个 Northwind 数据库连接，并启动一个事务。此事务的隔离级别是默认的 ReadCommitted。
- 打开另一个数据库连接，并启动另一个事务。但是，把隔离级别设为 ReadUncommitted。
- 从第一个事务里，向 Orders 表插入两行。
- 在不提交第一个事务的情况下，在第二个事务里获取最后两个订单 ID，并把结果输出到控制台。这将证明，就算第一个事务没有完成，第二个事务也可以读取由它输入的记录。
- 回滚第一个事务，并且再一次从第二个事务里输出最后两个订单 ID，可以看出它们与前面的输出不同。

下面是该程序的完整代码：

```
using System;
using System.Collections.Generic;
using System.Data.SqlClient;
using System.Data;

namespace ConsoleIsolate
{
    class Program
    {
            static void Main(string[] args)
            {
                    SqlConnection myconnection1, myconnection2;
                    SqlCommand mycommand1, mycommand2;
                    SqlTransaction mytransaction1, mytransaction2;
                    SqlDataReader myreader;
                    string ConnectionString;

                    ConnectionString = "Data Source = localhost; Initial Catalog = Northwind;
User ID = sa";
                    myconnection1 = new SqlConnection(ConnectionString);
                    myconnection2 = new SqlConnection(ConnectionString);
```

```
                myconnection1.Open();
                myconnection2.Open();
                mytransaction1 = myconnection1.BeginTransaction();
                mytransaction2 = myconnection2.BeginTransaction(IsolationLevel.ReadUncommitted);
                mycommand1 = myconnection1.CreateCommand();
                mycommand1.Transaction = mytransaction1;
                mycommand2 = myconnection2.CreateCommand();
                mycommand2.Transaction = mytransaction2;
                try
                {
                    mycommand1.CommandText = " insert into orders default values";
                    mycommand1.ExecuteNonQuery();
                    mycommand1.CommandText = " insert into orders default values";
                    mycommand1.ExecuteNonQuery();
                    mycommand2.CommandText = "select top 2 orderid from orders order by orderid
desc";
                    myreader = mycommand2.ExecuteReader();
                    Console.WriteLine("Last 2 Orders - Transaction is pending");
                    while (myreader.Read())
                    {
                        Console.WriteLine(myreader.GetInt32(0));
                    }
                    myreader.Close();
                    Console.ReadLine();

                    mytransaction1.Rollback();
                    mycommand2.CommandText = " select top 2 orderid from orders order by
orderid desc";
                    myreader = mycommand2.ExecuteReader();
                    Console.WriteLine("Last 2 Orders - Transaction rolled back");
                    while (myreader.Read())
                    {
                        Console.WriteLine(myreader.GetInt32(0));
                    }
                    myreader.Close();
                    Console.ReadLine();
                }
                catch (Exception e)
                {
                    Console.WriteLine(e.Message);
                    Console.ReadLine();
                }
                finally
                {
                    myconnection1.Close();
                    myconnection2.Close();
                }
            }
        }
    }
```

这里，注意怎样通过把 IsolationLevel 枚举值传给 BeginTransaction 方法来初始化第二个事务。

```
mytransaction2 = myconnection2.BeginTransaction(TsolationLevel.ReadUncommitted);
```

图 8-7 是程序的运行结果。

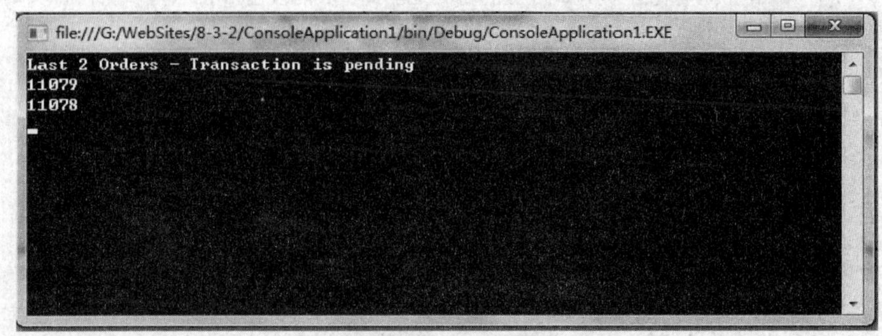

图 8-7　程序运行结果

隔离级别是用来衡量事务外的改变对事务的影响程度的。SQL Server 的默认隔离级别是 ReadCommited。

是否改变确认的隔离级别取决于希望保持的独立性和并发性之间的平衡。通常隔离级别越高，独立性也就越高，而并发性就越低。

8.4　单数据库的高级技术

到现在为止已经介绍了怎样用 ADO.NET 实现事务，也介绍了怎样改变事务的隔离级别。现在是时候讨论一些高级的主题了。这些主题包括保存点、嵌套事务和利用断开数据存取技术使用事务。

8.4.1　保存点

无论何时回滚一个事务，都将使该事务的所有语句的影响无效。有些情况下可能不想回滚每一条语句，可以通过保存点(savepoint)来完成这项任务。

保存点是同书签类似的标签：可以标记事务流程的某一点，然后回滚到达一点，这样就不必回滚整个事务了。可以用事务对象的 Save 方法来完成这项功能。要注意的是，Save 方法只对 SqlTransaction 类型有效，对 OleDbTransaction 类型无效。

现在要开发一个简单的例子，以演示怎样使用 Save 方法。

下面是这个例子的全部代码：

```
static void Main(string[] args)
        {
            SqlConnection myconnection1;
            SqlCommand mycommand1;
            SqlTransaction mytransaction1;
            SqlDataReader myreader;
```

```
            string ConnectionString;

            ConnectionString = "Data Source = localhost;Initial Catalog = zfjd;User ID = sa";
            myconnection1 = new SqlConnection(ConnectionString);

            myconnection1.Open();
            mytransaction1 = myconnection1.BeginTransaction();

            mycommand1 = myconnection1.CreateCommand();
            mycommand1.Transaction = mytransaction1;

            try
            {
                mycommand1.CommandText = " INSERT INTO BookingOrder(OrderID, CustomerID, "
 + "Number, Address, SetMealID) VALUES (8001, 101, 1, " + "南昌市高新开发区火炬大道江山大厦
B座 1 单元 102',6)";
                mycommand1.ExecuteNonQuery();
                mytransaction1.Save("firstOrder");

                mycommand1.CommandText = "INSERT INTO BookingOrder(OrderID, CustomerID, "
"Number, Address, SetMealID) VALUES (8002, 160, " + " 1,'南昌市高新开发区火炬大街 539 号',9)";
                mycommand1.ExecuteNonQuery();

                mytransaction1.Rollback("firstOrder");

                mycommand1.CommandText = "INSERT INTO BookingOrder(OrderID, CustomerI, "
 + "Number,Address, SetMealID)" + "VALUES (8003, 201, " + " 2, 南昌市高新开发区火炬大街丰源
大厦 226 室',9)";
                mycommand1.ExecuteNonQuery();
                mytransaction1.Commit();

                mycommand1.CommandText = "SELECT * FROM BookingOrder";
                myreader = mycommand1.ExecuteReader();

                while (myreader.Read())
                {
                    Console.WriteLine("OrderID = " + myreader["OrderID"] + "  CustomerID
 = " + myreader["CustomerID"] + " Number = " + myreader["Number"] + " Address = " + myreader
["address"] + " SetMealID = " + myreader["SetMealID"]);
                }
                myreader.Close();

                Console.ReadLine();
            }
            catch (Exception e)
            {
                Console.WriteLine(e.Message);
            }
            finally
            {
                myconnection1.Close();
            }
        }
```

这里已经总共执行了 3 个插入快餐订单的记录。插入第一个订单后,使用下面的语句,设置了一个保存点:

```
mytransaction.Save("firstorder");
```

然后另外插入两行,并且回滚到名为 firstorder 的保存点。注意一下,这里是怎样使用这个 Rollback 方法的,它以保存点的名字作为一个参数。然后,另外插入一条记录,接着回滚到 firstorder 保存点。最后再插入一条记录,最后提交这个事务。

图 8-8 显示了这个程序的运行示例。

```
file:///E:/黎敏工作/微软教材编写/案例程序/ConsoleApplication1/ConsoleAppl...
OrderID=8001  CustomerID=101 Number=1 Address=南昌市高新开发区火炬大道江山大厦B
座1单元102室 SetMealID=6
OrderID=8003  CustomerID=201 Number=2 Address=南昌市高新开发区火炬大街丰源大厦22
6室 SetMealID=9
```

图 8-8 保存点的例子

注意,丢失的第二条订单是由回滚引起的。

有些情况可以造成保存点的混乱。处理保存点时,新手们常会犯的一个错误是:回滚到某一保存点后,忘记调用 Commit 或 Rollback 方法。可以认为保存点与书签差不多:仍需要显式地访问 Commit 或者 Rollback。另外要注意的一点是,一旦回滚到某一保存点,所有定义在这个保存点后的保存点都将消失。如果需要,就必须重新设置。

8.4.2 嵌套事务

正如 8.4.1 节介绍的,保存点允许一个事务独立回滚所执行的动作。另一方面,嵌套把事务安排成一定的层次。在嵌套事务的情形下,一个事务可以包含一个或多个别的事务。为初始化这样的事务,要使用事务对象的 Begin 方法。这个方法只对 OleDbTransaction 类有效,而对 SqlTransaction 或 OracleClientTransaction 类无效。下面摘录的代码说明了 Begin 方法的用法:

```
Mytransaction = myconnection.BeginTransasction();
 myanothertransaction = mytransaction.Begin();
```

Begin 方法返回另一个事务对象的一个实例,可以把它当作源事务对象一样使用。然而,回滚这个事务的时候,只是回滚了当前的事务,而不是所有的事务。

保存点和嵌套提供了一种方法可以把事务分成多个“子事务”。SqlClient 数据提供都支持保存点,而 OleDb 数据提供都通过使用事务对象的 Begin 方法提供了类似的功能。

8.4.3 使用 DataSet 和 DataAdapter 的事务处理

上面的例子中,使用命令对象直接激活了对数据库的查询。另外,还可以用 DataSet 对象和 DataAdapter 对象。有时候可能想要这样做,例如,已经把一个数据集里的数据与控件绑定了,并且想要执行批量更新(Batch Update)。

首先取得需要的记录，把它们放在一个数据集里，然后对它们进行必要的操作。最后可能要把新的值传回这个数据库。既然 DataAdapter 在内部用命令对象把改变传回给数据库，当然，将用到上面讨论的技术。下面的例子说明了怎么通过 DataSet 块和 DataAdapter 对象使用事务，把一个包含 4 行记录的 DataTable 保存回数据库。

```
testConnection.Open();
SqlTransaction myTransaction   = testConnection.BeginTransaction();
myUpdateCommand.Transaction = myTransaction;
sqlDA.UpdateCommand = myUpdateCommand;
try
{
    sqlDA.Update(customersTable);
    myTransaction.Commit();
}
catch (Exception ex)
{
    myTransaction.Rollback();
}
finally
{
    testConnection.Close();
}
```

不幸的是，这段代码存在一个大问题。假设当应用程序逐个地为这 4 行记录执行命令时，第一行和第二行执行得很好，而第三行抛出一个异常。在这种情况下午，当数据库把第一和第二个已经执行的命令修改回滚时，在 DataSet 内部，前两行记录的行记录状态也会修改回 UnModified。因此，想把行记录状态修改回它们原来的状态并不容易。

为此，.NET 2.0 引入了 DataAdapter 对象的一个新的属性，名为 AcceptChangesDuringUpdate。把 AcceptChangesDuringUpdate 设置为 False 指定数据适配器在它所执行的每行记录上，不能改变行记录的状态。而且，必须在更新结束后全部调用 DataSet 上的 AcceptChanges。代码如下：

```
testConnection.Open();
SqlTransaction myTransaction   = testConnection.BeginTransaction();
myUpdateCommand.Transaction = myTransaction;
sqlDA.UpdateCommand = myUpdateCommand;
sqlDA.AcceptChangesDuringUPdate = false
try
{
    sqlDA.Update(customersTable);
    myTransaction.Commit();
    ds.AcceptChanges();
}
catch (Exception ex)
{
    myTransaction.Rollback();
}
```

```
finally
{
    testConnection.Close();
}
```

8.5 分布式事务

可以看出,DBTransaction 对象可以用于把在一个数据库上执行的各种命令组织在一起,并且作为一个单事务执行。假定一个顾客想用 ATM 在他的支票账号和储蓄账号之间转账。这就可以使用两个命令对象来实现：一个是插入一个借款到他的储蓄账号,同时另一个在他的支票账号上插入一个相等数量的存款。如果在两个命令的事务属性上指定了同一 DBTransaction 对,那么这两个命令都会是同一事务的组成部分。

然而,这种说法并不完全正确。这种说法只有当两个数据表都在同一数据库时才是对的。如果支票账号和储蓄账号存在于不同的数据库中,那么就需要不同的方法把涉及两个独立的数据库的这些操作放到一个事务中。

可以跨多个资源的事务称为分布式事务。

8.5.1 分布式事务中的关键技术

在分布式事务中,包括执行实际操作和报告成功或失败的部分,都称为资源管理器(Resource Manager,RM)。除了 RM 之外,还需要一个应用程序在 RM 之间侦听和协作,就通常称之为分布式事务协作器(Distributed Transaction Coordinator,DTC),又称事务管理器。

Windows 自带的事务协作器是微软分布式事务协作器(MSDTC)。MSDTC 是一个 Windows 服务,为分布式应用程序提供事务性协作。下面是典型的分布式事务的流程。

(1) 应用程序从 MSDTC 请求一个事务从而启动事务。该应用程序通常也称为启动器。

(2) 应用程序接着就请求 RM 作为同一事务的一部分起作用(这实际上是可配置的),而且 RM 与事务管理器一起注册为同一事务的一部分。这通常被称为加入到事务中。

(3) 如果一切正常,则应用程序提交该事务。

(4) 如果某部分失败,任意一步都可以发出回滚。

(5) 在任意情况下,事务协调器与所有 RM 协作,以便确保它们都成功执行并执行所请求的工作,或者 RM 全部回滚其工作。

MSDTC 是由 MTS/COM+、System. EnterpriseServices 以及从. NET 2.0 开始使用的,位于新的命名空间 System. Transactions。实际上,可以绕开 COM+和. NET,简单地使用 MSDTC 代理 msdtcprx. dll。

8.5.2 两阶段提交

在分布式事务场景中,各种 RM 需要实现一个可靠的提交协议,其中最常见的实现是两阶段提交。在两阶段提交中,工作的实际提交过程分为两个阶段。第一个阶段是为提交准备所需的修改。此刻，RM 通知事务协调程序，它已经将修改准备好了，而且准备提交，但是并没有实际提交。一旦所有 RM 都告知事务协调器准备就绪，则事务协调器在第二阶段将通知各方可以继续并提交其更改。

这样的描绘显示过于简单，而且有很多整本的书写事务协调程序和 RM，但是这样的讨论超过了本书的范围。

这就带来一个有趣的问题：谁能参与到分布式事务中？不仅是数据库，或者是很多数据库可以参与到分布式事务中。实际上，任何能把自己添加到 MSDTC 事务中的东西都可以把自己添加到由 MSDTC 管理的分布式事务中。例如，MSMQ 可以添加到一个包含两个 SqlConnection 对象的事务中，这两个连接对象分别连接到两个不同的数据库。

8.5.3 实现分布式事务

分布式事务可以使用 System. Transactions 命名空间很轻松地在. NET 2.0 中实现。了解这些内容的最好方法是看一个例子。

这里的应用程序涉及两个数据库。第一个数据库是 Credits 数据库，具有一张表"Credits"。Credits 只是有一个 CreditID 和一个 CreditAmount。类似地，第二张表为"Debits"表。Debits 表包含 DebitID 和 DebitAmount。

下面即将看到的代码试图把两个相匹配的插入包装到一个事务中，换言之，如果取款失败，先前插入的存款也必须回滚。代码如下：

```
static void Main(sting[] args)
{
        try
        {
            using (TransactionScope myTransaction = new TransactionScope())
            {
                using (SqlConnection connection1 = new SqlConnection(connectionString1))
                {
                    connection.Open();
                    SqlCommand myCommand = connection1.CreateCommand();
                    myCommand.CommandText = "Insert into Credits(CreditAmount) Values(100)"
                    myCommand.ExecuteNonQuery();
                }

                Console.WriteLine(
                    "The first connection transaction has done its work" + ", moving on to the
second.");
                Console.ReadLine();

                using(SqlConnection connection2 = new SqlConnection(connectionString2))
                {
                    connection2.Open();
                    SqlCommand myCommand = connection2.CreateCommand();
                    myCommand.CommandText = "Inseret into Debits(DebitAmount) Values (100)";
                    myCommand.ExcecuteNonQuery();
                }
```

```
                myTransaction.Complete();
            }
        }
        catch (System.Exception ex})
        {
            console.WriteLine(ex.ToString);
        }
    }
}
```

可以看出,事务是包含在using代码块内的。该应用程序创建了一个TransactionScope的新实例,它识别那些要把自己添加到事务中的代码。因此,所有那些在TransactionScope构造函数和创建了TransactionScope实例的Dispose调用之间的代码都在所创建的事务内。

TransactionScope的一个构造函数可以向事务内的单个RM建议隔离级别。这里说是建议而不是定义一个隔离级别,是因为RM可以选择忽略该请求,转而实现一个它所必需的更高的隔离级别。

接着,在using代码块内,各种RM开始起作用,在该例中,两个SqlConnection对象连接到两个不同的数据库。继续逐块地分解该应用程序的运行。

在编译并运行该程序时,在第一个连接的命令ExecuteNonQuery执行的结束之处设置一个断点。此时,如果打开SQL Server管理器并运行SQL命令:

```
SET  TRANSANSACTION ISOLATION LEVEL READ UNCOMMITTED
BEGIN TRANSACTION
SELECT CREDITAMOUNT FROM CREDITS
COMMIT
```

此时,将会看到SQL Server 2008报告说到现在为止已经插入了一行记录,如图8-9所示。但是,一定要注意,由于这个插入是根据第二个连接的插入情况而定的,所以这是个脏读。因为在这个例子中,想查看操作里面内容,并且就要实现脏读,所以可以使用未提交的隔离级别(ReadUncommitted)实际读取修改了一半的行记录。可以猜想如果去掉隔离级别后只运行Select语句会发生什么情况,试一试!在此给出一个提示:分布式事务是在较高的隔离级别上执行事务的,如Serializable。

	CreditID	CreditAmount
▶		100
*		

图8-9　对分布式事务中第一部分操作结果的脏读

需要指出的是,如果你打开【控制面板】→【管理工具】→【组件服务】,并且展开左边的树查看事务列表,如图8-10所示,在分布式事务协调程序的事务列表下没有任何东西,只要名为Connection2的SqlConnection尚未出现在画面中。

现在,在调试状态下单步跟踪代码。当在代码中执行过Connection2.Open代码行时,就会注意到DTC事务列表上出现了一个事务,如图8-11所示。

这是一个相当重要的概念,通常被称为事务的可提升登记(promotable enlistment)。

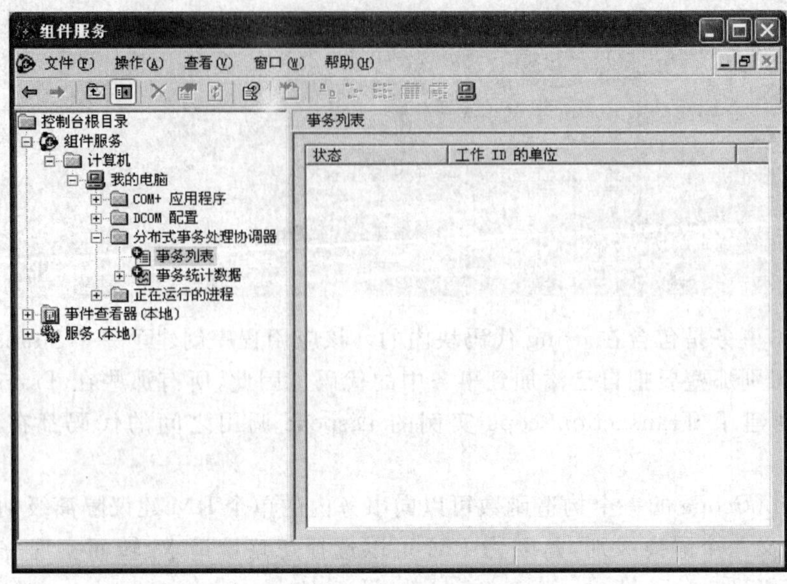

图 8-10 事务列表不显示事务

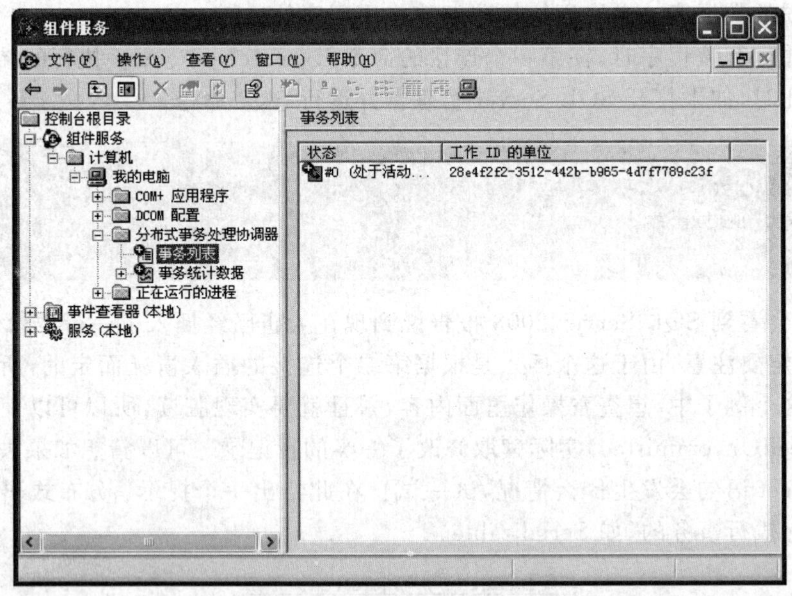

图 8-11 事务列表只在第二个 RM 出现时显示事务

但是一定要注意装载于.NET 2.0 的当前实现的.NET 数据提供程序中，仅有连接到 SQL Server 2008 的 SqlConnection 支持可提升登记。其他场景（如连接到 SQL Server 2000 的 SqlClient、OracleConnection 等）的确能用于分布式事务，但是需要由 MSDTC 专门处理。

8.5.4 可提升登记：简单基础

MSDTC 开锁很大。它会带来大量的网络流量，而且可能会遇到网络问题（如防火墙）。因此，每个事务，无论是否需要用分布式的完全支持，都会承担 MSDTC 的代价，这是不公平的。例如，根据逻辑，数据库事务可能限定在单个数据库之中。在这个例子中，启用 MSDTC 就有点大材小用了。

针对这样的情况，在.NET 2.0 中引入了一个轻量事务管理器(LTM)新表层。LTM 在不需要 MSDTC 时去管理事务。

需要注意的重要之处是，LTM 并不是你编写的东西。实际上，你要编写一个 RM 去利用 LTM。在 ADO.NET 2.0 中，SqlConnection 对象就是已经为你写好的一个 RM 的例子，它用了 LTM 和可提升登记。唯一必须利用 LTM 的地方就是使用 SqlConnection。

在解释事务从 LTM 提升到 MSDTC 的特定条件之前，需要解释围绕 System.Transactions 的一些其他的基本概念。

1. 不稳定登记

处理那些本质上并非永久性资源的 RM(如内存的缓存)，就是一个不稳定的登记的候选者。这就意味着 RM 可以继续执行两阶段提交过程的第一个阶段，但是如果不能执行第二个阶段，它就不需要显示恢复第一阶段。换言之，它并不需要提供恢复契约(contract)。

2. 持久性登记

持久性登记具有永久性(持久性)数据，它是根据事务获取一致性的。持久性登记的一个好例子就是事务性文件系统。例如，假如从一个地方复制文件到另一个地方。在这种情况下，如果正好覆盖已经存在的文件，不发生异常中断，需要恢复原先的状态(恢复先前的文件)。因此，在失败时，持久性事务将会记录它参与的事务，并且会利用事务管理器恢复这些事务，以便得到最终回滚的结果。当它完成恢复事务操作时，它响应事务管理器，并且让后者知道已经完成恢复了，因此事务管理器才能报告成功恢复回滚。

要使用持久性登记的 RM 通常是通过 Transaction.EnlistDurable 方法实现的。

3. 可提升登记

可提升登记是指位于不同的应用程序域(appdomain)/进程/计算机中的远程持久性资源，在不会让它提高为 MSDTC 事务的情况下参与到 LTM 事务的过程。换言之，你可能选择使用 Transaction.EnlishPromotableSinglePhase 可以提升登记的方式来登记事务，表示如果符合特定条件，事务就可以提升为 MSDTC。SqlConnection 对象是利用可提升登记的一个很好的例子。

因此，什么条件能把由 LTM 管理的事务提升为 MSDTC? 事务在如下情况下可以提升为 MSDTC。

- 至少有一个不支持单阶段通知的持久性资源登记在事务中。
- 至少有两个支持单阶段通知的持久性资源登记在事务中。
- 执行了将事务汇集到不同应用程序域或不同进程的请求。

限制 LTM 内部的事务能显著地减轻创建和管理事务的负载。好消息是只要 RM 能识别提升登记，你(作为 RM 的用户)就免费获得了该性能。但是，你确实需要理解可提升登记是如何工作的，这样才能选择实现你自己的 RM。

如你所知，这对性能负面影响显著；但在 SQL Server 2008 的情况下，却是正面影响。通常，在分布式事务所涉及的数据库中，需要判断事务隔离级别是否 Serializable。然而，在 SQL Server 2008 中，只要所涉及的 RM 是唯一的，就可以使用更低的隔离级别，比如 ReadCommitted。只要第二个 RM 出现，隔离级别就可以突然提升为 Serializable。

同时，需要注意的是通过使用 TransactionScope 的重载构造函数之一，可以指定 RM 采用所期待的或建议的隔离级别。至于 RM 选择哪个隔离级别则取决于它们的实现。

8.5.5 System.Transactions：手动登记和多线程环境

如何在多线程环境中使用 System.Transactions.Transaction？一个 System.Transactions.Transasction 的实例是存储在线程级别的，可以使用 Transaction.Current 访问。这就意味着有两个 SqlConnection 在不同的线程上，为了把它们登记到同一分布式事务上(或就此而言任何其他 RM)，你需要提出线程安全的方法。

同时，让我们用同一个例子演示在分布式事务环境中手动登记，以及把在多线程中的 RM 登记到同一事务中的一个线程安全的方法。为了把 SqlConnection 实例本身登记到事务中，它需要使用如下代码片段。

```
connection2.EnlistTransaction(tran);
```

代码中，connection2 是一个 SqlConnection 实例，而 tran 是一个 System.Transactions.Transaction 实例。

那么，如何获取该事务的实例？首先，不能直接实例化。既可以创建一个 System.Transation.CommitableTransaction 的新实例，也可以使用 System.Transactions.Transaction.Current 访问当前运行的事务。一旦访问了它，线程安全的方法就可以通过调用 Transacton.Clone 克隆该事务。代码如下：

```
Transaction tran = Transaction.Current.Clone();
```

一旦克隆了事务，就可以把它传递给线程的入口点，代码如下：

```
Thread myThread;
myThread = new System.Threading.Thread(new ParameterizedStart(ThreadEntryPoint));
Transaction tran = Transaction.Current.Clone();
myThread.Start(tran);
```

ThreadEntryPoint 只不过是一种作为线程的入口点的方法。在这种方法中，可以手动把 SqlConnection 实例登记到当前运行的事务中。代码如下。

```
private static void ThreadEntryPoint(object transactionInstance)
{
    isThreadRunning = true;
    Transaction tran = (Transaction)transactionInstance;
    using(Sqlconnection connection2 = new SqlConnection(connectionString2))
    {
        connection2.Open();
        connection2.EnlistTransaction(tran);
        // Do something here - this connection is manually enlisted.
        tran.Rollback();
    }
    isThreadRuning = false;
}
```

注意：在这段代码中一个注释是“只执行 Rollback”。这就意味着一个克隆的事务可以 Rollback，但是不能 Commit。完整代码如下：

```
private static string connectionString1 = "…";
private static string connectionString2 = "…";
private static bool isThreadRunning = false;
static void Main(string[] args)
{
    try
    {
        using(TransactionScope myTransaction = new TransactionScope())
        {
            Thread myThread;
            myThread = new System.Threading.Thread(new
                        ParameterizedThreadStart(ThreadEntryPoint));
            Transaction tran = Transaction.Current.Clone();
            myThread.Start(tran);

            using(SqlConnection connection1 = new SqlConnection(connectionString1))
            {
                connection1.Open();
                //Do something here -  this connection will auto-enlist
            }
            // wait for the other thread to finish
            while (isThreadRunning)
            {
                Console.Write("\rWaiting for thread to finish..");
            }
            myTransaction.Complete();
        }
    }
    catch (System.Exception ex)
    {
        Console.WriteLine(ex.ToString());
    }
}

private static void ThreadEntryPoint(object transactionInstance)
{
    isThreadRunning = true;
    Transaction tran = (Transaction)transactionInstance;
    using(SqlConnection connection2 = new SqlConnection(connectionString2))
    {
        connection2.Open();
        connection2.EnlistTransaction(tran);
        //Don something here - this connection is manually enlisted.
        tran.Rollback();
    }
    isThreadRunning = false;
}
```

如果在如下代码行设置断点。

```
connection2.EnlistTransasction(tran);
```

就会注意到，在这行代码执行后，事务会立即出现在 DTC 中。实际上，这就证实了第二个连接已列于事务中，而且该事务已经提升到 DTC；然而在以前，这行代码的执行并没有登记，因此手动登记是有用的。同时因为事务已经在随后的代码中执行了回滚，所以你会注意到在最初的线程中，事务并不会成功地提交，而是出现如下异常：

```
System.Transaction.TransactionAbortedException: The transaction has aborted.
```

因此，在这种情况下，该应用程序创建了一个 Transaction 对象实例的克隆，而且在需要时，可以用它把 SqlConnection 实例登记到分布式事务中。一旦有了 transaction 实例，就可以在当前事务中登记 SqlConnection 对象。

还有另一个类可用于手动登记：System.Transactions.CommittableTransaction。即使你可以创建一个 CommittableTransaction 的新实例，也只有分布式事务的创建者可以提交该事务。换言之，通过 System.Transactions.Transaction.Clone 获取的 CommittableTransaction 副本并不能被提交。

这些使用 System.Transactions 的例子也可以用于其他数据库，如 Oracle。然而，可提升登记只能用于连接到 SQL Server 2008 的 SqlConnection。

8.6 明智地使用事务

尽管 ADO.NET 为事务提供了很好的支持，却并不总是需要使用事务。实际上，每次使用事务，都多了一些延迟。事务还涉及一些表格行锁。所以频繁地使用事务可能导致性能低下。本书给出的指导原则是，只有在操作需要时才使用事务。例如，如果只是从一个数据库里选择资料，或者进行单个查询，那么大多时候不需要事务。

RDBMS 和 ADO.NET 都可以提供事务特性。选择哪一个取决于你想实现什么。例如，假定你正在使用执行某一需要事务的操作的储存过程，你会发现，相对于启动一个 ADO.NET 事务并且访问这个事务里的储存程序，初始化储存程序自身里的初始化事务将容易得多，效率会高出很多。另外，如果你正在激活所需事务的多条 SQL 语句，比如插入，那么用 ADO.NET 事务将容易得多。同样，如果提交或回滚依赖于数据库外部的某些因素，那么 ADO.NET 事务比较好。

8.6.1 事务和性能

要牢记，对许多不同表格进行修改的过长事务会极大地阻碍系统中其他用户的工作。这样可能会导致严重的性能问题。在执行一个事务时，下面的习惯可以取得相对较好的结果。

- 事务要尽量短；
- 在事务中间避免用 SELECT 返回数据，除非之后的语句依赖于返回的数据；
- 如果使用 SELECT 语句，只取那些需要的行；

• 尽可能使用储存过程里的事务，而不是 ADO.NET 事务；
• 避免使用合并了多个独立工作的事务。把每一个工作都放在独立的事务里。

8.6.2 事务的默认行为

还需注意的是事务的默认行为。按默认值，如果没有明确提交事务，事务将被回滚。尽管默认行为允许回滚事务，显式地使用回滚方法却是一个很好的设计经验。这不仅可以解除数据上的锁，还可以使代码更易读，减少出错可能。

8.6.3 事务和用户确认

当开发处理交互事务的程序时，必须小心避免死锁引起的问题。假设我们正在开发一个程序，把一个账户的钱转到另一个账户。可以用一个典型消息框架的形式开发一个用户界面，它要求确认所转账的金额。程序遵照下面的操作顺序：

(1) 打开一个连接；
(2) 启动一个事务；
(3) 执行各种查询；
(4) 通过一个消息框要求用户对事务进行确认；
(5) 在收到确认后，提交事务；
(6) 没有确认的话，回滚事务。

如果在第(4)步之后，用户没有确认这个事务(可能要去吃饭或者开会)，那么正在处理的行将被锁上，而且有一个活动的连接一直与数据库保持连接。这可能会给其他用户制造麻烦。在这种情况下，可以在取得用户的确认后执行前三个步骤。

注意：在上面的例子中，既然想取得用户确认，就得选择改变顺序。如果只想在一些用户界面组件(比如一个状态栏或者一个标签)里显示事务的状态，不需要与用户交互，则可以直接使用上面提到的步骤，不做任何改变。另外，应当将任何改变(比如账户结余)通知用户——在提交这个改变之前——否则，另一个事务可能会再一次改变这个结余，并且报告出错。

8.6.4 同时发生的 ADO.NET 和 RDBMS 事务

尽管非常罕见，但还是有可能同时使用 ADO.NET 事务和 DBMS 事务；假设有一个储存过程在内部使用事务，而我们又在 ADO.NET 事务中调用这个储存过程。在这样的情形下，这两个事务都会工作，似乎它们是被嵌套的。这种情况下，ADO.NET 的提交或回滚命令决定整个过程的结果，然而，如果从储存过程回滚，或者放置了不合适的嵌套级别，则有可能出现错误。

事务会造成一定的延迟，如果不考虑的话，会影响性能。当开发处理事务的用户界面应用程序时，需要小心以便减少出错。

8.7 小 结

在这一章里，介绍了数据库内的事务，讨论了保存点、嵌套事务以及名为 MARS 的 SQL Server 2008 特定的新功能等事务的各种细微差异。此外，本章还讨论了加强分布式事务的各种可能途径以及每种方法的优缺点，因此通过本章可以学到根据应用程序的需要来正确地设计数据层的知识。

ADO.NET 大多数情况下负责处理数据库存并与存储过程协同工作，而另一种存储和传递大量数据的方法是 XML。XML 与 ADO.NET 架构具有紧密的关联。第 9 章和第 10 章将讨论 ADO.NET 和 SQL Server 2008 中具有各种可用的 XML 工具。通过理解和利用可用于数据访问的各种 XML 功能，可以真正创建具有良好架构的数据访问体系结构。

8.8 习　题

一、选择题

1. SQL Server 2000 的 BEGIN TRANS 和 COMMIT TRANS、ROOLBACK TRANS 语句可用于(　　)中来支持操作的事务特性。

A. Select 语句

B. 存储过程

C. ADO.NET 连接对象的 Transaction 属性

D. ADO.NET 命令对象的 CommandText 属性

2. 使用 SQL Server .NET 数据提供程序访问 SQL Server 数据库时，我们创建了事务对象 trans，并将其 IsolationLevel 属性设置为 Serializable，则在该事务中执行 Command 对象的方法(　　)。

A. 可以防止在读取时破坏数据　　B. 可以防止脏读

C. 可以防止不可重复读　　D. 可以防止幻象读取

3. 创建一个 ASP.NET 财务应用程序，在 Microsoft SQL Server 数据库 TestKiDB 中存储和操作数据。应用程序的一个网页用来执行月底的操作，计算所有账户的余额。当用户单击网页上的一个按钮时，要求代码能运行一些存储过程来计算月底的余额。所有计算的余额被保存到数据库前的过程必须都要成功。如果有任一过程失败，则不能存储任何的月底的计算余额。当过程运行时，用户不能进行编辑、增加或删除受过程影响的表格。请选择(　　)。

A. 创建一个从 System.EnterpriseServices.ServicesComponent 派生的类来运行存储过程。通过使用一个 attribute 的 TransactionAttribute 类型注释类。设置 attribute 的 Value 属性为 TransactionOption.RequiresNew

B. 创建一个 master 存储过程。使用这个 master 存储过程调用另一个存储过程来执行月底操作。增加 WITH REPEATABLEREAD 到 master 存储过程

C. 如果一个存储过程失败使用结构化异常处理来捕获一个 SqlException。使用 SqlException 的 Procedure 属性来声明存储过程产生的异常。调用一个存储过程来保存过去的计算

D. 设置一个 SqlTransaction 对象的 IsolationLevel 属性为 IsolationLevel.Serializable。给 SqlCommand 对象的 Transaction 属性赋值为 SqlTransaction 对象，使用一个 SqlCommand 对象运行存储过程

4. 实现第 3 题中的代码，可以获得的效果是(　　)。

```
using (TransactionScope ts = new TransactionScope()) {
    UpdateOrder();
    UpdateAccount();
    ts.Complete();
}
```

A. 只有在 UpdateOrder()方法成功时，才提交因 UpdateAccount() 方法而导致的对数据库的更改

B. 只有在 UpdateAccount()方法成功时，才提交因 UpdateOrder()方法而导致的对数据库的更改

C. UpdatepdateOrder()和 UpdateAccount()可以同时提交

二、填空题

1. 事务的主要特点包括原子性(Atomic)、________、________和可持续性(Durable)。
2. 事务可以分为本地事务和________，也可以分为________和自动事务。
3. 当几个事务同时访问同一数据时，可能发生________、不可重复读和________。

三、简答题

什么是事务？

第9章 LINQ 技术基础

近年来，面向对象编程技术在工业领域的应用已经进入了一个稳定的发展阶段。程序员们现在大都已经非常认同类和对象，封装、继承和多态这些面向对象的语言特性和编程方法。然而，面向对象技术并没有填平对象世界和数据世界之间的鸿沟，在对不同类型的数据进行访问和操纵时还存在较大的复杂性。LINQ 正是为了解决这一问题而推出的一个新技术。

9.1 LINQ 简介

下面首先介绍 LINQ 技术的基本概念，说明该技术的与原有技术以及 C# 3.0 新的语言特性之间的关系；然后再给出一个使用 LINQ 技术实现查询的简单实例，来具体说明 LINQ 技术的优势所在。

9.1.1 LINQ 的基本概念

LINQ 是 Language Integrated Query 的缩写，中文意思是语言集成查询。微软将 LINQ 称作是一个颠覆性的技术创新，它随着 VS2008 和.Net Framework 3.5 一起发布，并使查询成为了.NET 中头等的编程概念。LINQ 中被查询的数据可以是对象(LINQ to Objects)、Databases(LINQ to DataSet、LINQ to SQL)和 XML(LINQ to XML)。LINQ 也是可扩展的，允许建立自定义的 LINQ 数据提供者(比如 LINQ to Amazon、LINQ to NHibernate、LINQ to LDAP)。另外，为了支持 LINQ，微软还特意在 C# 3.0 中引入了一些新的语言特性和改进，如隐型局部变量、对象初始化器、匿名类型、Lambda 表达式、查询表达式、扩展方法和表达式树等，也正是这些改进才使得 LINQ 变得如此强大。图 9-1 概述了 LINQ 如何将上层的高级编程语言和下层的数据源关联到一起。

传统上，数据查询语句是采用字符串形式嵌入到宿主语言中的，它不具备编译时的类型检查和智能感知支持，并且随着数据源的不同所采用的查询语言也往往不一样，如 SQL 数据库、XML 文档、各种 Web Service 等所使用的查询语言就截然不同。LINQ 的目的就是提供一种统一且对称的数据操作方式，并且与编程语言有机地集成在一起。在使用 LINQ 时，我们可以基于 C#语言的查询运算符，直接创建被称为查询表达式的实体来实现数据查询。这些查询表达式被设计成与 SQL 表达式类似的形式，并且可用于数据库、XML 文档和实体对象等不同的数据源。另外，LINQ 查询表达式是强类型的，在编写查询语句时，一方面 Visual Studio 2008 这样的工具可以利用程序集中的元数据提供智能感知、自动完成等功能；另一方面，C#编译器可以有效地保证表达式在语法上的合法性。

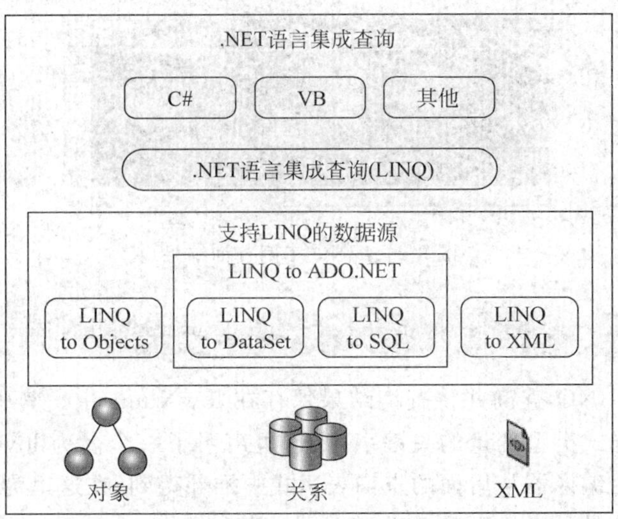

图 9-1 LINQ 技术概览

9.1.2 一个简单实例

为了了解 LINQ 的使用方法，先来看一个使用 LINQ 进行查询的简单实例，该实例从一个整型数组中查询出所有小于 10 的值，并按从大到小顺序进行排列，最后输出结果，如图 9-2 所示。

```
using System;
using System.Linq;

namespace MyLinq
{
    class Program
    {
        static void Main(string[] args)
        {
            int[] numbers = new int[] { 8, 15, 62, 3, 36, 1, 7, 58 };
            var lowNums = from num in numbers where num < 10 orderby num select num;
            foreach (var n in lowNums)
            {
                Console.WriteLine(n);
            }
            Console.ReadLine();
        }
    }
}
```

下面对上面查询实例中出现的一些新东西做一个简单的说明：

```
using System.Linq;
```

不管进行何种 LINQ 编程，应至少需要引用 System. Linq 名空间，它定义在 System. Core. dll 程序集中，一般来说 Visual Studio 2008 会在项目文件中自动引用它。

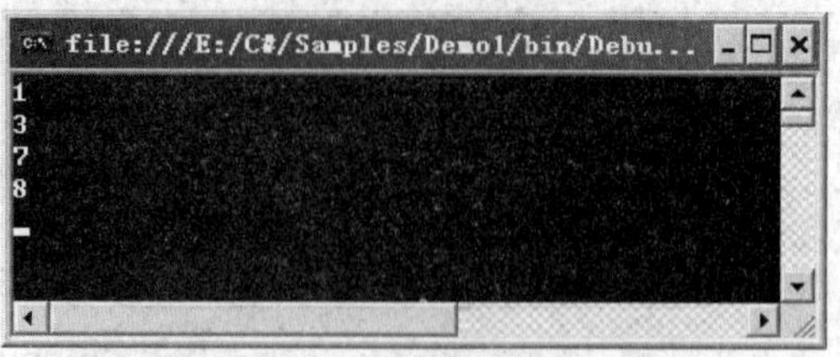

图 9-2　LINQ 实例查询结果

```
var lowNums = from num in numbers where num < 10 orderby num select num;
```

该语句实现了 LINQ 查询并将查询结果保存在 lowNums 中。其中，var 是在 C# 3.0 中引入的用于声明隐式类型变量的关键字，在这里声明了一个名为 lowNums 的结果集合，集合中对象的类型由编译器从后面的查询表达式中推导得到，在这里为整型。

语句的后半部分是一个 LINQ 查询表达式，其中 from、in、where、orderby 和 select 是一些常用的 LINQ 查询运算符。熟悉数据库 SQL 语言的读者可以发现，该表达式与 SQL 表达式非常相似，实际上其语义也基本相同，这是 LINQ 的设计人员有意这样设计的。在这里，该表达式从 numbers 中查询出所有满足条件 num＜10 的项 num，并将 num 按从小到大的顺序进行排列，最后将 num 形成的集合赋值给 subSet。

9.2　LINQ 查询运算符

为了支持 LINQ 查询，在 C# 中定义了很多查询运算符，表 9-1 中列出了其中常用的一些运算符。

表 9-1　常用的 LINQ 查询运算符

查询运算符	含　义
from, in	定义 LINQ 查询表的式的主干结构，以便从合适的数据容器中提取出数据子集
where	定义从数据容器中提取哪些项的限制条件
select	从数据容器中提取数据子集
Join, on, equals, into	基于指定的键实现关联运算
orderby, ascending, descending	使结果子集按升序或者降序排列
Group, by	用指定的值对数据进行分组

除了表 9-1 中给出的查询运算符外，LINQ 查询还支持一些用于处理复杂查询的扩展方法。下面将对上表中的常用 LINQ 查询运算符作详细介绍。

9.2.1　建立测试项目

为了具体讲述查询运算符的用法，先建立一个用于测试项目。该项目中包含有学生、课程和成绩三个实体类和一些相应的测试数据。在以后的讲解中，将利用这些数据来说明如何利用查询运算符来构造不同的查询表达式，并给出对应的查询结果。

```
using System;
using System.Linq;

namespace MyLinq
{
    public class Student
    {
        public int ID { get; set; }            //学号
        public string Name { get; set; }       //姓名
        public string Sex { get; set; }        //性别
        public int Age { get; set; }           //年龄
        public string Major { get; set; }      //专业
    }

    public class Course
    {
        public int ID { get; set; }            //课程号
        public string Name { get; set; }       //课程名
        public int Credit { get; set; }        //学分
    }

    public class Score
    {
        public int SID { get; set; }           //学号
        public int CID { get; set; }           //课程号
        public int Grade { get; set; }         //成绩
    }

    class Program
    {
        static void Main(string[] args)
        {
            //准备数据源
            Student[] students = new []
            {
              new Student {ID = 1000, Name = "李勇", Sex = "男", Age = 20, Major = "计算机"},
              new Student {ID = 1001, Name = "刘晨", Sex = "女", Age = 19, Major = "计算机"},
              new Student {ID = 1002, Name = "王敏", Sex = "女", Age = 20, Major = "计算机"},
              new Student {ID = 1003, Name = "张力", Sex = "男", Age = 21, Major = "自动化"},
              new Student {ID = 1004, Name = "赵莉", Sex = "女", Age = 18, Major = "信息管理"}
            };

            Course[] courses = new[]
            {
              new Course {ID = 10, Name = "高等数学", Credit = 4},
              new Course {ID = 11, Name = "C 语言", Credit = 2},
              new Course {ID = 12, Name = "数据结构", Credit = 3},
              new Course {ID = 13, Name = "数据库", Credit = 2},
              new Course {ID = 14, Name = "信号处理", Credit = 3},
              new Course {ID = 15, Name = "信息系统", Credit = 3}
            };
```

```
            Score[] scores = new[]
            {
                new Score {SID = 1000, CID = 10, Grade = 69},
                new Score {SID = 1000, CID = 11, Grade = 92},
                new Score {SID = 1000, CID = 12, Grade = 78},
                new Score {SID = 1000, CID = 13, Grade = 83},

                new Score {SID = 1001, CID = 10, Grade = 78},
                new Score {SID = 1001, CID = 11, Grade = 86},
                new Score {SID = 1001, CID = 12, Grade = 67},
                new Score {SID = 1001, CID = 13, Grade = 90},

                new Score {SID = 1002, CID = 10, Grade = 76},
                new Score {SID = 1002, CID = 11, Grade = 82},
                new Score {SID = 1002, CID = 12, Grade = 75},
                new Score {SID = 1002, CID = 13, Grade = 96},

                new Score {SID = 1003, CID = 10, Grade = 68},
                new Score {SID = 1003, CID = 11, Grade = 83},
                new Score {SID = 1003, CID = 14, Grade = 71},

                new Score {SID = 1004, CID = 10, Grade = 80},
                new Score {SID = 1004, CID = 11, Grade = 72},
                new Score {SID = 1004, CID = 15, Grade = 93},
            };

            //调用 Linq 查询方法
            LinqQuery(students);

            Console.ReadLine();
        }

        static void LinqQuery(Student[] students)
        {
            //在该方法中构建不同的 linq 表达式,实现查询并输出结果
            Console.WriteLine("学号    姓名    专业");
            var subStudents = from stu in students
                              select new {stu.ID, stu.Name, stu.Major};
            foreach (var s in subStudents)
            {
                Console.WriteLine("{0}   {1}   {2}", s.ID, s.Name, s.Major);
            }
        }
    }
}
```

9.2.2 from 子句

一般来说,LINQ 查询表达式都是使用 from、in 和 select 运算符来建立的,其语法如下所示。

```
var result = from item in container select item;
```

每个查询表达式必须以 from 子句开头，而且查询表达式还可以包含子查询来实现嵌套查询，其中子查询也必须以 from 子句开头。from 子句指定了用于执行查询或子查询的数据源以及用于表示数据源中各数据项的本地范围变量。范围变量和数据源都是强类型的。from 子句中引用的数据源其类型必须为 IEnumerable、IEnumerable＜T＞或者它们的派生类。

LINQ 查询表达式查询语法是以 from 关键字开头的，而不像 SQL 是以 select 关键字开头的。其实早期出现的 LINQ 查询语法也是 select 关键字在前面，但为了便于实现智能感知(Intelisence)，经过微软 IDE 组的权衡，确定了把 from 关键字放在最前面。假设要书写如下所示的代码。

```
var subStudents = select stu.Name, stu.Sex, stu.Age from stu in students;
```

由于代码是一个一个字符输入的，在写到 stu in students 之前，stu 的类型是无法推测的，所以写 select stu. 的时候，Name 之类的属性便不会弹出智能提示来，这样就需要先去写 from 这句，再回来写 select。因此，微软 IDE 组经过反复考虑，决定还不如将 select 放到后面，于是 LINQ 表达式的写法就变成现在这个样式了。

在下面的示例中，查询表达式将从数据容器中提取所有数据项，类似于 SQL 中的 select * from 语句。实际上，这个查询表达式并没有什么用处，因为查询所得的数据子集与传入的参数完全一样。

```
static void LinqQuery(Student[] students)
{
    //在该方法中构建不同的 LINQ 表达式,实现查询并输出结果
    Console.WriteLine("学号    姓名    性别    年龄    专业");
    var subStudents = from stu in students
                      select stu;
    foreach (var s in subStudents)
    {
        Console.WriteLine("{0}    {1}    {2}    {3}    {4}",
            s.ID, s.Name, s.Sex, s.Age, s.Major);
    }
}
```

运行结果如图 9-3 所示。

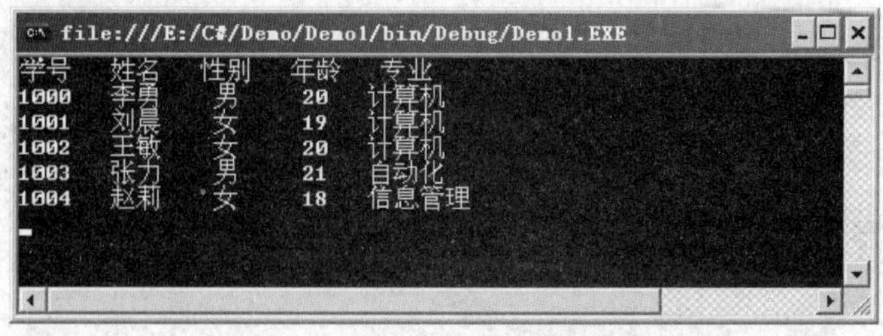

图 9-3 简单 from 子句查询结果

9.2.3 where 子句

where 子句用于从数据源中查询特定的数据子集，它将一个布尔条件（称做谓词）应用于由范围变量引用的每个数据项上，并返回满足指定条件的数据项。其语法格式如下：

```
varresult = from item in container where boolean expression select item;
```

在下面的示例中，where 子句筛选出所有计算机专业的学生。如果移除 where 子句，则会返回数据源中的所有数据。表达式 stu.Major == "计算机"是应用于每个数据项的谓词。

```
static void LinqQuery(Student[] students)
{
    //在该方法中构建不同的 LINQ 表达式，实现查询并输出结果
    Console.WriteLine("学号    姓名    性别    年龄    专业");
    var subStudents = from stu in students
                      where stu.Major == "计算机"
                      select stu;
    foreach (var s in subStudents)
    {
        Console.WriteLine("{0}   {1}    {2}     {3}   {4}",
            s.ID, s.Name, s.Sex, s.Age, s.Major);
    }
}
```

运行结果如图 9-4 所示。

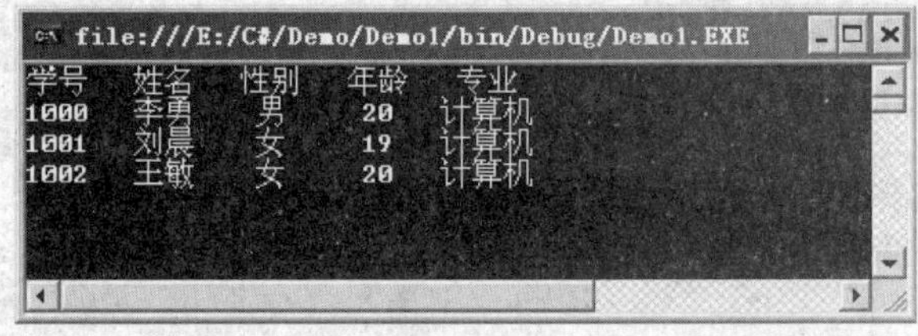

图 9-4 带 where 子句的查询

一个查询表达式可以包含多个 where 子句，一个 where 子句可以包含多个谓词子表达式。在单一的 where 子句内，可以使用 && 和||运算符根据需要指定任意多个谓词。在下面的示例中，查询将指定两个谓词，以便只选择出计算机专业的女生。

```
static void LinqQuery(Student[] students)
{
    //在该方法中构建不同的 LINQ 表达式，实现查询并输出结果
    Console.WriteLine("学号    姓名    性别    年龄    专业");
    var subStudents = from stu in students
                      where stu.Major == "计算机" && stu.Sex == "女"
                      select stu;
    foreach (var s in subStudents)
```

```
        {
            Console.WriteLine("{0}  {1}   {2}   {3}  {4}",
                s.ID, s.Name, s.Sex, s.Age, s.Major);
        }
    }
```

运行结果如图 9-5 所示。

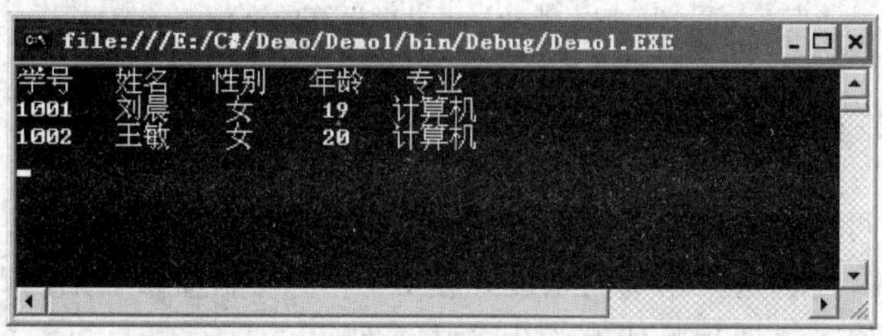

图 9-5　带两个查询谓词的 where 子句查询

where 子句是一种筛选机制。除了不能是第一个或最后一个子句外,它几乎可以放在查询表达式中的任何位置。where 子句可以出现在 group 子句的前面或后面,具体情况取决于是必须在对源元素进行分组之前还是之后来筛选源元素。编译时,where 关键字会被转换为对 where 标准查询运算符方法的调用。

9.2.4　select 子句

在查询表达式中,select 子句可以用于指定在执行查询时所产生的结果的类型。该子句会根据自身所带的表达式对前面所有子句的计算结果进行投影运算,然后使用 C# 3.0 中的匿名类型动态地生成新的类型。查询表达式必须以 select 子句或 group 子句结束。

下面的示例演示了如何使用 select 子句查询得到所有学生的学号、姓名和专业。

```
static void LinqQuery(Student[] students)
{
    //在该方法中构建不同的 LINQ 表达式,实现查询并输出结果
    Console.WriteLine("学号  姓名   专业");
    var subStudents = from stu in students
                      select new {stu.ID, stu.Name, stu.Major};
    foreach (var s in subStudents)
    {
        Console.WriteLine("{0}  {1}  {2}",
            s.ID, s.Name, s.Major);
    }
}
```

运行结果如图 9-6 所示。

select 子句产生的序列的类型决定了查询变量 stu 的类型。在最简单的情况下,select 子句仅指定范围变量。这会使返回的序列包含与数据源具有相同类型的元素。但是利用 select 子句的投影运算可以将源数据转换(或投影)为新类型。

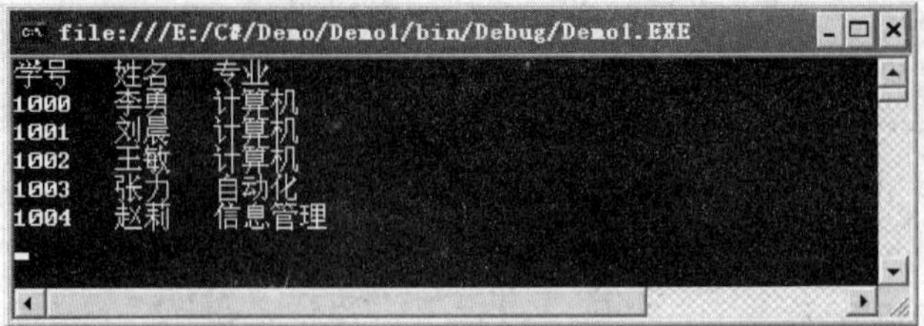

图 9-6 带 select 投影运算的查询

9.2.5 join 子句

使用 join 子句可以根据特定的条件合并两个数据源，但是要求在每个数据源中都具有某个可以进行比较以判断是否相等的字段。例如，学生可能选修了某门课程，则我们可以使用 join 子句创建选修了该课程的所有学生的成绩列表。

```
static void LinqQuery(Score[] scores, Student[] students)
{
    //在该方法中构建不同的 LINQ 表达式，实现查询并输出结果
    Console.WriteLine("姓名      课程名     成绩");
    var subStudents = from sco in scores where sco.CID == 10
                      join stu in students on sco.SID equals stu.ID
                      select new {stu.Name, CName = "高等数学", sco.Grade};
    foreach (var s in subStudents)
    {
        Console.WriteLine("{0}   {1}   {2}",
            s.Name, s.CName, s.Grade);
    }
}
```

运行结果如图 9-7 所示。

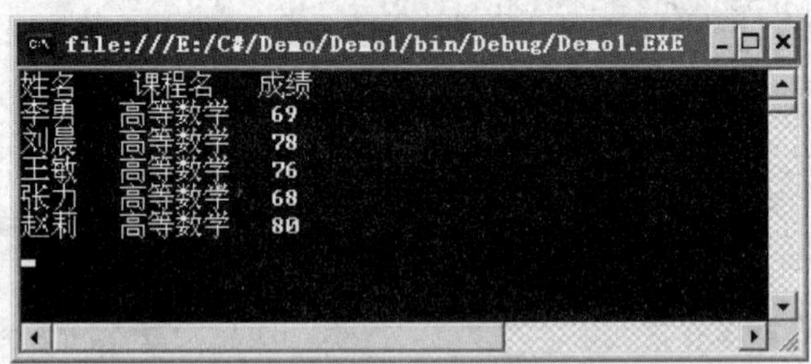

图 9-7 带 join 联接子句的查询

join 子句接受两个源序列作为输入，每个序列中的元素都必须是可以与另一个序列中的相应属性进行比较的属性，或者包含一个这样的属性。join 子句使用特殊的 equals 关键字比较指定的键是否相等，其输出形式取决于所执行的联接的具体类型。

含有 into 表达式的 join 子句称为分组联接。分组联接会产生一个分层的结果集合，该集合是将左侧数据源中的数据项与右侧数据源中的一个或多个匹配数据项相关联所得到的。如我们要查询每个学生所有选修课程的成绩即可使用分组联接。

```
static void LinqQuery(Score[] scores, Student[] students)
{
    //在该方法中构建不同的 LINQ 表达式,实现查询并输出结果
    Console.WriteLine("姓名        成绩");
    var subStudents = from stu in students
                      join sco in scores on stu.ID equals sco.SID into stuGroup
                      select new { stu.Name, grp = stuGroup };
    foreach (var s in subStudents)
    {
        Console.Write("{0}", s.Name);
        foreach (var i in s.grp)
        {
            Console.Write("    {0}", i.Grade);
        }
        Console.WriteLine();
    }
}
```

运行结果如图 9-8 所示。

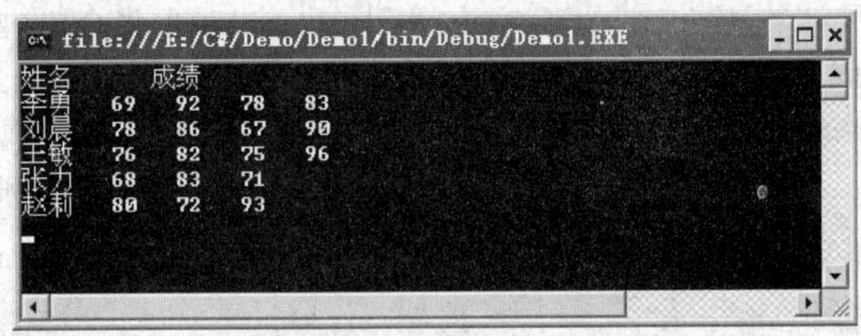

图 9-8　分组联接查询

9.2.6　orderby 子句

在查询表达式中,orderby 子句可使返回的结果集按升序或降序排序。可以指定多个键,以便执行一个或多个次要排序操作。排序是由针对元素类型的默认比较器执行的。默认排序顺序为升序。还可以指定自定义比较器。但是,只能通过基于方法的语法使用它。比如在下面的例子中,即查询了所有选修了高等数学课程的学生的成绩并按降序排列。

```
static void LinqQuery(Score[] scores, Student[] students)
{
    //在该方法中构建不同的 LINQ 表达式,实现查询并输出结果
    Console.WriteLine("姓名      课程名    成绩");
    var subStudents = from sco in scores
                      where sco.CID == 10
                      join stu in students on sco.SID equals stu.ID
                      orderby sco.Grade descending
                      select new { stu.Name, CName = "高等数学", sco.Grade };
    foreach (var s in subStudents)
    {
```

```
            Console.WriteLine("{0}   {1}   {2}",
                s.Name, s.CName, s.Grade);
        }
    }
```

运行结果如图 9-9 所示。

```
file:///E:/C#/Demo/Demo1/bin/Debug/Demo1.EXE
姓名    课程名    成绩
赵莉    高等数学   80
刘晨    高等数学   78
王敏    高等数学   76
李勇    高等数学   69
张力    高等数学   68
```

图 9-9　带 orderby 子句的降序查询

9.2.7　group 子句

group 子句返回一个 IGrouping<TKey, TElement>对象集合,这些对象包含零个或更多个与该组的键值匹配的项。例如,可以按照每个学生的性别对学生进行分组。在这种情况下,性别存储在每个 IGrouping<TKey, TElement>对象的 Key 属性中,编译器可自动推断该键的类型。可以用 group 子句结束查询表达式,如下面的实例所示,运行结果如图 9-10 所示。

```
static void LinqQuery(Score[] scores, Student[] students)
{
    //在该方法中构建不同的 LINQ 表达式,实现查询并输出结果
    Console.WriteLine("性别         姓名");
    var subStudents = from stu in students
                      group stu by stu.Sex;
    foreach (var grp in subStudents)
    {
        Console.Write(" {0}", grp.Key);
        foreach (var s in grp)
        {
            Console.Write("   {0}", s.Name);
        }
        Console.WriteLine();
    }
}
```

图 9-10　带 group 子句的查询

9.3 LINQ to DataSet

相对而言,LINQ to DataSet 是 LINQ 技术中最小的一块,虽然 DataSet 是从数据库中抽取出来的一个离线的操作模型,但毕竟其操作对象也是内存中的 object 而已。所以 LINQ to DataSet 和 LINQ TO Object 相比,大多数操作都是一样的,不同之处只是要根据 DataSet 中 DataTable 的结构标明字段而已。

为了具体说明 LINQ to DataSet 的作用,以下建立一个学生成绩管理数据库用作演示实例,在该数据库中包含 Student、Course 和 Score 三张表,具体如图 9-11 所示。

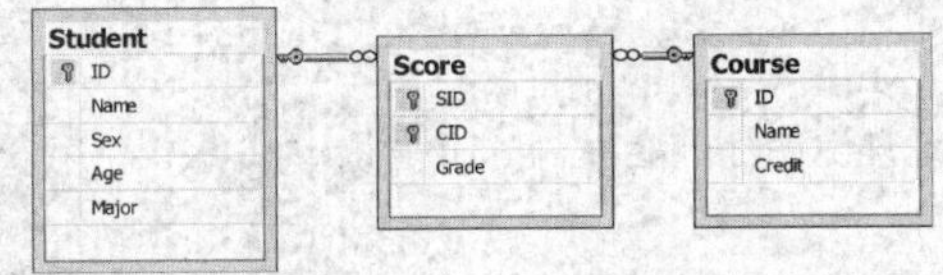

图 9-11 学生成绩管理数据库

9.3.1 DataSet 操作简介

DataSet 是用于 ADO.NET 断开连接方式的关键类型,使用它可以显式缓存不同数据源中的数据。对 DataSet 中的数据可以通过索引器、数据表读取器和强类型数据成员的方式进行操作。

在使用各种 DataSet 和 DataTable 的索引器来操作数据时,可以通过一种非常直接的弱类型方式实现数据交互。这种方法将 DataSet 中的 DataTable 看作是一个二维表,然后按行列顺序进行逐一访问。例如,可以用该方法访问数据库中 Student 表中的数据,实现代码如下,输出结果如图 9-12 所示。

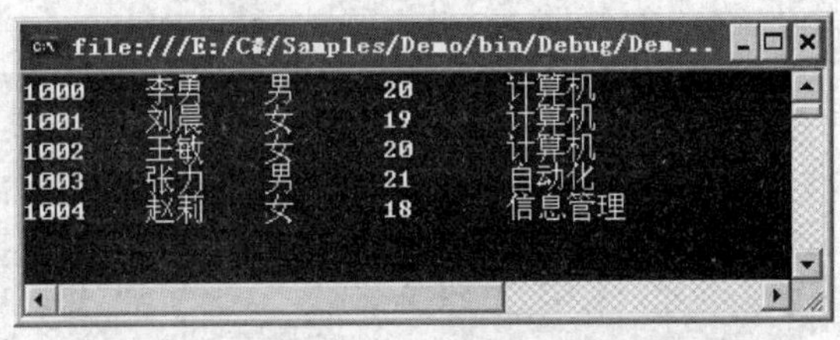

图 9-12 利用索引器访问 DataSet

```
using System;
using System.Collections.Generic;
using System.Linq;
using System.Text;
using System.Data;
using System.Data.Common;
using System.Data .SqlClient;

namespace Chapter9
```

```
{
    class Program
    {
        static void Main(string[] args)
        {
            DataSet dSet = newDataSet();
            FillWithData(dSet);
            DataTable dTable = dSet.Tables[0];
            PrintData(dTable);

            Console.ReadLine();
        }

       //填充数据集
       static void FillWithData(DataSet dSet)
        {
            using (DbDataAdapter dAdapter = newSqlDataAdapter(
                "Select * From Student",
                "server = localhost; uid = sa; pwd = ; database = EducationDB"))
            {
                dAdapter.Fill(dSet);
            }
        }

        //利用索引器访问数据集
        static void PrintData(DataTable dt)
        {
            for (int i = 0; i < dt.Rows.Count; ++i)
            {
                for (int j = 0; j < dt.Columns.Count; ++j)
                {
                    Console.Write(dt.Rows[i][j].ToString() + "\t");
                }
                Console.WriteLine();
            }
        }
    }
}
```

另一种访问 DataSet 的方法是利用 DataTable 类型的 CreateDataReader()方法，该方法将 DataSet 中的 DataTable 看作是一个一维的数据容器，可以线性地访问各数据项，使用这种方法的 PrintData()代码如下所示：

```
static void PrintData(DataTable dt)
{
    DataTableReader dtReader = dt.CreateDataReader();
    while (dtReader.Read())
    {
        for (int i = 0; i < dtReader.FieldCount; ++i)
```

```
            {
                Console.Write("{0}\t", dtReader.GetValue(i));
            }
            Console.WriteLine();
        }
    }
```

第三种数据集访问方法是由强类型 DataSet 提供，与前面两种方弱类型方法不同是：使用一个强类型的 DataSet，是由 Visual Studio 基于数据库 schema 生成的一个类，其成员的类型都是由这个 schema 决定的。强类型的 DataSet 本身，是由继承于 ADO.NET 中 DataSet、DataTable 和 DataRow 类的子类组成的。除了强类型的 DataTable 外，强类型的 DataSet 现在还包括 TableAdapter 类，这些类包含了填充 DataSet 的 DataTable 和把 DataTable 的改动传回数据库的各种方法。在此，就不再给出该方法的具体代码了。

9.3.2　使用 LINQ to DataSet 查询数据

LINQ to DataSet 提供了第 4 种操作 DataSet 的方法。使用该方法可以更快更容易地查询在 DataSet 对象中缓存的数据。这些查询采用编程语言本身实现，而不需要表示为嵌入在应用程序代码中的 SQL 字符串。这意味着开发人员不必学习单独的查询语言。此外，由于 LINQ to DataSet 是一种强类型的方法，它所提供的类型信息可使 Visual Studio 开发人员的工作效率更高，因为 Visual Studio IDE 提供编译时语法检查、静态类型化和对 LINQ 的 IntelliSense 支持。下面来看一下对于 9.3.1 节中的例子如何采用 LINQ to DataSet 方法来实现查询，其 PrintData()方法的实现代码如下所示，运行结果如图 9-13 所示。

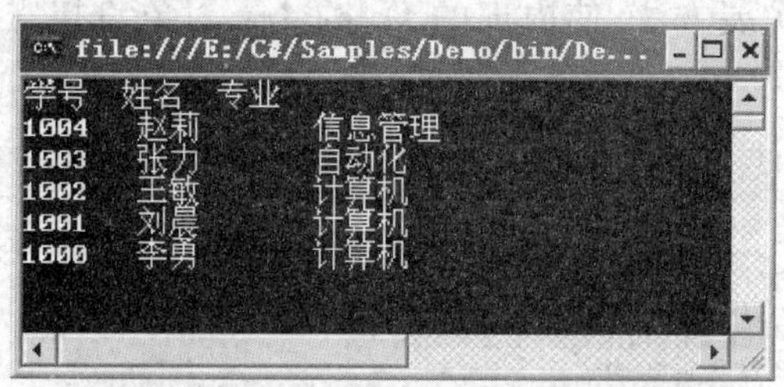

图 9-13　利用 LINQ 访问 DataSet

```
//采用 Linq to DataSet 查询数据集
static void PrintData(DataTable dt)
{
    var result = from student in dt.AsEnumerable()
                 where student.Field<int>("AGE") >= 18
                 orderby student.Field<int>("ID") descending
                 select new
                     {
                         ID = student.Field<int>("ID"),
                         Name = student.Field<string>("Name"),
                         Major = student.Field<string>("Major")
                     };
```

```
Console.WriteLine("学号   姓名   专业");
    foreach (var s in result)
    {
        Console.WriteLine("{0}   {1}    {2}", s.ID, s.Name, s.Major);
    }
}
```

从上面的代码中，可以看到因为无类型 DataSet 没有实现 IEnumerable 和 IQueryable 的接口，所以如果想把它作为一个可以实现 LINQ 查询的对象的话，就要先用 AsEnumerable() 或者 AsQueryable()方法将它转换成 IEnumerable 或者 IQueryable 对象，然后才能用 LINQ 进行查询。例如 from student in dt. AsEnumerable()。

另外，一般是使用 Field("Column A")和 SetField("Column A")来读写不同的 column 字段对应的数据项，例如 where student. Field<int>("AGE") >= 18。实际上，Field 和 SetField 的使用并不局限在 LINQ 查询中，在程序的其他地方也能使用，它可以用来代替以前访问 DataSet 的其他方式。

9.3.3 DataSet 扩展的作用

LINQ to DataSet 的主要作用是提供对离线数据的支持，只有在填充 DataSet 之后，才能使用 LINQ to DataSet 来查询数据，其功能主要是通过相应的 DataSet 扩展来实现的。其中最重要的两个扩展成员是 System. Data. DataTableExtensions 和 System. Data. DataRowExtions，这两个静态类使用一组扩展方法来扩展 DataTable 和 DataRow 的功能，使其能够支持 LINQ 查询。除此之外的另一个关键类型是 System. Data. TypedTableBaseExtentions，它定义了可以用于强类型 DataSet 对象的扩展方法，使内部的 DataTable 对象直接支持 LINQ。具体如图 9-14 所示。

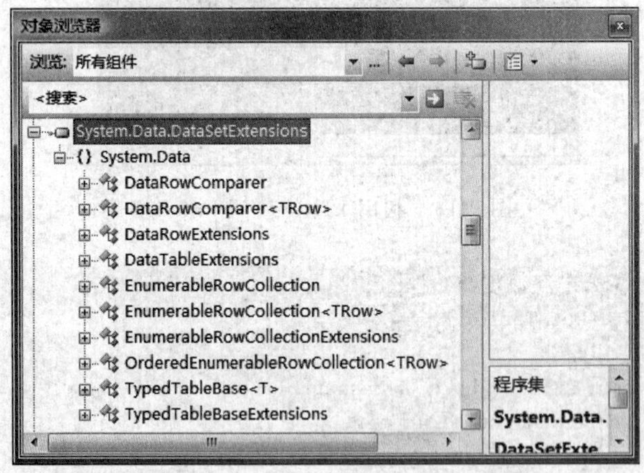

图 9-14 System. Data. DataSetExtentions. dll 程序集

下面首先来看看 DataTableExtensions 中的扩展方法，如图 9-15 所示。

从图 9-15 中可以看出 DataTableExtensions 中的方法主要是提供 DataTable、DataView 和 IEnumerable<TRow>三者之间的转换，从而在 DataTable、DataView 和 LINQ 之间建立了一个转换桥梁。因此，当需要将 DataTable 应用于 LINQ to DataSet 查询

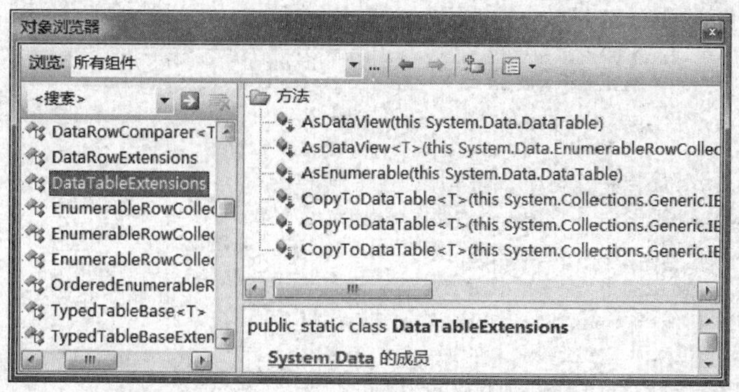

图 9-15　DataTableExtensions 中的扩展方法

时，要先调用 AsEnumerable()方法完成 DataTable 到 LINQ 的转换；如果需要将 LINQ to DataSet 的查询结果进行数据绑定，则需要调用 AsDataView＜T＞的泛型版来完成 LINQ 到 DataView 的转换；当然，也可以使用 CopyToDataTable()方法来实现 LINQ 到 DataTable 的转换。

接下来，再看看 DataRowExtensions 中的扩展方法。在 DataRowExtensions 中的扩展方法主要是用于从数据行中获得字段值的 Field 泛型方法和用于设置数据行中字段值的 SetField 泛型方法。具体如图 9-16 所示。

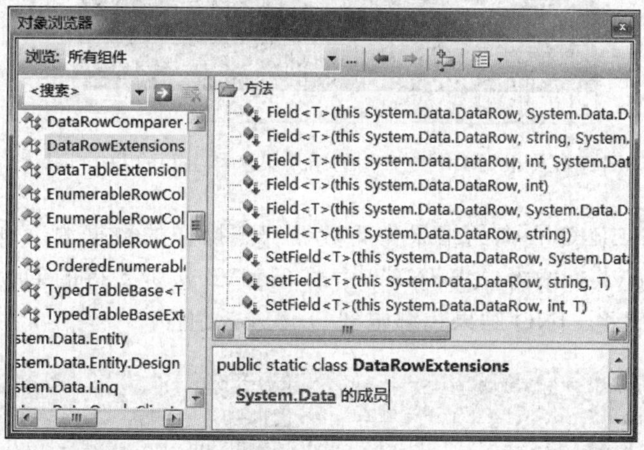

图 9-16　DataRowExtensions 中的扩展方法

9.3.4　LINQ 查询的其他用法

可以根据 LINQ 查询的结果集来产生新的 DataTable。如果已经有一个结果集，其基础类型可以表示为 IEnumrable＜T＞，就可以用该结果集来调用 CopyToDataTable ＜T＞()扩展方法来生成新的 DataTable。例如：

```
static void BuildDataTable(DataTable dt)
{
    //执行 LINQ 查询
```

```
        var result = from student in dt.AsEnumerable()
                     where student.Field<int>("AGE") >= 18
                     orderby student.Field<int>("ID") descending
                     select student;

        //使用 LINQ 查询结果集构建新的 DataTable
        DataTable newTable = result.CopyToDataTable();

        //输出 DataTable
        for (int i = 0; i < newTable.Rows.Count; ++i)
        {
            for (int j = 0; j < newTable.Columns.Count; ++j)
            {
                Console.Write(newTable.Rows[i][j].ToString() + "\t");
            }
            Console.WriteLine();
        }
    }
```

运行结果如图 9-17 所示。

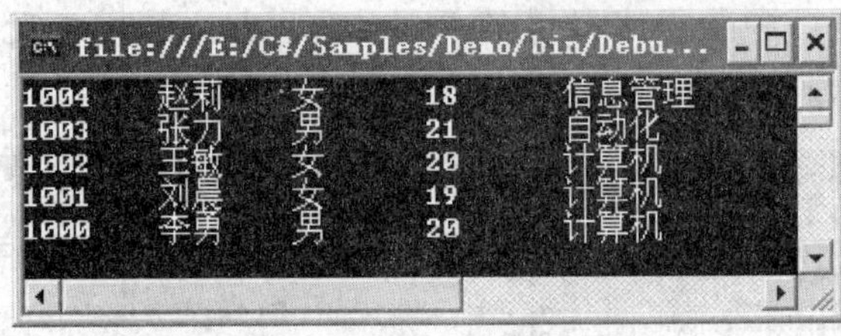

图 9-17 根据 LINQ 查询的结果集来产生新的 DataTable

另外，也可以将 LINQ 查询的结果作为数据绑定操作的数据源。例如，对于 Windows Form 中的 DataGridView 或者 ASP.NET 中的 GridView 所支持的 DataSource 属性，可以采用如下所示的代码将 LINQ 结果集绑定到 GridView 上：

```
dataGrid.DataSource = (from student in dt.AsEnumerable()
where student.Field<int>("AGE") >= 18
orderby student.Field<int>("ID") descending
select student).CopyToDataTable();
```

9.4 LINQ to SQL

LINQ to SQL 是包含在.NET Framework 的一种 ORM（对象关系映射）技术。ORM 允许使用 .NET 的类来对关系数据库进行建模，然后，可以使用 LINQ 对数据库中的数据进行 CRUD 操作（创建、读取、更新和删除）。LINQ to SQL 还提供了对事务、视图、存储过程的完全支持，它同样为将数据校验和业务层逻辑集成到数据模型中提供了一种简单的实现方式。

LINQ to SQL 的主要目的是在关系数据库和与它们进行交互的编程逻辑间提供一个一致的编程接口。有了它就不再需要使用字符串形式的嵌入式 SQL 语句，而直接使用强类型的 LINQ 查询来访问数据库，从而使用标准的面向对象技术来与数据交互。因此不再需要手工创建各种自定义类和数据访问库来隐藏程序代码中的 ADO. NET 编码。当使用 LINQ to SQL 编程时不再需要使用到诸如 SqlConnection、SqlCommand 和 SqlDataAdapter 这样的 ADO. NET 类型，而是通过使用 LINQ 查询表达式、定义的实体类型和 DataContext 类型来实现数据库访问。此外，LINQ to SQL 中的类型是可以与标准 ADO. NET 的数据类型集成的，这样现有的 ADO. NET 数据访问库就可以与 LINQ 查询表达式集成起来。

9.4.1 一个 LINQ to SQL 的简单实例

接下来依然以学生成绩管理数据库为例来说明 LINQ to SQL 的使用方法。在使用 LINQ to SQL 时，首先需要建立一个实体类，并将该类映射到对应的数据表。下面给出的是映射到 Student 表的实体类，由于需要使用 LINQ 中的各种特性来修饰类成员，所以必须在项目中引用 System. Data. Linq. dll 程序集，并引入 System. Data. Linq 和 System. Data. Linq. Mapping 两个命名空间。

```
[Table]
public class Student
{
    [Column(IsPrimaryKey = true)]
    public int ID;
    [Column]
    public string Name;
    [Column]
    public string Sex;
    [Column]
    public int Age;
    [Column]
    public string Major;
}
```

一个被标记了[Table]特性的类称为一个 LINQ to SQL 实体，[Table]特性在 System. Data. Linq. Mapping 命名空间，它会告诉 LINQ to SQL 该实体类型的一个对象实例代表数据库表中的一行。默认情况下，它假设表名和类名是一致，如果不一致，我们也可以使用下面的方法来实现映射：

```
[Table(Name = "Customers")]
```

[Column]特性标记了一个映射到数据库列的字段或者属性。如果列名和字段名或属性名不同，我们也可以用以下的做法完成映射：

```
[ColumnName = "FullName"]
public string Name;
```

IsPrimaryKe 特性指示该列是否是表中的主键列，为了维护对象的一致性以及更新和写回数据库，该特性是必需的。还可以定义公开属性去关联私有字段，而不是直接定义公有字段，这样就可以在属性访问器里面添加验证逻辑。

在定义了实体类之后，就可以通过实例化 DataContext，然后调用 GetTable()方法来进行查询操作，代码如下所示。

```
class Program
{
    const string cnStr = @"server = localhost; uid = sa; pwd = ; database = EducationDB";

    static void Main(string[] args)
    {
        DataContext db = new DataContext(cnStr);

        Table<Student> stuTable = db.GetTable<Student>();
        var result = from student in stuTable select student;
        foreach (var s in result)
        {
            Console.WriteLine("{0}    {1}    {2}    {3}    {4}",
                              s.ID, s.Name, s.Sex, s.Age, s.Major);
        }

        Console.ReadLine();
    }
}
```

注意，在创建 DataContext 类型的对象时，需要给它传递一个合适的连接字符串，在上面的代码中，定义了一个简单的字符串常量来表示连接字符串。当然，也可以将它存储在应用程序的配置文件中，或者利用 SqlConnectStringBuilder 类型以一种更加面向对象的方法来处该字符串。

接着，通过调用 DataContext 类型的泛型 GetTable<T>()方法，并指定其中的类型参数，便可得到 Student 实体类的实例。最后，通过建立应用于 Student 的 LINQ 查询表达式，便可得到如图 9-18 所示的查询结果。

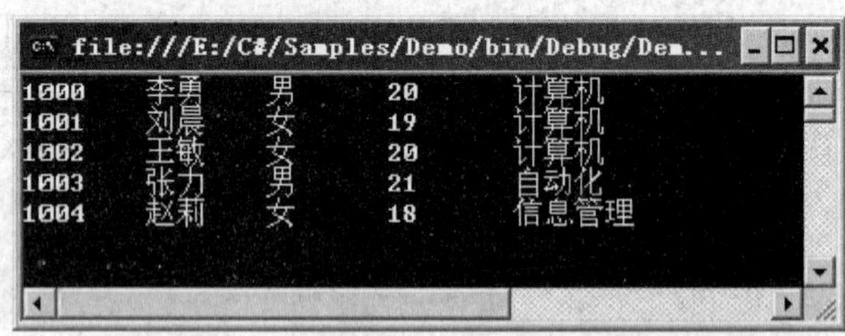

图 9-18 LINQ to SQL 的查询结果

9.4.2 强类型的 DataContext

DataContext 类型是 System.Data.Linq 命名空间下的一个重要类型，它用于将查询句法翻译成 SQL 语句，并负责将数据从数据库返回给调用方或者将实体的修改写入到数据库。

DataContext 类提供了以下一些常用的功能：以日志形式记录 DataContext 生成的 SQL 语句；执行 SQL 语句(包括查询和更新语句)；创建和删除数据库。所以说 DataContext 是实体和数据库之间的桥梁。

对于上面的例子，一个更好的方法是建立一个强类型的 DataContext 扩展类，在其中为其操作的每个表定义成员变量，这样便能得到一种更简洁的实现。下面便是定义的 EducationDB 类：

```
class EducationDB : DataContext
{
    public Table<Student> Student;

    public EducationDB(string cnStr) : base(cnStr) {}
}
```

定义了上面的 EducationDB 类之后，便可将 Main()方法的代码简化，如下所示。

```
static void Main(string[] args)
{
    EducationDB db = new EducationDB(cnStr);

    var result = from student in db.Student select student;
    foreach (var s in result)
    {
        Console.WriteLine("{0}    {1}    {2}    {3}    {4}",
                          s.ID, s.Name, s.Sex, s.Age, s.Major);
    }

    Console.ReadLine();
}
```

9.4.3 自动生成实体类

在上面的例子中操作的只是单个数据表，因而比较简单。但实际上，LINQ to SQL 程序可能需要操作多个相互关联的数据表，而且每个表可能都有很多字段。在这种情况下，如果还要依靠手工来编写与各个表进行映射的实体类将会十分枯燥。为了解决这一问题，微软提供了自动生成实体类的方法。

可以根据已知的数据库 schema，使用 Sqlmetal.exe 这个命令行工具或者 Visual Studio 2008 当中的 LINQ to SQL 设计器来自动生成对应的 LINQ to SQL 实体类。这些工具生成的都是分部实体类，因此还可以在另外一个分离的文件中添加额外的逻辑。下面来看一下 Sqlmetal.exe 工具的使用。

Sqlmetal.exe 可以通过 Visual Studio 2008 命令提示符来执行，它能够根据数据库元数据自动生成合适的 C# 类型。该工具有很多命令行选项，若要查看最新的选项列表，可以在命令提示符处输入 sqlmetal /? 。表 9-2 列出的是一些常用的选项。

表 9-2 Sqlmetal.exe 命令行选项

选　项	说　明
/server：<名称>	指定数据库服务器名称
/database：<名称>	指定服务器上的数据库名称
/user：<名称>	指定登录用户 ID，默认值：使用 Windows 身份验证
/password：<密码>	指定登录密码，默认值：使用 Windows 身份验证
/conn：<连接字符串>	指定数据库连接字符串。不能与/server、/database、/user 或 /password 选项一起使用
/timeout：<秒>	指定 SqlMetal 访问数据库时的超时值。默认值：0(即没有时间限制)
/views	提取数据库视图
/functions	提取数据库函数
/sprocs	提取存储过程
/code [：文件]	以源代码形式发送输出
/language：<语言>	指定源代码语言。有效的<语言>包括 VB、C#。默认值：从代码文件的扩展名派生
/namespace：<名称>	为生成的代码指定命名空间。默认值：无命名空间

对于前面的学生成绩管理数据库，可以输入下面的命令行来建立三个数据表的实体类：

```
sqlmetal /server:localhost /database:EducationDB /namespace:chapter9
/code:"d:\EducationDB.cs"
```

执行上面的命令后，只需将生成的 EducationDB.cs 代码文件添加到项目中，即可直接使用，图 9-19 是所生的代码中包含的各实体类的类图，从图中可以看出，除了三个数据库表所对应的实体类，另外还有一个从 DataContext 类扩展的 EducationDB 类，它的属性中包含了数据库中所有数据表。

9.4.4 使用自动生成的实体类编程

针对上面自动生成的实体类，下面我们用一个实例来说明它的使用方法。先创建一个 RetrivalScore 的控制台应用程序，然后将上面的 EducationDB.cs 代码文件添加到项目中。接下来输入如下所示的代码即可实现所有学生高等数学成绩的查询和输出。其输出结果如图 9-20 所示。

```
using System;
using System.Collections.Generic;
using System.Linq;
using System.Text;
using System.Data;
using System.Data.Linq;
using System.Data.Linq.Mapping;
using System.Data.Common;
using System.Data.SqlClient;

namespace Chapter9
{
```

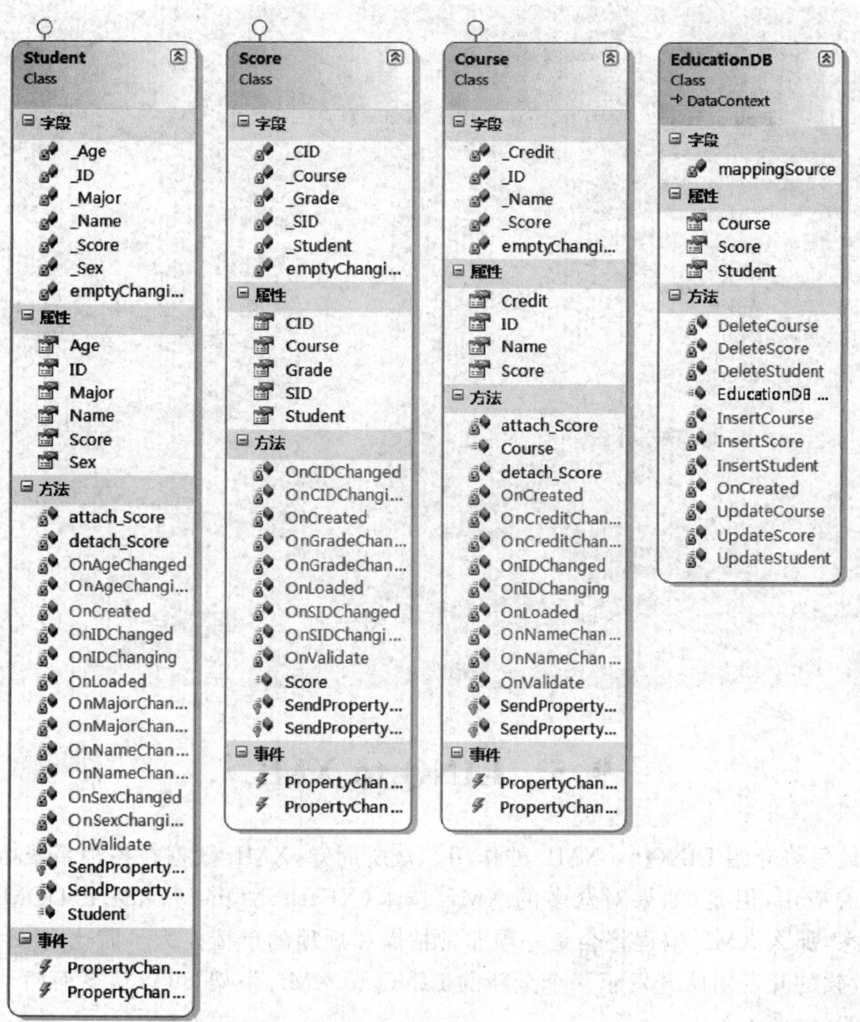

图 9-19　EducationDB.cs 中各实体类的类图

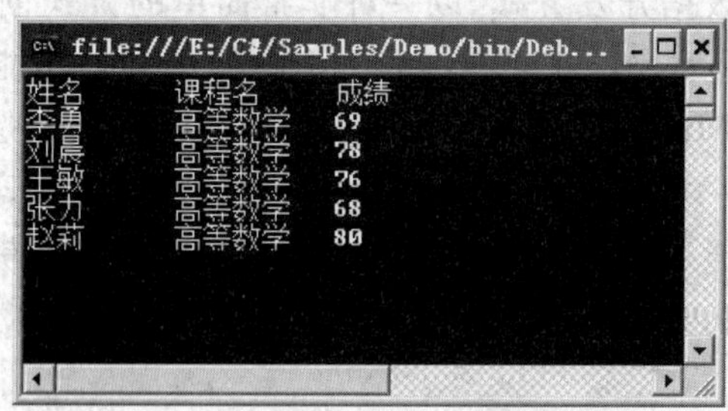

图 9-20　使用自动生成的实体类实现成绩查询

```
        class Program
        {
            const string cnStr = @"server = localhost; uid = sa; pwd =; database =
EducationDB";
```

```
        static void Main(string[] args)
        {
            EducationDB db = new EducationDB(cnStr);

            //实现多表查询
            Console.WriteLine("姓名        课程名       成绩");
            var result = from sco in db.Score
                         where sco.CID == 10
                         join stu in db.Student on sco.SID equals stu.ID
                         select new { stu.Name, CName = "高等数学", sco.Grade };
            foreach (var s in result)
            {
                Console.WriteLine("{0}   {1}   {2}",
                    s.Name, s.CName, s.Grade);
            }

            Console.ReadLine();
        }
    }
}
```

9.5 LINQ to XML

本章最后将介绍 LINQ to XML 的作用。众所周知，XML 数据在各种系统中得到了越来越广泛的应用，但是，如果对众多的 XML 技术(XPath、XQuery、XSLT、DOM、SAX 等)不是很熟悉，那么 XML 编程将会是一项非常枯燥和烦琐的事情。为了简化 XML 数据的使用方法，微软的开发团队开发了一个全新的 LINQ to XML 框架，可以从下面两个方面来认识这个框架。

首先，LINQ to XML 框架是一个轻量级的 XML 编程 API，开发者利用该框架，几乎可以完全取代原有的 XML 数据开发方式，以一种非常简单的方式创建、读取并操作内存中的 XML 数据；其次，LINQ to XML 框架中集成了 LINQ 的强大功能，开发者可以采用一致的编程方式来操作并查询 XML 数据。就像 LINQ to SQL 的目标是将关系数据库操作直接集成到.NET 编程语言中一样，LINQ to XML 用于实现同样的 XML 数据处理目标。不但可以凭借 LINQ to XML 通过 LINQ 查询从现有的 XML 文档中获取部分数据，也可以使用同样的 API 来创建、修改和分析 XML 数据。因此，可以将 LINQ to XML 看成一个更好的 DOM 编程模型。

9.5.1 LINQ to XML 框架

LINQ to XML 框的核心程序集 System.Xml.Linq.dll 有 3 个不同的命名空间，分别为 System.Xml.Linq、System.Xml.Schema、System.Xml.Xpath。其中 System.Xml.Schema 和 System.Xml.Xpath 命名空间只包含一个扩展类，而 LINQ to XML 框架则主要由位于命名空间 System.Xml.Linq 中的 15 个类所组成，这些类之间的关系如图 9-21 所示。

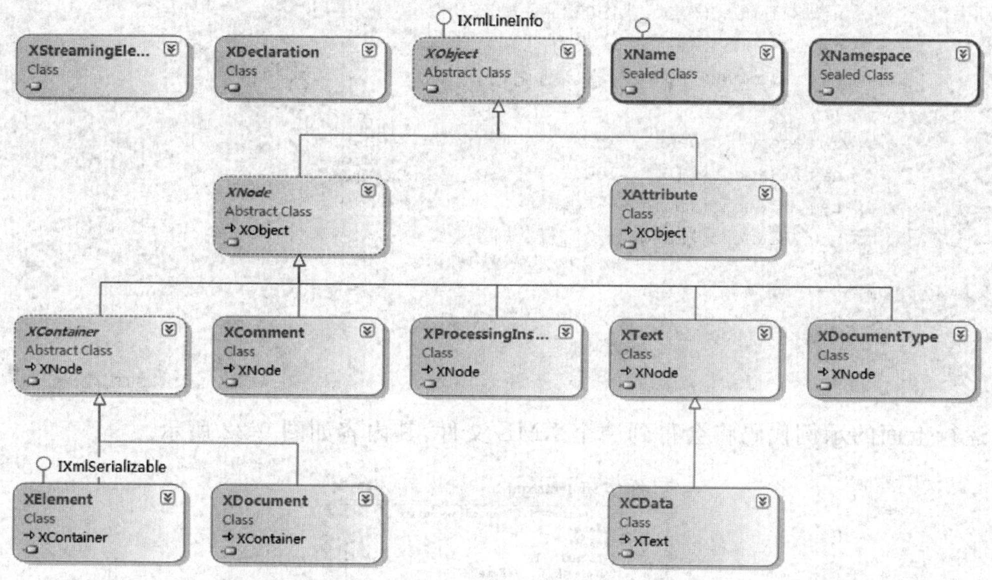

图 9-21　LINQ to XML 框架类的基本架构

在图 9-21 中，处于最上层的 XObject 类是一个抽象类，该类作为 LINQ to XML 框架中大部分类的基类，主要用于表示 XML 树中的节点或属性，另外在这个类中也定义了一些方法，如用于实现信息标注添加和删除操作的 AddAnnotation()、RemoveAnnotations()等。XContainer 是 XNode 类的抽象子类，这个类主要用于表示包含其他节点的节点。XDocument 类和 XElement 类虽然处于 LINQ to XML 框架类的最底层，但它们是 LINQ to XML 框架中最重要的两个类。XAttribute 类是 XObject 类的一个子类，主要用于表示 XML 属性。

下面将详细介绍处理 XML 时使用得最多的三个类：XElement、XAttribute 和 XDocument。如果掌握了这些类的使用方法，利用 LINQ to XML 来处理 XML 时将会感到非常简便。

9.5.2　XElement 类

XElement 类是 LINQ to XML 中的基础类之一。它表示一个 XML 元素。可以使用该类创建元素；更改元素内容；添加、更改或删除子元素；向元素中添加属性或以文本格式序列化元素内容。还可以与 System.Xml 中的其他类(例如 XmlReader、XmlWriter 和 XslCompiledTransform)进行互操作。

使用 LINQ to XML 创建 XML 文档有很多种方式，具体使用哪种方法要根据实际需要。而创建 XML 文档最简单、最常见的方式是使用 XElement 类。以下代码演示了如何使用 XElement 类创建一个 XML 文档。

```
static void CreateXML()
{
    XElement students = new XElement("Students",
        new XElement("Student",
```

```
            new XElement("ID", "1003"),
            new XElement("Name", "张力"),
            new XElement("Major", "自动化")
            ),
        new XElement("Student",
            new XElement("ID", "1004"),
            new XElement("Name", "赵莉"),
            new XElement("Major", "信息管理")
            )
        );
    students.Save("Students.xml");
}
```

运行上面的示例代码将会得到一个 XML 文件,其内容如图 9-22 所示。

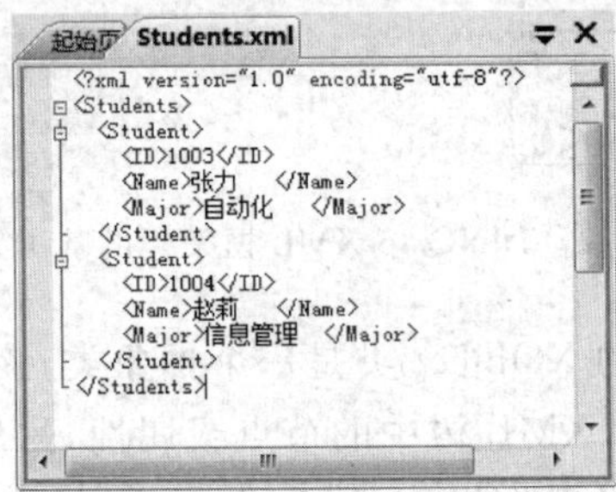

图 9-22 使用 XElement 类生成 XML 文档

LINQ to XML 的强大之处还在于它可以使用 LINQ to Object 或者 LINQ to SQL 获取数据源,然后填充到 XML 树中。下面的例子将利用 LINQ to SQL 从 EducationDB 数据库中读取 Student 表中的数据来创建一个与图 9-22 所示一样的 XML 文档:

```
static void CreateXML()
{
    EducationDB db = new EducationDB(cnStr);

    XElement students = new XElement("Students",
        from student in db.Student
        where student.ID >= 1003
        select new XElement("Student",
            new XElement("ID", student.ID),
            new XElement("Name", student.Name),
            new XElement("Major", student.Major)
            )
        );
    students.Save("Students.xml");
}
```

9.5.3 XAttribute 类

XAttribute 类是 XObject 类的一个子类,主要用于处理 XML 的属性,其中定义了一些用于删除、设置指定的属性的方法，如 Remove()、SetValue()等。属性是与元素相关联的"名称-值"对，每个元素中不能有名称重复的属性。使用 XAttribute 类与使用 XElement 类的操作十分相似，下面的示例演示了如何在创建 XML 树时为其添加一个属性：

```
static void CreateXML()
{
    XElement students = new XElement("Students",
        new XElement("Student",
            new XAttribute("ID", "1003"),
            new XElement("Name", "张力"),
            new XElement("Sex", "男"),
            new XElement("Major", "自动化")
            ),
        new XElement("Student",
            new XAttribute("ID", "1004"),
            new XElement("Name", "赵莉"),
            new XElement("Sex", "女"),
            new XElement("Major", "信息管理")
            )
        );
    students.Save("Students.xml");
}
```

运行上面的示例代码将会得到一个 XML 文件，其内容如图 9-23 所示，该文档中 ID 号作为 Student 元素的属性出现。

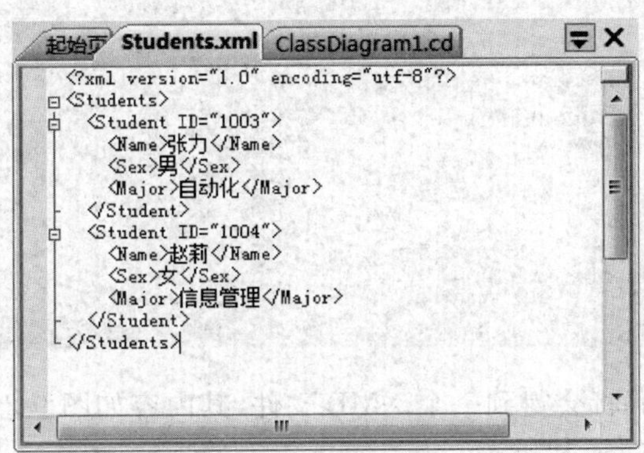

图 9-23　使用 XAttribute 类生成 XML 文档元素的属性

9.5.4　XDocument 类

XDocument 类主要用于表示整个 XML 文档，它提供了处理 XML 文档的各种方法，包括声明、注释和处理指令。比如静态的 Load()和 Parse()方法，分别用于实现从外部资源文件和字符串中加载 XML 文档；Save()和 WriteTo()方法，分别用于将 XML 文档保存为文件和将 XML 文档写入 System.Xml.XmlWriter。XDocument 类与 XElement 类的主要区别在于，XDocument 文档是一个包含单个根元素的 XElement 树，在 XDocument 文档中，还可以包含如表 9-3 所示的内容。

表 9-3　XDocument 文档中可包含的内容

对　　象	个数	说　明
XDeclaration	一个	用于指定 XML 声明中的重要组成部分，如文档编码和版本等
XElement	一个	指定文档的根元素
XDocumentType	一个	表示一个 XML DTD
XComment	多个	XML 注释。它不能是第一个参数，因为一个有效的 XML 文档不能以注释作为开始
XProcessingInstruction	多个	为处理 XML 的应用程序指定任何所需信息

下面的例子创建了一个简单的 XML 文档，它包含有元素、属性、处理指令和一些注释：

```
static void CreateXML()
{
    XDocument xmldoc = new XDocument(
        new XProcessingInstruction("xml-stylesheet", "title='StudentInfo'"),
        new XComment("注释：下面是一个学生名单"),
        new XElement("Students",
            new XElement("Student",
                new XAttribute("ID", "1003"),
                new XElement("Name", "张力"),
                new XElement("Sex", "男"),
                new XElement("Major", "自动化")
                ),
            new XElement("Student",
                new XAttribute("ID", "1004"),
                new XElement("Name", "赵莉"),
                new XElement("Sex", "女"),
                new XElement("Major", "信息管理")
                )
            )
        );
    xmldoc.Save("Students.xml");
}
```

运行上面的示例代码将会得到一个 XML 文件，其内容如图 9-24 所示。

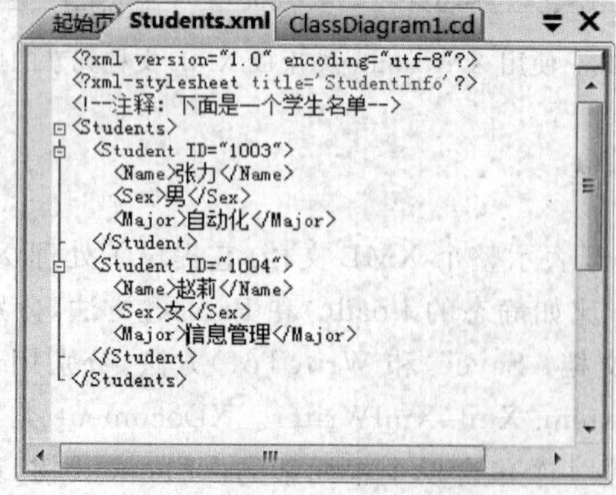

图 9-24　使用 XDocument 类生成的 XML 文档

XDocument 类中包含有多个与 XElement 类相同的方法，其具体内容可以参考 MSDN。在这里需要指出的是，处理节点和元素的大部分功能都可以通过 XElement 来实现，只有在需要文档层次的处理功能以及需要访问注释、处理指令和声明时，才有使用 XDocument 类的必要。

9.5.5 加载 XML 文档

由于 XDocument 和 XElement 这两个类都支持 Load()和 Parse()方法，使用这些方法，可以从字符串数据或者外部文件中加载 XML 文档。下面的实例说明了如何从已有的 Students. xml 文件加载 XML 文档：

```
static void LoadXML()
{
    XElement students = XElement.Load("Students.xml");
    Console.WriteLine(students.ToString());
}
```

运行该实例，其输出结果图 9-25 所示。

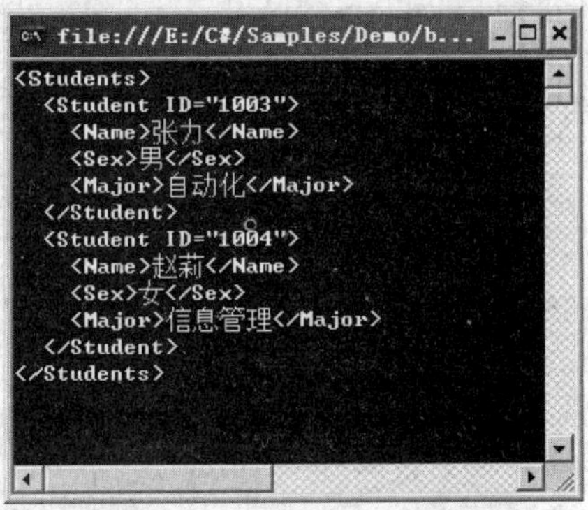

```
file:///E:/C#/Samples/Demo/b...
<Students>
  <Student ID="1003">
    <Name>张力</Name>
    <Sex>男</Sex>
    <Major>自动化</Major>
  </Student>
  <Student ID="1004">
    <Name>赵莉</Name>
    <Sex>女</Sex>
    <Major>信息管理</Major>
  </Student>
</Students>
```

图 9-25 从文件中加载 XML 文档

另外，也可以使用 Parse()方法从一个字符串加载 XML，其输出结果与图 9-25 完全一样。

```
static void LoadXML()
{
    XElement students = XElement.Parse(@"
        < Students >
            < Student ID = '1003 '>
                < Name >张力</Name >
                < Sex >男</Sex >
                < Major >自动化</Major >
            </Student >
            < Student ID = '1004 '>
                < Name >赵莉</Name >
                < Sex >女</Sex >
                < Major >信息管理</Major >
```

```
            </Student>
        </Students>
        ");
    Console.WriteLine(students.ToString());
}
```

9.5.6 遍历 XML 文档

使用 LINQ to XML 在 XML 树中遍历 XML 是相当简单的。只需要使用 XElement 类中所提供的 Descendants()或 Elements()方法即可。这两个方法都提供了定位到某个或某些元素的方式,其中,Descendants()可遍历某节点或文档下的所有子节点,Elements()则是遍历当前节点或文档下一级的子节点。下面的示例演示了如何建立 EducationDB 数据库中 Student 表的 XML 树,并遍历输出所有学生的姓名,输出结果如图 9-26 所示。

```
static void EnumerateXML()
{
    EducationDB db = new EducationDB(cnStr);

    XElement students = new XElement("Students",
        from student in db.Student
        select new XElement("Student",
            new XElement("ID", student.ID),
            new XElement("Name", student.Name),
            new XElement("Major", student.Major)
            )
        );

    foreach(var name in students.Descendants("Name"))
        Console.WriteLine("姓名:{0}", name.Value);
}
```

图 9-26　XML 文档的遍历

下面的代码利用 Elements()方法实现了与上面代码相同的遍历输出结果。

```
static void EnumerateXML()
{
    EducationDB db = new EducationDB(cnStr);
```

```
    XElement students = new XElement("Students",
        from student in db.Student
        select new XElement("Student",
            new XElement("ID", student.ID),
            new XElement("Name", student.Name),
            new XElement("Major", student.Major)
            )
        );

    foreach (var name in students.Elements("Student"))
        Console.WriteLine("姓名: {0}", name.Element("Name").Value);
}
```

9.5.7 操纵 XML 文档

最后,LINQ to XML 提供了多种方式来实现 XML 内容的插入、删除和更新。可以调用 Add()方法来添加新的 XElement 到一个已有的 XElement 或 XDocument 中,该方法会将数据添加到元素或文档的后面。当然,也可以调用 AddFirst()方法将新的数据添加到元素或文档的前面,或者使用 AddAfterThis()或 AddBeforeThis()方法将数据添加到指定位置。至于数据删除和更新,只需构建一个 LINQ 查询语句找出想要操作的数据项,再调用 Remove()方法来删除或 ReplaceContent()方法来更新即可。下面用一个实际例子来加以说明。

```
<?xml version="1.0" encoding="utf-8"?>
<Students>
  <Student ID="1003">
    <Name>张力</Name>
    <Sex>男</Sex>
    <Major>自动化</Major>
  </Student>
  <Student ID="1004">
    <Name>赵莉</Name>
    <Sex>女</Sex>
    <Major>信息管理</Major>
  </Student>
</Students>
```

对于上面的文档,可调用以下代码对其增加和删除数据项。

```
static void EditXML()
{
    XElement students = XElement.Load("Students.xml");

    //创建一个新的 Student 数据项
    XElement newStudent = new XElement("Student",
        new XAttribute("ID", "1005"),
        new XElement("Name", "赵刚"),
```

```
            new XElement("Sex", "男"),
            new XElement("Major", "计算机")
            );
        //添加一个新的 Student 数据项
        students.Add(newStudent);

        //删除各数据项中的 Sex 元素
        foreach (var item in students.Elements("Student"))
            item.Element("Sex").Remove();

        students.Save("NewStudents.xml");
    }
```

执行完上面的代码之后，原有的 XML 文档将变成如下所示的文档。

```
<?xml version = "1.0" encoding = "utf - 8"?>
< Students >
  < Student ID = "1003">
    < Name >张力</Name >
    < Major >自动化</Major >
  </Student >
  < Student ID = "1004">
    < Name >赵莉</Name >
    < Major >信息管理</Major >
  </Student >
  < Student ID = "1005">
    < Name >赵刚</Name >
    < Major >计算机</Major >
  </Student >
</Students >
```

9.6 小　　结

本章首先简要介绍了 LINQ 的基本概念及其引入的原因，然后介绍了一些常用的 LINQ 查询运算符及其使用方法，最后分别介绍了 LINQ 技术的三种主要应用：LINQ to DataSet、LINQ to SQL 和 LINQ to XML。

通过本章的学习，能够对 LINQ 技术有一个比较全面的认识和了解，初步掌握 LINQ 技术的使用方法。通过学习 LINQ to DataSet、LINQ to SQL 和 LINQ to XML，能够根据实际应用的需要灵活使用 LINQ 技术。

9.7 习　　题

1. 使用 LINQ 技术查询本章测试数据库 Student 表中的所有记录的 ID，Name 和 Age 列。

2. 使用 LINQ 技术查询本章测试数据库 Score 表中成绩在 60 到 80 之间的所有记录。

3. 使用LINQ技术从本章测试数据库Score表中查询12号课程的平均分。

4. 使用LINQ to DataSet技术从本章测试数据库Student表中查询所有男生的学号、姓名和专业信息,并按学号顺序升序排列。

5. 对于下面的XML文件使用LINQ to XML技术在其中增加一条学生记录{ID = 1009,Name='王强',Sex='男',Major='自动化'}。

```
<?xml version = "1.0" encoding = "utf - 8"?>
<Students>
  <Student ID = "1003">
    <Name>张力</Name>
    <Sex>男</Sex>
    <Major>自动化</Major>
  </Student>
</Students>
```

第 10 章　ADO. NET 和 XML

XML 作为一种在异构系统中存储和传递数据的方法，应用越来越广泛，第 9 章介绍了 XML 的基础内容，本章将介绍 XML 的程序开发。首先介绍 ADO. NET 和 XML 的关联。如果要深入掌握 XML 技术，需要了解 XML 在. NET 中的读写方法和 XSLT、XPath 等 XML 知识，. NET Framework 提供的 System. Xml 命名空间包含了对 XML 各项技术的支持，本章接下来讨论 System. Xml 命名空间中 XML 的读写方法和 XML 相关技术的实现。最后，介绍 SQL Server 对 XML 的支持。

10.1　XML 和 DataSet 的交互

XML 用于在数据库和应用程序或网页之间传输数据，它是将 ADO. NET 绑定到其他语言的纽带，同样，ADO. NET 也被设计成能够在 XML 环境中工作。ADO. NET 能够从 XML 流和 XML 文档填充 DataSet，也可以将 XML 流或 XML 文档中的信息与 DataSet 中的现有数据或架构信息进行组合。

如图 10-1 所示，通过 ADO. NET，可以从 XML 流或文档填充 DataSet，也可以使用 XML 流或文档向 DataSet 提供数据和/或架构信息，从 XML 流或文档中提供的信息可以与已存在于 DataSet 中的现有数据或架构信息进行组合，ADO. NET 还允许创建 DataSet 的 XML 表示形式。本节将介绍以上功能的实现。

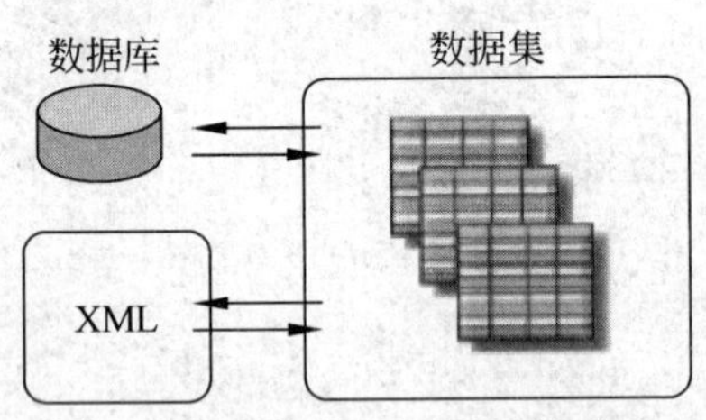

图 10-1　数据集 DataSet 和 XML 交互

10.1.1　将 DataSet 保存为 XML

1. WriteXml 方法

若要将 DataSet 写入文件、流或 XmlWriter，需要使用 WriteXml 方法。向 WriteXml 传递的第一个参数为 XML 输出的目标，例如，传递包含文件名的字符串、System. IO. TextWriter 对象等；第二个参数可以传递 XmlWriteMode 的某个选项来指定如何编写 XML 输出。

表 10-1 显示了 XmlWriteMode 选项的描述。

表 10-1　XmlWriteMode 选项

选　项	描　述
IgnoreSchema	以 XML 数据形式编写 DataSet 的当前内容，不包含 XML 架构。这是默认设置
WriteSchema	以 XML 数据形式编写 DataSet 的当前内容，以关系结构作为内联 XML 架构
DiffGram	以 DiffGram 形式编写整个 DataSet，包括原始值和当前值。在 ADO.NET 中，DiffGram 是用于标识数据集中数据元素的当前和原始版本的 XML 格式，它可以记录 DataSet 中数据的当前和原始的版本

以下代码示例展示了如何将数据集 DataSet 中的数据写入 XML 文件。

```
using System.Data;
using System.Data.SqlClient;

namespace ch10_1 {
    class Program {
        static void Main(string[] args) {
            string strConn = "Data Source = .; Initial Catalog = FastFood; Integrated
Security = True";
            string strSql = "select customerid, username, phone, email from Customer";
            using (SqlConnection conn = new SqlConnection(strConn)) {
                DataSet ds = new DataSet();
                SqlDataAdapter da = new SqlDataAdapter(strSql, conn);
                da.Fill(ds);
                if (ds != null)
                    ds.WriteXml(@"E:\Customers1.xml");
            }
        }
    }
}
```

运行这个程序，将从本书一直使用的 FastFood 数据库的 Customer 表中读取数据来填充数据集 DataSet，然后使用 WriteXml 方法写到 Customer1.xml 文件中，生成的文件如下所示。

```
<?xml version = "1.0" standalone = "yes"?>
<NewDataSet>
  <Table>
    <customerid>1</customerid>
    <username>Tom</username>
    <phone>5556734</phone>
    <email>tom@aaa.com</email>
  </Table>
  <Table>
    <customerid>2</customerid>
    <username>Mike</username>
    <phone>3765987</phone>
```

```
      <email>mike@bbb.com</email>
   </Table>
   <Table>
      <customerid>3</customerid>
      <username>Jake</username>
      <phone>2345345</phone>
      <email>jake@aaa.com</email>
   </Table>
</NewDataSet>
```

默认情况下，WriteXml 方法不生成 XML 架构，如果需要在写出 XML 文件的同时生成内联的 XML 架构，可以使用 XmlWriteMode.WriteSchema 参数。

将前面例子中的 WriteXml 方法修改为如下形式：

```
ds.WriteXml(@"E:\Customers2.xml",XmlWriteMode.WriteSchema);
```

则生成的 Customer2.xml 文件带有内联的 XML 架构，如下所示。

```
<?xml version="1.0" standalone="yes"?>
<NewDataSet>
  <xs:schema id="NewDataSet" xmlns="" xmlns:xs="http://www.w3.org/2001/XMLSchema"
xmlns:msdata="urn:schemas-microsoft-com:xml-msdata">
    <xs:element name="NewDataSet" msdata:IsDataSet="true" msdata:UseCurrentLocale="
true">
      <xs:complexType>
        <xs:choice minOccurs="0" maxOccurs="unbounded">
          <xs:element name="Table">
            <xs:complexType>
              <xs:sequence>
                <xs:element name="customerid" type="xs:int" minOccurs="0" />
                <xs:element name="username" type="xs:string" minOccurs="0" />
                <xs:element name="phone" type="xs:string" minOccurs="0" />
                <xs:element name="email" type="xs:string" minOccurs="0" />
              </xs:sequence>
            </xs:complexType>
          </xs:element>
        </xs:choice>
      </xs:complexType>
    </xs:element>
  </xs:schema>
  <Table>
    <customerid>1</customerid>
    <username>Tom</username>
    <phone>5556734</phone>
    <email>tom@aaa.com</email>
  </Table>
  <Table>
    <customerid>2</customerid>
    <username>Mike</username>
```

```
      <phone> 3765987 </phone>
      <email> mike@bbb.com </email>
    </Table>
    <Table>
      <customerid> 3 </customerid>
      <username> Jake </username>
      <phone> 2345345 </phone>
      <email> jake@aaa.com </email>
    </Table>
</NewDataSet>
```

2. WriteXmlSchema 方法

DataSet 还定义了 WriteXmlSchema 方法，这种方法可以在不写出数据的情况下写出 DataSet 的 XML 架构，WriteXmlSchema 方法接受一个参数来指定所生成的 XML 架构的目标位置。

例如以下代码用来生成 DataSet 对象 ds 中的 XML 架构并保存到 E 盘的 Customers.xsd 中。

```
ds.WriteXmlSchema(@"E:\Customers.xsd");
```

WriteXml 方法和 WriteXmlSchema 方法的第一个参数除了直接使用字符串表示生成文件的位置信息外也可以使用 System.IO.StreamWriter 对象表示写出信息，如下代码完成了与上述操作的相同功能。

```
System.IO.StreamWriter xmlSW = new System.IO.StreamWriter(@"E:\Customers.xsd");
ds.WriteXmlSchema (xmlSW);
xmlSW.Close();
```

3. GetXml 方法

DataSet 还提供了 GetXml 方法，用来将 XML 表示成字符串信息，如下所示。

```
string strXML = ds.GetXML();
```

4. GetXmlSchema 方法

GetXML 方法只返回 DataSet 的 XML 表现形式，但不包含 XML 架构信息，如果要将 DataSet 的 XML 架构导出并返回字符串形式，需要使用 DataSet 提供的 GetXmlSchema 方法，如下所示。

```
string strXMLSchema = ds.GetXmlSchema();
```

10.1.2 从 XML 加载 DataSet

1. ReadXml 方法

DataSet 的内容可以利用 XML 流或文档创建。此外，DataSet 还可以利用.NET Framework，允许用户灵活地控制从 XML 中加载哪些信息，以及如何创建 DataSet 的架构。

若要使用 XML 中的数据填充 DataSet，需要使用 DataSet 对象的 ReadXml 方法。

ReadXml 方法将从文件、流或 XmlReader 中进行读取，XmlReade 方法将 XML 的源以及 XmlReadMode 值用作参数。表 10-2 中显示了 XmlReadMode 参数的选项。

表 10-2 XmlReadMode 选项

XmlReadMode 选项	描 述
Auto	这是默认设置， 检查 XML 并按如下顺序选择最适合的选项： (1) 如果 XML 为 DiffGram，则使用 DiffGram； (2) 如果 DataSet 包含架构或 XML 包含内联架构，则使用 ReadSchema； (3) 如果 DataSet 不包含架构且 XML 不包含内联架构，则使用 InferSchema。 如果所读取的 XML 格式已知，为了获得最佳性能，建议设置显式 XmlReadMode 而不是接受默认选项 Auto
ReadSchema	读取内联架构并加载数据和架构。 (1) 如果 DataSet 已包含架构，则新表将从内联架构添加到 DataSet 中的现有架构。如果 DataSet 中已存在内联架构中的任何表，则将引发异常。且不能使用 XmlReadMode. ReadSchema 来修改现有表的架构。 (2) 如果 DataSet 不包含架构，并且没有内联架构，则不会读取任何数据。 内联架构指的是使用 XML 架构定义语言(XSD)来定义的架构
IgnoreSchema	忽略任何内联架构并将数据加载到现有的 DataSet 架构中。任何与现有架构不匹配的数据都将被丢弃。如果 DataSet 中不存在任何架构，则不会加载任何数据。 如果数据为 DiffGram，则 IgnoreSchema 与 DiffGram 具有相同的功能
InferSchema	忽略任何内联架构并按照 XML 数据的结构推断架构，然后加载数据。 如果 DataSet 已经包含架构，则会通过向现有表中添加列来扩展当前架构。如果不存在表，则不会添加其他表。如果已存在具有不同命名空间的推断表或者任何推断表与现有列发生冲突，则会引发异常
DiffGram	读取 DiffGram 并将数据添加到当前架构中。DiffGram 会将新行和唯一标识符值匹配的现有行合并
Fragment	持续读取多个 XML 片段，直至到达流的末尾。与 DataSet 架构匹配的片段会追加到相应的表。与 DataSet 架构不匹配的片段将被丢弃

以下代码显示如何通过 XML 文件名称传递给 ReadXml 方法，并从 XML 文件中加载 DataSet。

```
DataSet ds = new DataSet();
ds.ReadXml("input.xml", XmlReadMode.ReadSchema);
```

除了通过 XML 文件名参数，也可以通过流的方式来提供 XML 数据，如下代码通过 StringReader 对象给 ReadXml 方法传递 XML 数据字符串形式的参数。

```
DataSet ds = new DataSet();
DataTable table = new DataTable("table1");
table.Columns.Add("col1", typeof(string));
ds.Tables.Add(table);
string xmlData = "<XmlDS>
                  <table1><col1>Value1</col1></table1>
                  <table1><col1>Value2</col1></table1>
```

```
                    </XmlDS>";
    System.IO.StringReader xmlSR = new System.IO.StringReader(xmlData);
    dataSet.ReadXml(xmlSR, XmlReadMode.IgnoreSchema);
```

上述例子将生成的 Customers2.xml 加载到程序中的 DataSet 对象，并将该对象绑定到网页的 GridView 控件，由于在 Customers2.xml 带有内联架构，所以使用 XMLReadMode.ReadSchema 参数。

步骤 1：新建一个 Web 项目 ch10-3，在网页中加入 GridView 控件，如图 10-2 所示。

Default.aspx* 起始页

div

Column0	Column1	Column2
abc	abc	abc
abc	abc	abc
abc	abc	abc
abc	abc	abc
abc	abc	abc

图 10-2　在 Default.aspx 中添加 GridView 控件

步骤 2：修改 Default.aspx.cs，在 Page_Load()方法中加入以下代码。

```
protected void Page_Load(object sender, EventArgs e) {
    try {
        DataSet ds = new DataSet();
        System.IO.StreamReader xmlR = new
            System.IO.StreamReader(@"E:\Customers2.xml");
        ds.ReadXml(xmlR,XmlReadMode.ReadSchema);
        GridView1.DataSource = ds.Tables[0].DefaultView;
        GridView1.DataBind();
    } catch (Exception ex) {
        Response.Write("<script language='javascript'>alert('" + ex.Message + "');</
script>");
    }
}
```

步骤 3：启动测试后，可以看到 Default.aspx 读取了 XML 数据并在网页上显示，如图 10-3 所示。

customerid	username	phone	email
1	Tom	5556734	tom@aaa.com
2	Mike	3765987	mike@bbb.com
3	Jake	2345345	jake@aaa.com

图 10-3　Default.aspx 运行效果

2. ReadXmlSchema 方法

若要从 XML 文档中加载 DataSet 架构信息，可以使用 DataSet 的 ReadXmlSchema 方法。ReadXmlSchema 用于从 XML 架构文档(XSD)或包含内联 XML 架构的 XML 文档加载或推断 DataSet 架构信息。

如果传递给 ReadXmlSchema 方法的 XML 文档不包含内联架构信息，则 ReadXmlSchema 方法将根据 XML 文档中的元素推断该架构。如果 DataSet 已包含架构，则会在表不存在的情况下通过添加新表来扩展当前架构。ReadXmlSchema 方法不会将新列添加到现有表中，如果需要添加的列已存在于 DataSet 中，但该列的类型与相应列不兼容，则将引发异常。代码如下所示。

1) 使用 XML 文档位置字符串

```
DataSet dataSet = new DataSet();
dataSet.ReadXmlSchema("schema.xsd");
```

2) 使用流表示 XML 文档

```
System.IO.StreamReader xmlStream = new System.IO.StreamReader("schema.xsd");
DataSet dataSet = new DataSet();
dataSet.ReadXmlSchema(xmlStream);
xmlStream.Close()
```

10.1.3 数据集与 XmlDataDocument 同步

除了将 DataSet 数据写入 XML 或从 XML 加载数据，.NET Framework 提供了 XmlDataDocument 对象，该对象能够实现和 DataSet 的同步。从而实现对基于 DataSet 的关系数据和基于 XML 的层次数据的实时、同步的访问。

当 DataSet 与 XmlDataDocument 同步时，这两个对象都使用同一组数据。这意味着如果对 DataSet 作出更改，更改将在 XmlDataDocument 中得到反映，反之亦然。DataSet 和 XmlDataDocument 之间的这种关系为编程提供了很大的灵活性，它允许单个应用程序使用一组数据来访问围绕 DataSet 生成的整组服务以及 XML 服务组。DataSet 生成的整组服务适用于 Web 数据控件和 Windows 窗体控件，而 XML 服务组适用于可扩展样式表 XSL 和 XML 路径语言 XPath。

DataSet 和 XmlDataDocument 同步常用的方法有以下三种形式。

(1) 使用架构和数据填充 DataSet，然后使其与新 XmlDataDocument 同步，这将提供现有关系数据的分层视图。代码示例如下：

```
DataSet dataSet = new DataSet();
// 填充 DataSet 代码
XmlDataDocument xmlDoc = new XmlDataDocument(dataSet);
```

(2) 仅使用架构填充 DataSet，例如强类型的 DataSet，使其与 XmlDataDocument 同步，然后从 XML 文档中加载 XmlDataDocument。这将提供现有分层数据的关系视图。

以下代码示例显示了创建 DataSet 和填充其架构，然后使其与 XmlDataDocument 同步的步骤。请注意,DataSet 架构只需要匹配 XmlDataDocument 中要使用 DataSet 公开的元素。

```
DataSet dataSet = new DataSet();
// 填充 DataSet 架构,但不写入数据
XmlDataDocument xmlDoc = new XmlDataDocument(dataSet);
xmlDoc.Load("XMLDocument.xml");
```

注意:如果 XmlDataDocument 已经与包含数据的 DataSet 同步,则不能加载该 XmlDataDocument。否则会引发异常。

(3) 创建一个新的 XmlDataDocument 并从 XML 文档中加载,然后使用 XmlDataDocument 的 DataSet 属性访问数据的关系视图。若要使用 DataSet 查看 XmlDataDocument 中的数据,需要先设置 DataSet 的架构。DataSet 架构中的表名称和列名称必须匹配要与其同步的 XML 元素的名称,并区分大小写。

以下代码示例显示了如何访问 XmlDataDocument 中数据的关系视图。

```
XmlDataDocument xmlDoc = new XmlDataDocument();
DataSet dataSet = xmlDoc.DataSet;
// 设置 DataSet 的架构,需要和同步的 XML 元素匹配
xmlDoc.Load("XMLDocument.xml");
```

使 XmlDataDocument 与 DataSet 同步的另一个优点是避免了 XML 文档的失真。如果 DataSet 是使用 ReadXml 从 XML 文档中填充的,那么当使用 WriteXml 以 XML 文档形式写回数据时,数据可能大大不同于初始的 XML 文档。这是因为 DataSet 不维护 XML 文档中的格式设置(如空白)或分层信息(如元素顺序)。DataSet 也不包含 XML 文档中因为不匹配 DataSet 架构而被忽略的元素。通过使 XmlDataDocument 与 DataSet 同步,可以在 XmlDataDocument 中维护初始 XML 文档的格式设置和分层元素结构,而 DataSet 仅包含适用于 DataSet 的数据和架构信息。

示例 10-4 演示了 DataSet 和 XmlDataDocument 之间的同步,在例子中创建了一个类型化 DataSet,然后通过 XmlDataDocument 读取 10.1.1 节中保存的 Customers1. xml,最后通过对 DataSet 的修改同步到新的 XML 文档中。

步骤 1:新建一个 C# 项目 ch10-4,在项目中添加一个类型化 DataSet,默认名为 DataSet1,按照 Customers1. xml 的架构在 DataSet1 中添加 customerid、username、phone 列,为了和 XML 做比较,在建立 DataSet1 时,没有添加 XML 中的 email 元素,如图 10-4 所示。

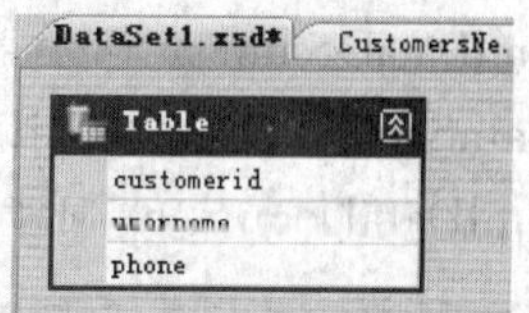

图 10-4 类型化 DataSet1 结构图

步骤 2:编写如下程序,利用 XmlDataDocument 的 Load 方法读入 Customers1. xml,并和步骤 1 中的 DataSet1 同步,在 DataSet1 中修改同步的 XML 数据,然后写回到新的 XML 文件。

```
using System;
using System.Xml;

namespace ch10_4 {
```

```
        class Program {
            static void Main(string[] args) {
                DataSet1 ds = new DataSet1();
                XmlDataDocument xmlDoc = new XmlDataDocument(ds);
                xmlDoc.Load(@"E:\Customers1.xml");
                //从 DataSet 中输出同步的 XML 数据
                foreach (DataSet1.TableRow row in ds.Table.Rows) {
                    Console.Write(row.customerid + "|");
                    Console.Write(row.username + "|");
                    Console.WriteLine(row.phone);
                }
                //修改 DataSet
                for (int i = 0; i <= ds.Table.Rows.Count - 1; i++) {
                    ds.Table[i].phone = "010 - " + ds.Table[i].phone;
                }
                ds.Table.AddTableRow("10", "abc", "8811223");
                //写出到新的 XML 文件 CustomersNew.xml
                ds.WriteXml(@"E:\CustomersNewFromDataSet.xml");
                xmlDoc.Save(@"E:\CustomersNewFromXmlDataDocument.xml");
            }
        }
    }
```

步骤 3：运行程序，程序中通过 foreach 遍历了 DataSet1 中的数据，并在屏幕上输出，输出效果如图 10-5 所示。

```
C:\WINDOWS\system32\cmd.exe
1|Tom|5556734
2|Mike|3765987
3|Jake|2345345
请按任意键继续. . .
```

图 10-5　程序 10-4 运行效果

步骤 4：程序对 DataSet 中的电话字段加入了“010”的区号前缀，然后通过 ds.Table.AddTableRow 方法添加了一行新的数据，比较程序最后生成的 CustomersNewFromDataSet.xml 和 CustomersNewFromXmlDataDocument.xml，前者是由 DataSet 保存得到的，后者是 XmlDataDocument 同步得到的。两个 XML 分别如下所示，可见，由于程序中建立的类型化 DataSet1 中没有 email 元素，所以由 DataSet1 保存的 XML 中没有 email 元素，而由 XmlDataDocument 同步的 XML 文档会保留原始的 XML 的结构。

```
CustomersNewFromDataSet.xml
    <?xml version = "1.0" standalone = "yes"?>
    <DataSet1>
      <Table>
        <customerid>1</customerid>
        <username>Tom</username>
        <phone>010 - 5556734</phone>
      </Table>
```

```
        <Table>
          <customerid>2</customerid>
          <username>Mike</username>
          <phone>010 - 3765987</phone>
        </Table>
        <Table>
          <customerid>3</customerid>
          <username>Jake</username>
          <phone>010 - 2345345</phone>
        </Table>
        <Table>
          <customerid>10</customerid>
          <username>abc</username>
          <phone>8811223</phone>
        </Table>
      </DataSet1>
CustomersNewFromXmlDataDocument.xml
      <?xml version = "1.0" standalone = "yes"?>
      <NewDataSet>
        <Table>
          <customerid>1</customerid>
          <username>Tom</username>
          <phone>010 - 5556734</phone>
          <email>tom@aaa.com</email>
        </Table>
        <Table>
          <customerid>2</customerid>
          <username>Mike</username>
          <phone>010 - 3765987</phone>
          <email>mike@bbb.com</email>
        </Table>
        <Table>
          <customerid>3</customerid>
          <username>Jake</username>
          <phone>010 - 2345345</phone>
          <email>jake@aaa.com</email>
        </Table>
        <Table>
          <customerid>10</customerid>
          <username>abc</username>
          <phone>8811223</phone>
        </Table>
      </NewDataSet>
```

10.2 XML 文档的处理

在.NET Framework 中 System.Xml 命名空间为处理 XML 提供基于标准的支持。System.Xml 提供对 W3C 标准的兼容支持，支持的标准包括 XML 1.0、XML 命名空间、XSD 架构、XPath 表达式、XSLT 转换、DOM 等。

相应的支持选项和命名空间见表 10-3 所示。从 10.3 节开始，将详细介绍利用

Xmlreader,XmlWriter,XmlDocument 分别实现顺序和基于 DOM 的读写 XML 数据。

表 10-3 Xml 处理选项

处理选项	命名空间	描述
LINQ to XML	System.Xml.Linq	LINQ to XML 提供用于访问 XML 数据的内存中接口，该接口与重新设计并更新的 DOM 接口相当。LINQ to XML 是.NET Framework 3.5 中的新功能
XmlReader	System.Xml	XmlReader 类提供一种快速非缓存的只进 XML 数据访问方式
XmlWriter	System.Xml	XmlWriter 类提供一种快速非缓存的只进 XML 数据生成方式
XmlDocument	System.Xml	XmlDocument 类实现 W3C DOM 接口，用于读取和创建 XML 文档
XPathNavigator	System.Xml.XPath	XPathNavigator 类对 XmlDocument 和 XPathDocument 中的 XML 提供多个编辑选项和导航功能
XslCompiledTransform	System.Xml.Xsl	XslCompiledTransform 类为使用 XSL 转换进行 XML 数据的转换提供选项

10.3 顺序读取 XML 数据

System.Xml 命名空间中的 XmlReader 类是一个提供对 XML 数据的非缓存、只进只读访问的抽象基类。XmlReader 类支持从流或文件读取 XML 数据。该类定义的方法和属性可以浏览数据并读取节点的内容。XmlReader 类使用返回当前节点值的读取方法和属性推进读取器。

使用 XmlReader，可以避免大量的内存开销，而且省去对 DOM 的访问可以使读取 XML 的速度加快，对于较大的 XML 文档，使用 XMLReader 比使用 DOM 可以大大提高处理性能。

使用 XmlReader 顺序读取 XML 数据，使用的步骤如下。

(1) 创建 XmlReader 对象：利用 Create 方法创建 XmlReader 对象，在创建时往往使用 XmlReaderSettings 对象来指定读取的配置信息；

(2) 使用 Read 方法按顺序读取文档中的节点，直到找到指定的节点或者达到文档的末尾为止，每次调用 Read 方法后，指针都将指向下一个节点，如果达到文档的末尾，Read 方法返回 false；

(3) 在读取过程中，XmlReader 可以检查 XML 文档格式，如果不正确，会抛出一个 XmlException 异常。

10.3.1 创建对象

使用 XmlReader.Create()方法来创建 XmlReader 实例。Create()方法有多个重载方法，可以使用基于流、文件 URL 和 TextReader 的 XML 文档的参数。在使用 Create()方法时候，可以使用 XmlReaderSettings 类指定用于 XmlReader 对象启用的一些属性。

创建 XmlReader 对象的步骤是首先使用 XmlReaderSettings 类的属性启用或禁用功能，然后，将 XmlReaderSettings 对象传递给 Create 方法。

XmlReaderSettings 类的属性说明见表 10-4。

表 10-4 XmlReaderSettings 类的属性

XmlReaderSettings 属性	说　明
CheckCharacters	是否进行字符检查，默认值：true
ConformanceLevel	XmlReader 将遵循的一致性级别，选择 ConformanceLevel 枚举值。默认值：ConformanceLevel.Document，表示 XML 数据遵循格式良好的 XML 1.0 文档的规则
IgnoreComments	是否忽略注释，默认值：false
IgnoreProcessingInstructions	是否忽略处理指令，默认值：false
IgnoreWhitespace	是否忽略无关紧要的空白，默认值：false
LineNumberOffset	XmlReader 对象的行号偏移量，默认值：0
LinePositionOffset	XmlReader 对象的行位置偏移量，默认值：0
NameTable	原子化字符串比较的 XmNameTable，默认值：null
ProhibitDtd	是否禁用文档类型定义，默认值：true
Schemas	空的 XmlSchemaSet 对象
ValidationFlags	验证时候使用的架构验证选项
ValidationType	进行验证的方式
XmlResolver	新的 XmlUrlResolver 对象

通过使用 Create 方法和 XmlReaderSettings 类，可以得到下列好处。

（1）可以指定要在所创建的 XmlReader 对象上支持的功能。

（2）XmlReaderSettings 类可以重复使用，以创建多个读取器对象。可以使用相同的设置创建多个具有相同功能的读取器。另外，可以修改 XmlReaderSettings 对象并创建具有不同功能集的新读取器。

（3）可以将功能添加到现有读取器中。Create 方法可以接受其他 XmlReader 对象。基础 XmlReader 对象可以是用户定义的读取器或 XmlTextReader 对象，也可以是要添加附加功能的另一个 XmlReader 实例。

（4）充分利用.NET Framework 的 XmlReader 类中增加的所有新功能。某些功能只能在通过 Create 方法创建的 XmlReader 对象上使用，例如更好的一致性检查以及与 XML 1.0 建议的一致性。

表 10-5 中是一些常见的 XmlReader 对象创建实例和对应 XmlReaderSettings 类的设置方法。

表 10-5 XmlReader 对象创建实例

XmlReader 实例	XmlReaderSettings 属性设置
要求数据是格式正确的 XML 文档	ConformanceLevel = ConformanceLevel.Document
要求数据是格式正确的 XML 已分析实体	ConformanceLevel = ConformanceLevel.Fragment
需要数据针对 DTD 进行验证	ProhibitDtd = false ValidationType = ValidationType.DTD

续表

XmlReader 实例	XmlReaderSettings 属性设置
需要数据针对 XML 架构进行验证	ValidationType = ValidationType.Schema Schemas = 要用于验证的 XmlSchemaSet
需要数据针对内联 XML 架构进行验证	ValidationType = ValidationType.Schema ValidationFlags |=XmlSchemaValidationFlags.ProcessInlineSchema
需要类型支持	ValidationType = ValidationType.Schema Schemas = 要使用的 XmlSchemaSet

下面的示例代码显示如何创建 XmlReader 对象，该对象读取名为 books.xml 的 XML 文档，并忽略其中的空白和注释。

```
XmlReaderSettings settings = new XmlReaderSettings();
settings.ConformanceLevel = ConformanceLevel.Fragment;
settings.IgnoreWhitespace = true;
settings.IgnoreComments = true;
XmlReader reader = XmlReader.Create("books.xml", settings);
```

下面的示例代码同样创建了 XmlReader 对象，该对象嵌套 XmlTextReader 对象，并实现对通过 XML 架构进行 XML 数据验证。XmlTextReader 对象也提供对 XML 流只进只读方式的访问，但不提供数据验证。

```
XmlTextReader txtReader = new XmlTextReader("bookOrder.xml");
XmlReaderSettings settings = new XmlReaderSettings();
settings.Schemas.Add("urn:po-schema", "PO.xsd");
settings.ValidationType = ValidationType.Schema;
XmlReader reader = XmlReader.Create(txtReader, settings);
```

10.3.2 XmlReader 的常用属性和方法

XmlReader 的常用属性和方法分别见表 10-6 和表 10-7。

表 10-6 XmlReader 类常用属性

XmlReader 属性	说　明
AttributeCount	获取当前节点上的属性数
BaseURI	获取当前节点的基 URI
Depth	获取 XML 文档中当前节点的深度
EOF	指示此读取器是否定位在流的结尾
HasAttributes	指示当前节点是否有任何属性
HasValue	指示当前节点是否可以具有 Value
IsDefault	指示当前节点是否是从 DTD 或架构中定义的默认值生成的属性
IsEmptyElement	指示当前节点是否为空元素
Item	当在派生类中被重写时，获取此属性的值
LocalName	获取当前节点的本地名称
Name	获取当前节点的限定名

续表

XmlReader 属性	说　明
NamespaceURI	获取读取器定位在其上的节点的命名空间 URI
NameTable	获取与该实现关联的 XmlNameTable
NodeType	获取当前节点的类型
Prefix	获取与当前节点关联的命名空间前缀
SchemaInfo	获取作为架构验证结果分配给当前节点的架构信息
Settings	获取用于创建此 XmlReader 实例的 XmlReaderSettings 对象

表 10-7　XmlReader 类常用方法

XmlReader 方法	说　明
Close	将 ReadState 更改为 Closed
Create	创建一个新的 XmlReader 实例
GetAttribute	获取属性的值
IsName	指示字符串参数是否是有效的 XML 名称
IsNameToken	指示该字符串参数是否是有效的 XML 名称标记
IsStartElement	测试当前内容节点是否是开始标记
LookupNamespace	当在派生类中被重写时，在当前元素的范围内解析命名空间前缀
MoveToAttribute	移动到指定的属性
MoveToContent	检查当前节点是否是内容（非空白文本、CDATA、Element、EndElement、EntityReference 或 EndEntity）节点。如果此节点不是内容节点，则读取器向前跳至下一个内容节点或文件结尾。它跳过以下类型的节点：ProcessingInstruction、DocumentType、Comment、Whitespace 或 SignificantWhitespace
MoveToElement	移动到包含当前属性节点的元素
MoveToFirstAttribute	移动到第一个属性
MoveToNextAttribute	移动到下一个属性
Read	从流中读取下一个节点
ReadAttributeValue	将属性值解析为一个或多个 Text、EntityReference 或 EndEntity 节点
ReadContentAs	将内容作为各种指定类型的对象读取
ReadElementContentAs	将内容作为指定类型的对象返回
ReadEndElement	检查当前内容节点是否为结束标记并将读取器推进到下一个节点
ReadInnerXml	将所有内容（包括标记）当作字符串读取
ReadOuterXml	读取表示该节点和所有它的子级的内容（包括标记）
ReadStartElement	检查当前节点是否为元素并将读取器推进到下一个节点
ReadString	将元素或文本节点的内容当作字符串读取
ReadSubtree	返回新的 XmlReader 实例，此实例可用于读取当前节点及其所有子节点
Skip	跳过当前节点的子级

XmlReader 可以通过 NodeType 属性区分当前的节点是什么节点类型的，不同的节点类型可以采用不同的处理方法，所有的 XML 类型都是 XmlNodeType 的枚举值，表 10-8 列举了 XmlNodeType 枚举值。

表 10-8　XmlNodeType 枚举

枚举成员	说　明
Element	元素(例如,＜item＞)
Attribute	属性(例如,id='123')
Text	节点的文本内容
CDATA	CDATA 节(例如,＜! [CDATA[my escaped text]]＞)
EntityReference	实体引用(例如,#)
Entity	实体声明(例如,＜! ENTITY…＞)
ProcessingInstruction	处理指令(例如,＜? pi test? ＞)
Comment	注释(例如,＜! -- my comment --＞)
Document	作为文档树的根的文档对象提供对整个 XML 文档的访问
DocumentType	由以下标记指示的文档类型声明(例如,＜! DOCTYPE…＞)
DocumentFragment	文档片段
Notation	文档类型声明中的表示法(例如,＜! NOTATION…＞)
Whitespace	标记间的空白
SignificantWhitespace	混合内容模型中标记间的空白或 xml:space="preserve"范围内的空白
EndElement	末尾元素标记(例如,＜/item＞)
EndEntity	由于调用 ResolveEntity 而使 XmlReader 到达实体替换的末尾时返回
XmlDeclaration	XML 声明(例如,＜? xml version='1.0'? ＞)

10.3.3　XmlReader 读取 XML 实例

以下实例提供了对 E 盘中的 Csutomers1.xml 文档只进只读访问，首先创建了 XmlReader 对象，然后通过 reader.Read()遍历所有节点，利用 Switch 语句对不同 NodeType 属性的节点做了不同处理。

```
using System;
using System.Xml;

namespace ch10_5 {
    class Program {
        static void Main(string[] args) {
            XmlReader reader = null;
            try {
                //创建 XmlReader 实例
                XmlReaderSettings settings = new XmlReaderSettings();
                settings.IgnoreWhitespace = true;
                reader = XmlReader.Create(@"E:\Customers1.xml", settings);
                //读取每个节点内容
                while (reader.Read()) {
                    switch (reader.NodeType) {
                        case XmlNodeType.Element:
                            Console.WriteLine("<{0}>", reader.Name);
                            break;
                        case XmlNodeType.Text:
                            Console.WriteLine(reader.Value);
```

```
                        break;
                    case XmlNodeType.CDATA:
                        Console.WriteLine("<![CDATA[{0}]]>", reader.Value);
                        break;
                    case XmlNodeType.ProcessingInstruction:
                        Console.WriteLine("<?{0} {1}?>", reader.Name, reader.Value);
                        break;
                    case XmlNodeType.Comment:
                        Console.WriteLine("<!--{0}-->", reader.Value);
                        break;
                    case XmlNodeType.XmlDeclaration:
                        Console.WriteLine("<?xml version='1.0'?>");
                        break;
                    case XmlNodeType.Document:
                        break;
                    case XmlNodeType.DocumentType:
                        Console.WriteLine("<!DOCTYPE {0} [{1}]", reader.Name, reader.
Value);

                        break;
                    case XmlNodeType.EntityReference:
                        Console.WriteLine(reader.Name);
                        break;
                    case XmlNodeType.EndElement:
                        Console.WriteLine("</{0}>", reader.Name);
                        break;
                }
            }
        } catch (Exception e) {

        } finally {
            if (reader != null)
                reader.Close();
        }
    }
  }
}
```

运行后效果如图 10-6 所示。

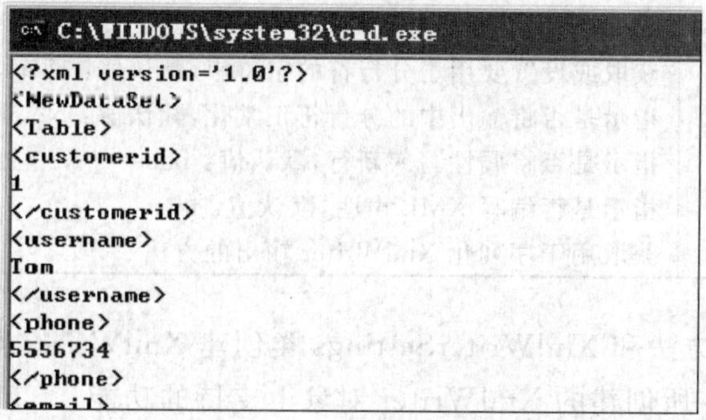

```
C:\WINDOWS\system32\cmd.exe
<?xml version='1.0'?>
<NewDataSet>
<Table>
<customerid>
1
</customerid>
<username>
Tom
</username>
<phone>
5556734
</phone>
<email>
```

图 10-6　XML 顺序读取运行效果图

10.4 顺序写入 XML 数据

System.Xml 命名空间中的 XmlWriter 类是一个抽象基类,提供只进、只写、非缓存的方式来生成 XML 流。

XmlWriter 类将 XML 数据写入流、文件、TextReader 或字符串。使用 XmlWriter 类实例编写 XML 文档,使用的步骤如下。

(1) 创建 XmlWriter 对象:利用 Create 方法创建 XmlWriter 对象,在创建时往往使用 XmlWriterSettings 对象来指定读取的配置信息。

(2) 调用 XmlWriter 对象的 WriteStartDocument 方法开始 XML 文档的编写。

(3) 调用 XmlWriter 对象的 WriteElementString 和 WriteattributeString 等方法,将内容写入 XML 文档。

(4) 调用 XmlWriter 对象的 WriteEndDocument 方法来完成 XML 文档的编写。

10.4.1 创建对象

使用 XmlWriter.Create() 方法创建 XmlWriter 实例。和 XmlReader 的 Create 方法一样,

Create()方法有多个重载方法,可以使用基于流、文件 URL 和 TextReader 的 XML 文档的参数。在使用 Create()方法时候,可以使用 XmlWriterSettings 类指定用于 XmlWriter 对象启用的一些属性。

XmlWriterSettings 类的属性说明见表 10-9。

表 10-9 XmlWriterSettings 类的属性

XmlWriterSettings 属性	说明
CheckCharacters	指示是否进行字符检查,默认值:true
CloseOutput	指示在调用 Close 方法时,XmlWriter 是否还应该关闭基础流或 TextWriter,默认值:false
ConformanceLevel	获取或设置 XmlWriter 符合的一致性级别,是 ConformanceLevel 的枚举值,默认值:ConformanceLevel.Document
Encoding	获取或设置要使用的文本编码,默认值:Encoding.UTF8
Indent	指示是否缩进元素,默认值:false
IndentChars	获取或设置缩进时要使用的字符串,当 Indent 属性设置为 true 时使用此设置,默认值:两个空格
NewLineChars	获取或设置要用于分行符的字符串,默认值:回车,换行
NewLineHandling	指示是否将输出中的分行符正常化,默认值:NewHandling.Replace
NewLineOnAttributes	指示是否将属性写入新行,默认值:false
OmitXmlDeclaration	指示是否编写 XML 声明,默认值:false
OutputMethod	获取用于序列化 XmlWriter 输出的方法

通过使用 Create 方法和 XmlWriterSettings 类创建 XmlWriter 实例,具有以下好处:

(1) 可以指定要在所创建的 XmlWriter 对象上支持的功能。

(2) XmlWriterSettings 对象可以重复使用,以创建多个写入器对象。将为每个创建的

写入器复制 XmlWriterSettings 对象并标记为只读。更改 XmlWriterSettings 实例上的设置不会影响具有相同设置的现有写入器。因此,可以使用相同的设置创建多个具有相同功能的写入器。也可以修改 XmlWriterSettings 实例上的设置并创建具有不同功能集的新写入器。

(3) 可以将功能添加到现有写入器中。Create 方法可以接受其他 XmlWriter 对象。基础 XmlWriter 对象不必是通过静态 Create 方法创建的写入器。例如,可以指定用户定义的写入器或要添加附加功能的 XmlTextWriter 对象。

(4) 可以充分利用此版本的 XmlWriter 类中增加的所有新功能。某些功能只能在通过静态 Create 方法创建的 XmlWriter 对象上使用,例如更好的一致性检查以及与 XML 1.0 建议的一致性等。

下面是一个利用 XmlWriter 对象写入 XML 数据到 books.xml 的实例。通过 XmlWriterSettings 设定了缩进格式和缩进符号。

```
XmlWriterSettings settings = new XmlWriterSettings();
settings.Indent = true;
settings.IndentChars = ("    ");
using (XmlWriter writer = XmlWriter.Create("books.xml", settings)) {
    writer.WriteStartElement("book");
    writer.WriteElementString("price", "19.95");
    writer.WriteEndElement();
    writer.Flush();
}
```

10.4.2 XmlWriter 的常用属性和方法

XmlWriter 类用来完成 XML 数据的写入,表 10-10 和表 10-11 分别是 XmlWriter 类的常用属性和方法。

表 10-10 XmlWriter 类常用属性

XmlWriter 属性	说　明
Settings	获取用于创建此 XmlWriter 实例的 XmlWriterSettings 对象
WriteState	获取编写器的状态
XmlLang	当在派生类中被重写时,获取当前的 xml:lang 范围
XmlSpace	当在派生类中被重写时,获取表示当前 xml:space 范围的 XmlSpace

表 10-11 XmlWriter 类常用方法

XmlWriter 方法	说　明
Close	关闭此流和基础流
Create	创建一个新的 XmlWriter 实例
Flush	将缓冲区中的所有内容刷新到基础流,并同时刷新基础流
LookupPrefix	返回在当前命名空间范围中为该命名空间 URI 定义的最近的前缀
WriteAttributes	写出在 XmlReader 中当前位置找到的所有属性
WriteAttributeString	写出具有指定值的属性

续表

XmlWriter 方法	说　明
WriteBase64	将指定的二进制字节编码为 Base64 并写出结果文本
WriteBinHex	将指定的二进制字节编码为 BinHex 并写出结果文本
WriteCData	写出包含指定文本的 <![CDATA[…]]> 块
WriteCharEntity	为指定的 Unicode 字符值强制生成字符实体
WriteChars	以每次一个缓冲区的方式写入文本
WriteComment	写出包含指定文本的注释 <!--…-->
WriteDocType	写出具有指定名称和可选属性的 DOCTYPE 声明
WriteElementString	写出包含字符串值的元素
WriteEndAttribute	关闭上一个 WriteStartAttribute 调用
WriteEndDocument	关闭任何打开的元素或属性并将编写器重新设置为 Start 状态
WriteEndElement	关闭一个元素并弹出相应的命名空间范围
WriteEntityRef	写出实体引用
WriteFullEndElement	关闭一个元素并弹出相应的命名空间范围
WriteName	写出指定的名称
WriteNmToken	写出指定的名称
WriteNode	将所有内容从源对象复制到当前编写器实例
WriteProcessingInstruction	写出在名称和文本之间带有空格的处理指令
WriteQualifiedName	写出命名空间限定的名称
WriteRaw	手动编写原始标记
WriteStartAttribute	编写属性的起始内容
WriteStartDocument	编写 XML 声明
WriteStartElement	写出指定的开始标记
WriteString	编写给定的文本内容
WriteSurrogateCharEntity	为代理项字符对生成并编写代理项字符实体
WriteValue	编写单一的简单类型化值
WriteWhitespace	写出给定的空白

10.4.3　利用 XmlWriter 写元素

利用 XmlWriter 将元素写入 XML 文档，可以使用 XmlWriter 类的 WriteElementString、WriteStartElement 和 WriteNode 方法。

1. WriteElementString 方法

WriteElementString 方法用于编写整个元素节点，包括字符串值。WriteElementString 方法可以使用元素名称和元素值两个参数，下面的代码写出"<price>19.95</price>" XML 字符串。

```
writer.WriteElementString("price", "19.95");
```

2. WriteStartElement 方法

WriteStartElement 方法可以使用多个方法调用编写元素值。例如，可以调用 WriteValue 来编写类型化的值，调用 WriteCharEntity 来编写字符实体，调用 WriteAttributeString 来编写属性，也可以编写子元素。

需要注意的是，使用 WriteStartElement 方法后，需要通过调用 WriteEndElement 或 WriteFullEndElement 方法来关闭该元素。

以下示例编写了两个嵌套元素。

```
writer.WriteStartElement("bk", "book", "urn:books");
writer.WriteAttributeString("genre", "urn:books", "mystery");
writer.WriteElementString("price", "19.95");
writer.WriteEndElement();
```

以下程序使用了前缀为“bk”的命名空间“urn：books”，程序代码将编写以下 XML 节点：

```
<bk:book bk:genre = "mystery" xmlns:bk = "urn:books">
  <price> 19.95 </price>
</bk:book>
```

3. WriteNode 方法

使用 WriteNode 方法可以复制在提供的 XmlReader 或 XPathNavigator 对象的当前位置发现的整个元素节点。在调用时，会将源对象中的所有内容复制到 XmlWriter 实例。

以下示例演示了使用 WriteNode 方法将 XmlReader 读取的 book 元素节点全部写入新的 XML 文档 newBook.xml 中。

```
XmlReader reader = XmlReader.Create("books.xml");
reader.ReadToFollowing("book");
XmlWriter writer = XmlWriter.Create("newBook.xml");
writer.WriteNode(reader, true);
writer.Flush();
```

程序代码运行后，将按照 book 节点创建以下 XML 文件。

```
<?xml version = "1.0" encoding = "utf - 8"?>
<book genre = "autobiography" publicationdate = "1981" ISBN = "1 - 861003 - 11 - 0">
  <title> The Autobiography of Benjamin Franklin </title>
  <author>
    <first - name> Benjamin </first - name>
    <last - name> Franklin </last - name>
  </author>
  <price> 8.99 </price>
</book>
```

10.4.4 利用 XmlWriter 写属性

利用 XmlWriter 写入属性，可以使用 WriteAttributeString、WriteStartAttribute 和 WriteAttributes 方法。这些方法可以为元素或 XML 声明节点编写属性。

1. WriteAttributeString 方法

WriteAttributeString 方法是编写属性最简单的方式。该方法用于编写整个属性节点，参数包括属性名和属性值。以下代码用于写出 supplierID='A23-1'的 XML 字符串。

```
writer.WriteAttributeString("supplierID", "A23 - 1");
```

2. WriteStartAttribute 方法

WriteStartAttribute 方法可以使用多个方法调用编写属性值。例如,可以使用 WriteValue 编写类型化值。同样,需要通过调用 WriteEndAttribute 方法来关闭该属性。

在以下代码示例中,hireDate 是保存员工聘用日期的 DateTime 对象。该代码编写一个 review-date 属性,包含员工 6 个月评估日期的计算值。

```
writer.WriteStartAttribute("review - date");
writer.WriteValue(hireDate.AddMonths(6));
writer.WriteEndAttribute();
```

3. WriteAttributes 方法

使用 WriteAttributes 方法可以复制在提供的 XmlReader 对象的当前位置发现的所有属性。WriteAttributes 行为取决于读取器当前所处的节点类型。

在以下代码示例中,写入器将在读取器当前位置发现的所有属性复制到写入器。

```
writer.WriteStartElement("root");
writer.WriteAttributes(reader, true);
writer.WriteEndElement();
```

假设读取器位于某个包含三个属性的元素上,则编写以下 XML 字符串。

```
< root genre = "autobiography" publicationdate = "1981" ISBN = "1 - 861003 - 11 - 0" />
```

10.4.5 XmlWriter 处理命名空间

命名空间用于限定 XML 文档中的元素和属性的名称。命名空间前缀将元素和属性与命名空间关联,命名空间反过来又与 URI 引用关联。命名空间在 XML 文档中实现元素和属性名称的唯一性。

XmlWriter 维护与当前命名空间范围中定义的所有命名空间对应的命名空间堆栈。在编写元素和属性时,可以通过下列方式利用命名空间:

1. 手动声明命名空间

命名空间声明可以使用 WriteAttributeString 方法在根元素中手动写出。在以下代码示例中,命名空间声明在根元素上创建。

```
writer.WriteStartElement("root");
writer.WriteAttributeString("xmlns", "x", null, "urn:1");
writer.WriteStartElement("item","urn:1");
writer.WriteEndElement();
writer.WriteStartElement("item","urn:1");
writer.WriteEndElement();
writer.WriteEndElement();
```

以上代码生成以下 XML 字符串，可见在<root>根元素中声明了命名空间"urn:1"，因为命名空间声明位于 root 元素上，所以，不能在两个子元素上重复。item 元素还从命名空间声明中选取前缀：

```
<root xmlns:x = "urn:1">
  <x:item/>
  <x:item/>
</root>
```

2. 重写当前命名空间

可以手动重写与给定前缀关联的命名空间。在以下代码示例中，"x"前缀的命名空间由"123"更改为"abc"。

```
writer.WriteStartElement("x","root","123");
writer.WriteStartElement("item");
writer.WriteAttributeString("xmlns","x",null,"abc");
writer.WriteEndElement();
writer.WriteEndElement();
代码生成以下 XML 字符串:
<x:root xmlns:x = "123">
  <item xmlns:x = "abc" />
</x:root>
```

3. 指定命名空间前缀

可以通过在编写元素或属性时显式指定前缀，传递要使用的命名空间前缀。用于编写元素和属性的许多方法都允许指定命名空间前缀。以下示例代码显示如何在编写元素时指定前缀。

```
writer.WriteStartElement("x","root","urn:1");
writer.WriteStartElement("y","item","urn:1");
writer.WriteEndElement();
writer.WriteEndElement();
```

代码生成以下 XML 字符串：

```
<x:root xmlns:x = "urn:1">
  <y:item xmlns:y = "urn:1"/>
</x:root> XmlWriter
```

10.4.6 XmlWriter 生成 XML 实例

在以下实验中，利用 XmlWriter，参照 10.1.1 节中的 Customer 数据写出 XML 数据到 XML 文档“WriteCustomer.xml”，在 XML 文档中“Customers”作为根元素，三个 Customer 信息作为“Customer”元素，其中编号作为属性，其他信息作为子元素生成到 XML 文档中。

```
using System.Text;
using System.Xml;


namespace ch10_6 {
```

```
    class Program {
        static void Main(string[] args) {
            XmlWriterSettings settings = new XmlWriterSettings();
            settings.CloseOutput = true;
            settings.Encoding = Encoding.UTF8;
            settings.Indent = true;
            XmlWriter writer = XmlWriter.Create(@"E:\WriteCustomers.xml", settings);
            writer.WriteStartDocument(true);
            writer.WriteStartElement("Customers");
            writer.WriteStartElement("Customer");
            writer.WriteAttributeString("customerid", "1");
            writer.WriteElementString("username", "Tom");
            writer.WriteElementString("phone", "5556734");
            writer.WriteElementString("email", "tom@aaa.com");
            writer.WriteEndElement();
            writer.WriteStartElement("Customer");
            writer.WriteAttributeString("customerid", "2");
            writer.WriteElementString("username", "Mike");
            writer.WriteElementString("phone", "3765987");
            writer.WriteElementString("email", "mike@bbb.com");
            writer.WriteEndElement();
            writer.WriteStartElement("Customer");
            writer.WriteAttributeString("customerid", "3");
            writer.WriteElementString("username", "Jake");
            writer.WriteElementString("phone", "2345345");
            writer.WriteElementString("email", "jake@aaa.com");
            writer.WriteEndElement();
            writer.WriteEndElement();
            writer.WriteEndDocument();
            writer.Close();
        }
    }
}
```

生成的 WriteCustomer.xml 如下所示：

```
<?xml version="1.0" encoding="utf-8" standalone="yes"?>
<Customers>
  <Customer customerid="1">
    <username>Tom</username>
    <phone>5556734</phone>
    <email>tom@aaa.com</email>
  </Customer>
  <Customer customerid="2">
    <username>Mike</username>
    <phone>3765987</phone>
    <email>mike@bbb.com</email>
  </Customer>
  <Customer customerid="3">
    <username>Jake</username>
```

```
    <phone>2345345</phone>
    <email>jake@aaa.com</email>
  </Customer>
</Customers>
```

10.5 使用 DOM 处理 XML 数据

使用 XmlReader 和 XmlWriter 只能以只进、只读或只写的方式处理 XML 数据，它们不会把 XML 数据映射到计算机内存中，也无法对 XML 做属性和节点的修改，更不能对 XML 文件进行检索或索引。而 W3C 提出的 DOM(Document Object Model)规范，能够把 XML 数据映射成内存中的 DOM 树，可以允许开发人员添加、编辑、移动或删除树中任意位置的节点。

.NET Framework 中也提供 DOM 的支持。在.NET Framework 中 XmlDocument 类支持 DOM，它可以用来表示 XML 文档，包括用于检索和创建所有其他 XML 对象的成员，使用 XmlDocument 及其相关的类，可以构造 XML 文档、加载和访问数据、修改数据以及保存更改。

10.5.1 DOM

XML 文档对象模型(DOM)是 XML 文档的内存中表示形式。DOM 能够以编程方式读取、处理和修改 XML 文档。DOM 具有 XmlReader 类没有的编辑属性值或元素内容、插入和移除节点的能力。XML 数据在内存中的表示采用常见的结构化方法，而 DOM 结构是树形结构，其基本对象是节点(称为 XmlNode 对象)，下面通过一个简单的例子说明 DOM 的树形结构。

以下是一段简单的 XML 文档，该文档用来表示书籍的信息：

```
<?xml version="1.0"?>
  <books>
    <book>
        <author>Carson</author>
        <price format="dollar">31.95</price>
        <pubdate>05/01/2001</pubdate>
    </book>
  </books>
```

对应的 XML DOM 树的结构如图 10-7 所示。

在 XML DOM 树中，XML 文档的每一个元素和属性都表示成一个节点，根元素位于层次结构的顶层，也是所有其他元素节点的父节点。根节点的外层是表示整个 XML 文档的 document 模型。DOM 树结构中的每一个节点由 Node 对象表示，Node 对象是 DOM 树中的基本对象。Node 对象表示 XML 文档中的单个节点，具有一组方法和属性以及基本的和定义完善的特性。其中的某些特性如下所示。

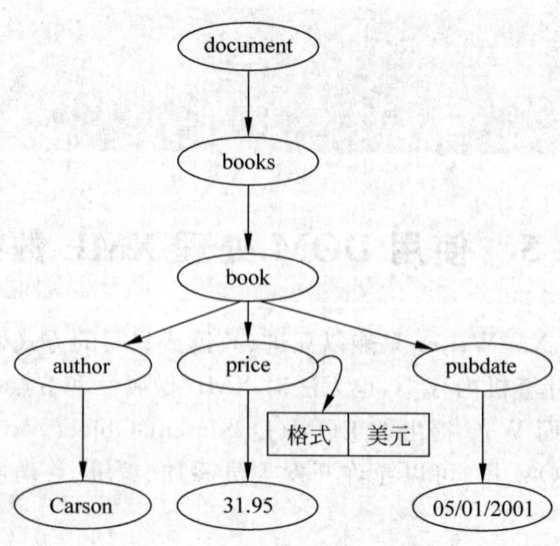

图 10-7　XML DOM 树示意图

（1）节点有单个父节点，父节点是与节点相邻的上一级节点。唯一没有父级的节点是文档根，因为它是顶级节点，包含了文档本身和文档片段。

（2）大多数节点可以有多个子节点，子节点是与节点相邻的下一级节点。以下是可以有子节点的节点类型列表。

- Document；
- DocumentFragment；
- EntityReference；
- Element；
- Attribute。

在 DOM 中不同类型的节点之间的关系是不同的，例如，元素的文本值表示为子文本节点，而属性的文本值保存于属性节点本身。

（3）也有一些特定的节点是没有子节点的，以下的节点没有子节点。

- Declaration；
- Notation；
- Entity；
- CDATASection；
- Text；
- Comment；
- ProcessingInstruction；
- DocumentType。

10.5.2　DOM 节点和相关的.NET 节点类型

.NET 支持 W3C 定义的 DOM 节点类型，表 10-12 表示.NET DOM 节点对应 W3C 的 DOM 节点类型。

表 10-12　.NET 中 DOM 节点说明

W3C DOM 节点类型	.NET DOM 节点类型	说　　明
Document	XmlDocument	树中所有节点的容器
DocumentFragment	XmlDocumentFragment	包含一个或多个不带任何树结构的节点
DocumentType	XmlDocumentType	表示<! DOCTYPE…>节点
EntityReference	XmlEntityReference	表示非扩展的实体引用文本
Element	XmlElement	表示元素节点
Attr	XmlAttribute	为元素的属性
ProcessingInstruction	XmlProcessingInstruction	为处理指令节点
Comment	XmlComment	注释节点
Text	XmlText	属于某个元素或属性的文本
CDATASection	XmlCDataSection	表示 CDATA
Entity	XmlEntity	表示 XML 实体
Notation	XmlNotation	表示 DTD 中声明
	XmlDeclaration	表示声明节点<? xml version="1.0"…>
	XmlSignificantWhitespace	表示有效空白(混合内容中的空白)
	XmlWhitespace	表示元素内容中的空白
	EndElement	当 XmlReader 到达元素的末尾时返回
	EndEntity	当 XmlReader 到达实体替换的末尾时返回

如表 10-12 所示，在.NET 中有很多继承 XmlNode 的类，可以用来处理和解析 XML 文档。

其中，XmlDocument 类是最常用的类之一，它实现 W3C 文档对象模型(DOM)级别 1 核心(Level1 Core)和核心 DOM 级别 2(Core DOM Level2)。XmlDocument 类的常用属性和方法分别见表 10-13 和表 10-14 所示。

表 10-13　XmlDocument 类常用属性

XmlDocument 属性	说　　明
Attributes	获取一个 XmlAttributeCollection，表示该节点的属性集合
BaseURI	获取当前节点的基 URI
ChildNodes	获取节点的所有子节点
DocumentElement	获取文档的根 XmlElement
DocumentType	获取包含 DOCTYPE 声明的节点
FirstChild	获取节点的第一个子级
HasChildNodes	指示节点是否有任何子节点
InnerText	获取或设置节点所包含的所有文本
InnerXml	获取或设置节点所包含的所有 Xml 内容
IsReadOnly	指示当前节点是否是只读的
LastChild	获取节点的最后一个子级
LocalName	获取节点的本地名称
Name	获取节点的限定名
NamespaceURI	获取该节点的命名空间 URI
NextSibling	获取紧接在该节点之后的节点

续表

XmlDocument 属性	说　明
NodeType	获取当前节点的类型
OuterXml	获取表示此节点及其所有子节点的 Xml 内容
OwnerDocument	获取当前节点所属的 XmlDocument
Prefix	获取或设置该节点的命名空间前缀
PreserveWhitespace	获取或设置一个值，该值指示是否在元素内容中保留空白
PreviousSibling	获取紧接在该节点之前的节点
SchemaInfo	返回节点的后架构验证信息集
Schemas	获取或设置与此 XmlDocument 关联的 XmlSchemaSet 对象
Value	获取或设置节点的值
XmlResolver	设置 XmlResolver 以用于解析外部资源

表 10-14　XmlDocument 类常用方法

XmlDocument 方法	说　明
AppendChild	将指定的节点添加到该节点的子节点列表的末尾
CreateAttribute	创建具有指定名称的 XmlAttribute
CreateCDataSection	创建包含指定数据的 XmlCDataSection
CreateComment	创建包含指定数据的 XmlComment
CreateDefaultAttribute	创建具有指定前缀、本地名称和命名空间 URI 的默认属性
CreateDocumentFragment	创建 XmlDocumentFragment
CreateDocumentType	返回新的 XmlDocumentType 对象
CreateElement	创建 XmlElement
CreateEntityReference	创建具有指定名称的 XmlEntityReference
CreateNavigator	创建一个用于导航此文档的新 XPathNavigator 对象
CreateNode	创建 XmlNode
CreateProcessingInstruction	创建一个具有指定名称和数据的 XmlProcessingInstruction
CreateSignificantWhitespace	创建一个 XmlSignificantWhitespace 节点
CreateTextNode	创建具有指定文本的 XmlText
CreateWhitespace	创建一个 XmlWhitespace 节点
CreateXmlDeclaration	创建一个具有指定值的 XmlDeclaration 节点
GetElementById	获取具有指定 ID 的 XmlElement
GetElementsByTagName	返回一个 XmlNodeList，它包含与指定名称匹配的所有子代元素的列表
GetEnumerator	提供对 XmlNode 中节点上"for each"样式迭代的支持
ImportNode	将节点从另一个文档导入到当前文档
InsertAfter	将指定的节点紧接着插入指定的引用节点之后
InsertBefore	将指定的节点紧接着插入指定的引用节点之前
Load	从 Stream、URL、TextReader 或 XmlReader 加载指定的 XML 数据
LoadXml	从指定的字符串加载 XML 文档
Normalize	将此 XmlNode 下子树完全深度中的所有 XmlText 节点都转换成"正常"形式
PrependChild	将指定的节点添加到该节点的子节点列表的开头
ReadNode	根据 XmlReader 中的信息创建一个 XmlNode 对象
RemoveAll	移除当前节点的所有子节点和/或属性

续表

XmlDocument 方法	说　明
RemoveChild	移除指定的子节点
ReplaceChild	用 newChild 节点替换子节点 oldChild
Save	将 XML 文档保存到指定的位置
Validate	验证 XML 文档
WriteContentTo	将 XmlDocument 节点的所有子级保存到指定的 XmlWriter 中
WriteTo	将 XmlDocument 节点保存到指定的 XmlWriter 中

通常在程序中可以创建一个 XmlDocument 对象，使用 Load 或 LoadXmlf 方法从文件、字符串或流中将 XML 加载到该对象中，这个对象就是在内存中的 XML DOM 模型，从表 10-13 和表 10-14 的属性和方法列表中可以看到，在 XmlDocument 对象中可以调用 GetXXX 方法读取节点，可以通过 CreateXXX 方法创建新的节点，通过 InsertXXX 方法可以插入新的节点，也可以通过 RemoveXXX 方法删除某些节点。这样就实现了 XML 文档的插入、更新、删除、移动等功能。当然，使用 DOM 技术也有缺点，就是整个 XML 文档需要加载到内存中，这样会消耗大量的内存空间，而 XmlReader 或 XmlWriter 只提供对 XML 的流访问，不提供建立 DOM 模型，所以省去了很多内存的消耗。因此，在实际开发中应该根据硬件条件和开发需求选择相应的技术。

除了 XmlDocument 对象和其他 XmlNode 对象外，. NET 中还定义了 XmlNodeList 和 XmlNamedNodeMap，其中 XmlNodeList 用来保存从 XML 文档查询得到的节点列表，通常用“for-each”来遍历，XmlNamedNodeMap 被设计用来包含无序节点集合，通常可以通过名称或者索引来引用单个节点。

在后面的小节中，将介绍如何使用这些对象来完成解析和修改 XML 文档。

10.5.3　将 XML 文档读入 DOM

可以将不同格式的 XML 信息读入到内存中。读取源包括字符串、流、URL、文本读取器或 XmlReader 的派生类。首先必须实例化 XmlDocument 对象，然后使用 Load 或 LoadXML 方法来加载数据。

1. 实例化 XmlDocument 对象

实例化 XmlDocument 对象非常简单，应该注意的是 XmlDocument 类属于 System .Xml 命名空间，不要忘记加入 using 语句，示例化代码如下：

```
XmlDocument doc = new XmlDocument();
```

2. 使用 Load 方法

使用 Load 方法，可以从文件、流、XmlReader 或 TextReader 加载 XML 数据，以下的示例化代码表示从 Customer. xml 中加载 XML 数据：

```
doc.Load("Customer.xml");
```

3. 使用 LoadXml 方法

使用 LoadXml 方法，可以从字符串中将 XML 数据加载到 XmlDocument 对象中，以下的示例代码表示将<book>元素片段加载到 DOM 对象中：

```
using System;
using System.IO;
using System.Xml;

public class Sample
{
    public static void Main()
    {
        XmlDocument doc = new XmlDocument();
        doc.LoadXml("<book genre='novel' ISBN='1-861001-57-5'>" +
                    "<title>Pride And Prejudice</title>" +
                    "</book>");
        doc.Save("data.xml");
    }
}
```

10.5.4 利用 XmlDocument 读取 XML 数据

将 XML 文档读入 DOM 后，可以使用 DOM 读取 XML 数据，可以通过检索文档中的节点来检索文档内容。

通过 XmlDocument 检索 DOM 后，可以将检索结果放在已排序或未排序的集合中。将节点放在未排序的集合中时，在.NET 中用 XmlNamedNodeMap 来实现，将节点放在已排序的集合中时，在.NET 中用 XmlNodeList 来实现。关于这两个类，在 10.5.3 节中已经做过简单的介绍。

XmlNamedNodeMap 通常用作返回属性集合，属性集合用 XmlAttributeCollection 表示，XmlAttributeCollection 是 XmlNamedNodeMap 的子类，调用 XmlElement 的 Attributes 可以返回属性集合 XmlAttributeCollection，需要注意的是，如果调用非 XmlElement 的 Attributes 将返回 null。

XmlNodeList 通常用作查询返回的节点集合，以下属性和方法返回 XmlNodeList。

XmlNode.ChildNodes：返回包含节点所有子级的 XmlNodeList。

XmlNode.SelectNodes：返回包含匹配 XPath 查询的节点集合的 XmlNodeList。

GetElementsByTagName：返回包含与指定名称匹配的所有子代元素的列表的 XmlNodeList。该方法在 XmlDocument 和 XmlElement 类中都可以使用。

以下实例中，仍然读取之前写出的 XML 文档"WriteCustomer.xml"，并通过 Attributes 属性读取元素的属性，通过 ChildNodes 属性读取元素的子节点，代码如下所示。

```
using System;
using System.Xml;

namespace ch10_7 {
    class Program {
        static void Main(string[] args) {
```

```
            XmlDocument doc = new XmlDocument();
            doc.Load(@"E:\WriteCustomers.xml");
            PrintChild("", doc);
        }

        static void PrintChild(string indent, XmlNode node) {
            //打印当前节点
            Console.Write(indent + "节点名称" + node.LocalName +
                " 节点类型" + node.NodeType.ToString());
            //判断是否有属性并打印属性
            if (node.NodeType == XmlNodeType.Element && node.Attributes.Count > 0) {
                Console.Write(" 属性");
                XmlAttributeCollection ac = node.Attributes;
                for (int i = 0; i < ac.Count; i++) {
                    Console.Write(ac[i].Name + "=" + ac[i].Value + ";");
                }
            }
            //打印子节点或者内容
            if (!node.HasChildNodes) {
                Console.WriteLine("  值" + node.InnerText);
            } else {
                Console.WriteLine();
                indent += "  ";
                foreach (XmlNode childnode in node.ChildNodes) {
                    PrintChild(indent, childnode);
                }
            }
        }
    }
}
```

程序运行效果如图 10-8 所示。

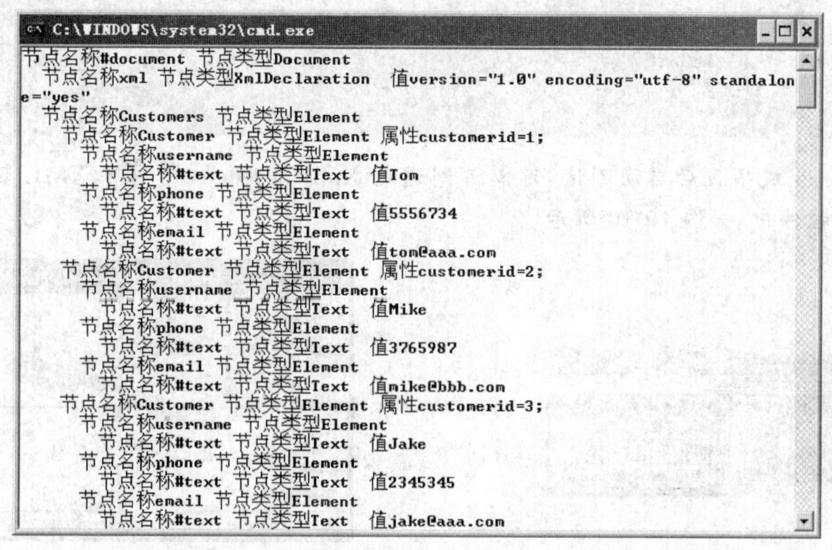

图 10-8 读取 WriteCustomer.xml 文档

在程序中使用了索引来访问 XmlAttributeCollection 中的属性对象，XmlNamedNodeMap 作为无序集合，可以通过名字来检索，程序中属性的检索代码也可以改为如下形式：

```
XmlAttribute attr = (XmlAttribute)ac.GetNamedItem("customerid");
Console.Write(attr.Name + " = " + attr.Value + ";");
```

下面的实例同样读取了 WriteCustomer.xml，不同的是，其使用 GetElementsByTagName 方法检索了 username 标签对应的节点，并返回 XmlNodeList，通过遍历 XmlNodeList 读取其中的内容在网页上显示。

实例 ch10-8 是 Web 项目，编写过程如下所示。

步骤 1：新建基于 C# 的 Web 项目 ch10-8，在首页 Default.aspx 中加入 ListBox 控件，使用默认命名为 ListBox1，如图 10-9 所示。

步骤 2：打开 Default.aspx.cs 文件，加入读取 XML 文件代码如下。

```
using System;
using System.Xml;

namespace ch10_8 {
    public partial class _Default : System.Web.UI.Page {
        protected void Page_Load(object sender, EventArgs e) {
            if (!IsPostBack) {
                this.XmlBind();
            }
        }

        private void XmlBind() {
            XmlDocument doc = new XmlDocument();
            doc.Load(@"E:\WriteCustomers.xml");
            XmlNodeList nodelist = doc.GetElementsByTagName("username");
            foreach (XmlNode node in nodelist) {
                ListBox1.Items.Add(node.InnerText);
            }
        }
    }
}
```

步骤 3：生成项目后启动测试，可以看到通过 XmlDocument 读取了 XML 数据并加入到 ListBox 控件中，如图 10-10 所示。

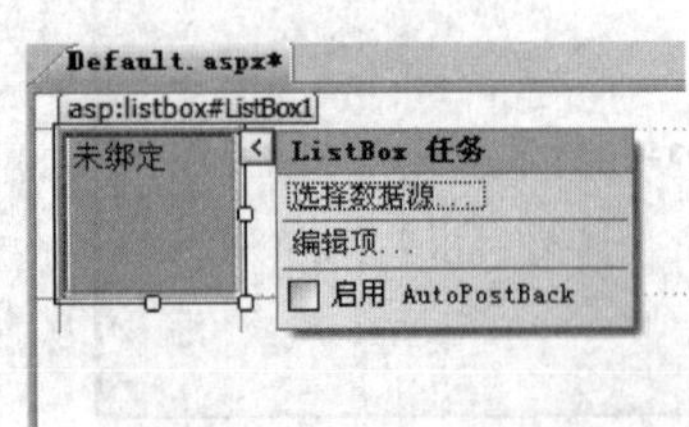

图 10-9　在项目 ch10-8 中加入 ListBox 控件

图 10-10　在项目 ch10-8 运行首页效果

以上两个实例演示了利用内存中的 DOM 读取和访问节点、属性、节点列表和属性列表等内容。当然，XmlNode 提供了很多方法可以方便地检索到相关的节点，比如，调用 FirstChild 或 LastChild 可以返回第一个或最后一个子节点；调用 PreviousSibling 或 NextSibling 可以返回上一个或下一个兄弟节点；调用 ParentNode 可以返回父节点等。

10.5.5 利用 XmlDocument 添加 XML 数据

利用 XmlDocument 可以在 DOM 中创建新的节点以及设置元素节点的属性，从而实现将 XML 数据填充到 DOM 中。XmlDocument 对象添加新节点的步骤如下。

(1) 创建 XmlDocument 对象表示 DOM，可以是空的 DOM，也可以将 XML 数据填充入 XmlDocument 对象。

(2) 确定新节点插入的位置，新节点可以表示成当前节点的子节点，也可以表示成当前节点的前后节点。

(3) 新建并填充节点，XmlDocument 为所有节点类型提供了 Create 方法，例如 CreateElement、CreateTextNode、CreateCDataSection、CreateAttribute 等，详细方法列表见表 10-14。只需要向这些方法提供合适的参数即可创建节点，这些新建的节点都还没有和 XmlDocument 对象关联。

(4) 创建新节点后，有几个方法可用于将其插入到 DOM 树中，例如，AppendChild、PrependChild、InsertAfter、InsertBefore 等，同样详细方法说明见表 10-14。

(5) 保存 XML 数据。

在 XmlDocument 中添加 XML 数据，通常是创建新的元素节点或者设置相应节点的属性，下面通过实例分别介绍。

1. 创建元素节点

创建新的元素节点使用 CreateElement 方法，CreateElement 方法可以创建简单的元素节点，也可以创建带有特定命名空间的元素节点，例如：

```
XmlElement elem = doc.CreateElement("price");
```

(1) 创建的 XML 节点为：

```
< price />
XmlElement elem = doc.CreateElement("xy", "item", "urn:abc");
```

(2) 创建的 XML 节点为：

```
< xy:item xmlns:xy = "urn:abc"/>
```

创建了元素后，通常可以用文本来填充这个元素，要创建文本节点，既可以使用 CreateTextNode 方法，也可以直接使用 XmlElement 的 InnerText 属性。

在以下实例中，创建新的价格节点＜price＞并插入到 XML 数据片段的＜book＞根节点下。

```
using System;
using System.Xml;
```

```
namespace ch10_9 {
    class Program {
        static void Main(string[] args) {
            XmlDocument doc = new XmlDocument();
            doc.LoadXml("<book genre='novel' ISBN='1-861001-57-5'>" +
                        "<title>Pride And Prejudice</title>" +
                        "</book>");
            XmlElement elem = doc.CreateElement("price");
            XmlText text = doc.CreateTextNode("19.95");
            doc.DocumentElement.AppendChild(elem);
            doc.DocumentElement.LastChild.AppendChild(text);
            Console.WriteLine("Display the modified XML...");
            doc.Save(Console.Out);
            Console.WriteLine();
        }
    }
}
```

运行后,加入新数据的 XML 文档直接在控制台中显示,效果如图 10-11 所示。当然,这个程序中的文本属性也可以写成如下语句。

```
elem.InnerText = "19.95";
```

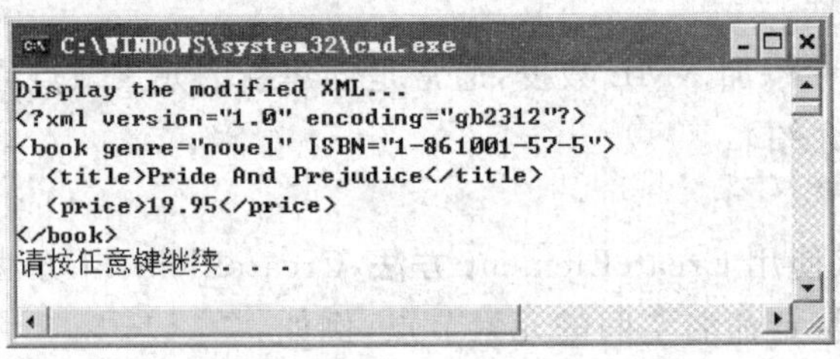

图 10-11 在项目 ch10-9 运行效果

2. 设置属性

利用属性在 XML 表示数据也是非常常见,通常设置属性有两种方法。

1) 使用元素节点的 SetAttribute 方法

调用 SetAttribute 方法可以将属性名和属性值加入到当前的元素节点中,如下代码:

```
root.SetAttribute("genre", "novel");
```

将在 root 中加入 genre="novel"的属性,当然 SetAttribute 方法也可以将属性加入某个命名空间。

2) 使用 CreateAttribute 和 SetAttributeNode 方法

可以是用 CreateAttribute 方法直接创建属性节点,然后设定对应的属性值以后。以下实例中利用了第 2 种方法为＜book＞元素设置了属性。

```
using System;
using System.Xml;
```

```
namespace ch10_10 {
    class Program {
        static void Main(string[] args) {
            XmlDocument doc = new XmlDocument();
            doc.LoadXml("<book xmlns:bk='urn:samples' bk:ISBN='1-861001-57-5'>" +
                        "<title>Pride And Prejudice</title>" +
                        "</book>");
            XmlElement root = doc.DocumentElement;
            XmlAttribute attr = doc.CreateAttribute("bk", "genre", "urn:samples");
            attr.Value = "novel";
            root.SetAttributeNode(attr);
            Console.WriteLine("Display the modified XML...");
            doc.Save(Console.Out);
            Console.WriteLine();
        }
    }
}
```

运行程序后，效果如图 10-12 所示。当然也可以用第 1 种方法实现相同的功能：

```
root.SetAttributee("genre", "urn:samples","novel");
```

```
C:\WINDOWS\system32\cmd.exe
Display the modified XML...
<?xml version="1.0" encoding="gb2312"?>
<book xmlns:bk="urn:samples" bk:ISBN="1-861001-57-5" bk:genre="novel">
  <title>Pride And Prejudice</title>
</book>
请按任意键继续. . .
```

图 10-12　项目 ch10-10 运行效果

10.5.6　利用 XmlDocument 更新 XML 数据

使用 DOM 的优点就是可以更新 XML 数据，这个 XML 数据是由 XmlDocument 装载到内存的，构成 DOM 的树，修改 XML 数据的步骤是先定位待改节点，然后更新数据，最后保存到 XML 文档中。

1. 定位待改节点

在 XmlDocuemnt 中可以使用几种方法定位这些节点。前面的介绍中已经涉及了部分方法，本节中对这些方法做一个简单的整理。

1）SelectSingleNode 方法

SelectSingleNode 方法选择匹配 XPath 表达式的第一个 XmlNode，XPath 表示在 XML 中检索的路径表达式。使用 SelectSingleNode 方法的示例如下。

假设有 XML 片段为：

```
<bookstore>
  <book>
```

```
    <title>Emma</title>
  </book>
</bookstore>
```


下面的代码定位到了<book>元素节点。

```
book = root.SelectSingleNode("descendant::book[title='Emma']");
```

其中,descendant::book 表示选取 root 节点所有后代中限定 title 的文本内容的 book 节点。

2) SelectNode 方法

SelectNode 使用方法和 SelectSingleNode 方法类似,也是使用 XPath 表达式定位,不同的是,SelectSingleNode 方法指返回第一个节点,而 SelectNode 方法返回 XmlNodeList。返回后可以通过遍历的方式来修改节点。

3) GetElementByTagName 方法

这个方法通过标签的名称返回符合条件的节点列表 XmlNodeList。使用 GetElementByTagName 方法的示例如下。

假设有 XML 片段为:

```
<bookstore>
  <book genre="autobiography" publicationdate="1981" ISBN="1-861003-11-0">
    <title>The Autobiography of Benjamin Franklin</title>
    …
    <price>8.99</price>
  </book>
  <book genre="novel" publicationdate="1967" ISBN="0-201-63361-2">
    <title>The Confidence Man</title>
    …
    <price>11.99</price>
  </book>
  …
</bookstore>
```

则下列代码定位到了其中的<title>节点。

```
XmlNodeList elemList = doc.GetElementsByTagName("title");
```

2. 更新节点

定位到需要更新的节点或者节点集后,就可以更新 XML 数据了,更新数据包括添加、修改和删除。10.5.5 节中已经介绍了添加,本节中介绍如何实现修改和删除。

1) 修改元素

如果待修改的节点不包含子节点,只需要像 10.5.5 节中设置 InnerText 就可以修改 XML 文本。如果包含子节点,只能用一个新节点来替换子节点,则需要调用 ReplaceChild 方法。使用 ReplaceChild 方法的示例如下:

```
XmlElement elem = doc.CreateElement("title");
```

```
elem.InnerText = "The Handmaid's Tale";
root.ReplaceChild(elem, root.FirstChild);
```

代码中使用新的节点 elem 替换了 root 节点中的第一个子节点。

2）修改属性

修改属性 10.5.5 节已经介绍过了，可以使用 SetAttribute 方法来完成。

3）删除元素节点

删除节点可以使用 RemoveChild 方法来完成，例如：

```
root.RemoveChild(root.FirstChild);
```

代码将 root 的第一个子节点删除。

4）删除属性

删除属性可以使用 RemoveAttribute 方法，例如：

```
root.RemoveAttribute("genre");
```

代码将 root 节点中的 genre 删除。

删除属性还可以使用 RemoveAllAttributes 方法，表示删除所有属性，还有一个 RemoveAll 方法表示删除所有的属性和子节点。

3. 程序实例

下面介绍一个利用 DOM 处理 XML 数据的实例，在这个实例中，将实现 XML 数据的显示、添加、修改和删除。在这个实例中，还是使用表示消费者客户数据的 Customers.xml 作为数据源，Customers.xml 文件内容如下所示：

```
<?xml version = "1.0" standalone = "yes"?>
<Customers>
  <Customer>
    <customerid>1</customerid>
    <username>Tom</username>
    <phone>5556734</phone>
    <email>tom@aaa.com</email>
  </Customer>
  <Customer>
    <customerid>2</customerid>
    <username>Mike</username>
    <phone>3765987</phone>
    <email>mike@bbb.com</email>
  </Customer>
  <Customer>
    <customerid>3</customerid>
    <username>Jake</username>
    <phone>2345345</phone>
    <email>jake@aaa.com</email>
  </Customer>
</Customers>
```

在 XML 数据中可见，表示一个消费者客户信息由 4 个部分组成，分别是编号 customerid、姓名 username、电话 phone 和邮件 email。实例中实现对这些数据的处理，并规定除了客户的编号是唯一并不允许修改的，其他信息都可以修改。

以下实例是一个 Web 应用程序，该程序由 3 个网页组成。

- Default.aspx：实现 XML 数据的列表显示和处理导航，并实现数据删除功能。
- Add.aspx：实现新的消费者客户信息的添加。
- Modify.aspx：实现已有消费者客户信息的修改。

以下是实例开发的过程：

步骤 1：打开 VS2008 开发环境，新建 Web 应用程序 ch10-11。并将数据文件 Customers.xml 加入到数据文件夹 App_Data 中，如图 10-13 所示。

图 10-13　Web 项目 ch10-11 资源管理器

步骤 2：在 Default.aspx 页面中加入一个超链接和一个 GridView 控件，超链接用于导航到客户添加页面 Add.aspx，GridView 控件用于列表显示以后客户信息。在 GridView 控件中，按照客户信息的 4 个部分设定好数据绑定列，其中“编号”列绑定 customerid、“姓名”列绑定 username、“电话”列绑定 phone、“邮件”列绑定 email。为了实现数据的修改和删除，分别加入“编辑”列和“删除”列，其中“编辑”列是超链接导航到 Modify.aspx 页面，“删除”列是 LinkButton 控件，用于删除相应事件。GridView 控件字段如图 10-14 所示。

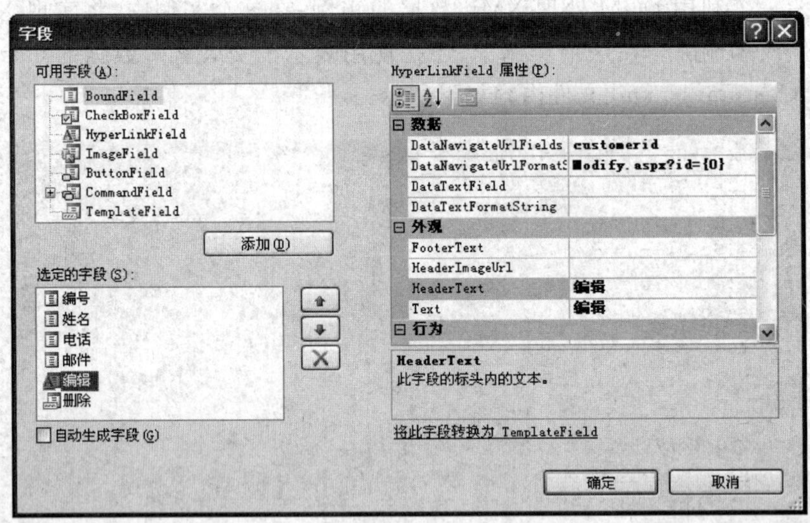

图 10-14　GridView 字段

页面设计效果如图 10-15 所示。

Default.aspx 页面的源文件如下所示。

```
<body>
    <form id="form1" runat="server">
    <div>
```

```
        <table><tr><td><a href="Add.aspx">添加新客户</a></td></tr>
        <tr><td>
            <asp:GridView ID="GridView1" runat="server"
                onrowdeleting="GridView1_RowDeleting" AutoGenerateColumns="False">
                <Columns>
                    <asp:BoundField DataField="customerid" HeaderText="编号" />
                    <asp:BoundField DataField="username" HeaderText="姓名" />
                    <asp:BoundField DataField="phone" HeaderText="电话" />
                    <asp:BoundField DataField="email" HeaderText="邮件" />
                    <asp:HyperLinkField DataNavigateUrlFields="customerid"
                        DataNavigateUrlFormatString="Modify.aspx?id={0}" Text="编辑"
                        HeaderText="编辑" />
                    <asp:TemplateField HeaderText="删除">
                        <ItemTemplate>
                            <asp:LinkButton ID="delButton" runat="server"
                                CommandName="Delete"
                                OnClientClick="return confirm('确认删除?')">删除
                            </asp:LinkButton>
                        </ItemTemplate>
                    </asp:TemplateField>
                </Columns>
            </asp:GridView>
            </td></tr></table>
        </div>
        </form>
    </body>
```

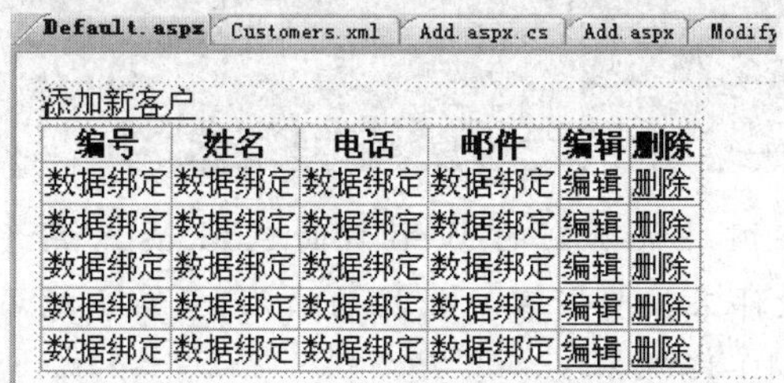

图 10-15 Default.aspx 页面

步骤 3：在 Default.aspx.cs 后台代码中实现 XML 数据列表显示和删除的功能。其中数据显示是通过 Bind 方法实现，删除通过 GridView 的 RowDeleting 事件来实现，代码如下。

```
using System;
using System.Web.UI.WebControls;
using System.Xml;
using System.Data;

namespace ch10_11 {
    public partial class _Default : System.Web.UI.Page {
        private string xmlDir;
```

```
        protected void Page_Load(object sender, EventArgs e) {
            xmlDir = Server.MapPath("~") + @"\App_Data\Customers.xml";
            if (!IsPostBack) {
                Bind();
            }
        }

        protected void GridView1_RowDeleting(object sender, GridViewDeleteEventArgs e) {
            string delindex = GridView1.DataKeys[e.RowIndex].Value.ToString();
            XmlDocument doc = new XmlDocument();
            doc.Load(xmlDir);
            XmlElement xeCustomers = doc.DocumentElement;
            XmlElement xeCustomerDel = (XmlElement)xeCustomers.
              SelectSingleNode("Customer[customerid='" + delindex + "']");
            if (xeCustomerDel != null) {
                xeCustomers.RemoveChild(xeCustomerDel);
            }
            doc.Save(xmlDir);
            this.Bind();
        }

        private void Bind() {
            DataSet ds = new DataSet();
            ds.ReadXml(xmlDir);
            GridView1.DataSource = ds.Tables[0].DefaultView;
            GridView1.DataKeyNames = new string[] { "customerid" };
            GridView1.DataBind();
        }
    }
}
```

步骤4：在项目ch10-11中添加新的Web页面Add.aspx用于实现新数据添加，在页面中通过加入4个文本框控件来接受新客户数据的输入，最后通过添加按钮bt_insert来实现添加，页面设计效果如图10-16所示。

Add.aspx	Default.aspx	Default.aspx.cs	Customers.xml
编号	[ ] Label		
姓名	[ ]		
电话	[ ]		
邮件	[ ]		
添加			

图10-16 Add.aspx页面

Add.aspx页面源文件如下：

```
<table style="width: 100%;">
    <tr>
        <td width="10%">
```

```
            <asp:Label ID="Label1" runat="server" Text="编号"></asp:Label>
        </td>
        <td width=" * ">
            <asp:TextBox ID="tb_customerid" runat="server"></asp:TextBox>
             <asp:Label ID="IdExist" runat="server" Text="Label" Visible="False"
                    ForeColor="Red"></asp:Label>
        </td>
    </tr>
    <tr>
        <td width="10%">
            <asp:Label ID="Label4" runat="server" Text="姓名"></asp:Label>
        </td>
        <td width=" * ">
            <asp:TextBox ID="tb_username" runat="server"></asp:TextBox>
        </td>
    </tr>
    <tr>
        <td width="10%">
            <asp:Label ID="Label2" runat="server" Text="电话"></asp:Label>
        </td>
        <td width=" * ">
            <asp:TextBox ID="tb_phone" runat="server"></asp:TextBox>
        </td>
    </tr>
    <tr>
        <td width="10%">
            <asp:Label ID="Label3" runat="server" Text="邮件"></asp:Label>
        </td>
        <td width=" * ">
            <asp:TextBox ID="tb_email" runat="server"></asp:TextBox>
        </td>
    </tr>
    <tr>
        <td colspan="2">
            <asp:Button ID="bt_insert" runat="server" Text="添加" OnClick="bt_insert_
Click" />
        </td>
    </tr>
</table>
```

步骤5：在Add.aspx.cs代码中实现bt_insert按钮的单击事件，完成数据添加。由于规定了客户编号唯一，在程序中首先判断是否是重复编号，如果是重复编号，给出提示，并拒绝添加，代码如下。

```
protected void bt_insert_Click(object sender, EventArgs e) {
    string customerid = tb_customerid.Text;
    string username = tb_username.Text;
    string phone = tb_phone.Text;
    string email = tb_email.Text;
```

```
    XmlDocument doc = new XmlDocument();
    doc.Load(xmlDir);
    XmlElement xeCustomers = doc.DocumentElement;
    XmlNode node = xeCustomers.SelectSingleNode("Customer[customerid='" + customerid + "']");
    if (node != null) {
        IdExist.Visible = true;
        IdExist.Text = "该客户编号已经存在";
    } else {
        XmlElement xeCustomer = doc.CreateElement("Customer");
        XmlElement xeCustomerid = doc.CreateElement("customerid");
        xeCustomerid.InnerText = customerid;
        XmlElement xeUsername = doc.CreateElement("username");
        xeUsername.InnerText = username;
        XmlElement xePhone = doc.CreateElement("phone");
        xePhone.InnerText = phone;
        XmlElement xeEmail = doc.CreateElement("email");
        xeEmail.InnerText = email;
        xeCustomer.AppendChild(xeCustomerid);
        xeCustomer.AppendChild(xeUsername);
        xeCustomer.AppendChild(xePhone);
        xeCustomer.AppendChild(xeEmail);
        xeCustomers.AppendChild(xeCustomer);
        doc.Save(xmlDir);
        Response.Redirect("Default.aspx");
    }
}
```

步骤 6：在项目 ch10-11 中添加新的 Web 页面 Modify.aspx 用于实现新数据编辑，Modify.aspx 几乎和 Add.aspx 一样，只是最后通过按钮 bt_update 来实现修改。

在 Modify.aspx.cs 代码中加入 Show 方法用于显示待编辑客户信息，Show 方法需要去 XML 数据中查询出数据并在页面控件中显示，代码如下：

```
private void Show(string id) {
    XmlDocument doc = new XmlDocument();
    doc.Load(xmlDir);
    XmlElement xeCustomers = doc.DocumentElement;
    XmlElement node = (XmlElement)xeCustomers.SelectSingleNode("Customer[customerid='" +
id + "']");
    if (node != null) {
        foreach (XmlNode childNode in node.ChildNodes) {
            if (childNode.Name == "customerid")
                tb_customerid.Text = childNode.InnerText;
            if (childNode.Name == "username")
                tb_username.Text = childNode.InnerText;
            if (childNode.Name == "phone")
                tb_phone.Text = childNode.InnerText;
            if (childNode.Name == "email")
                tb_email.Text = childNode.InnerText;
        }
    }
}
```

在 Modify.aspx.cs 代码中实现 bt_update 的单击事件，用于完成数据更新到后台 XML 数据，代码如下。

```
protected void bt_update_Click(object sender, EventArgs e) {
    string customerid = tb_customerid.Text;
    string username = tb_username.Text;
    string phone = tb_phone.Text;
    string email = tb_email.Text;
    XmlDocument doc = new XmlDocument();
    doc.Load(xmlDir);
    XmlElement xeCustomers = doc.DocumentElement;
    XmlElement node = (XmlElement)
      xeCustomers.SelectSingleNode("Customer[customerid='" + customerid + "']");
    if (node != null) {
        foreach (XmlNode childNode in node.ChildNodes) {
            if (childNode.Name == "username")
                childNode.InnerText = username;
            if (childNode.Name == "phone")
                childNode.InnerText = phone;
            if (childNode.Name == "email")
                childNode.InnerText = email;
        }
    }
    doc.Save(xmlDir);
    Response.Redirect("Default.aspx");
}
```

步骤 7：保存并生产项目，测试 XML 数据的显示、添加、编辑和删除功能，测试效果如图 10-17 所示。

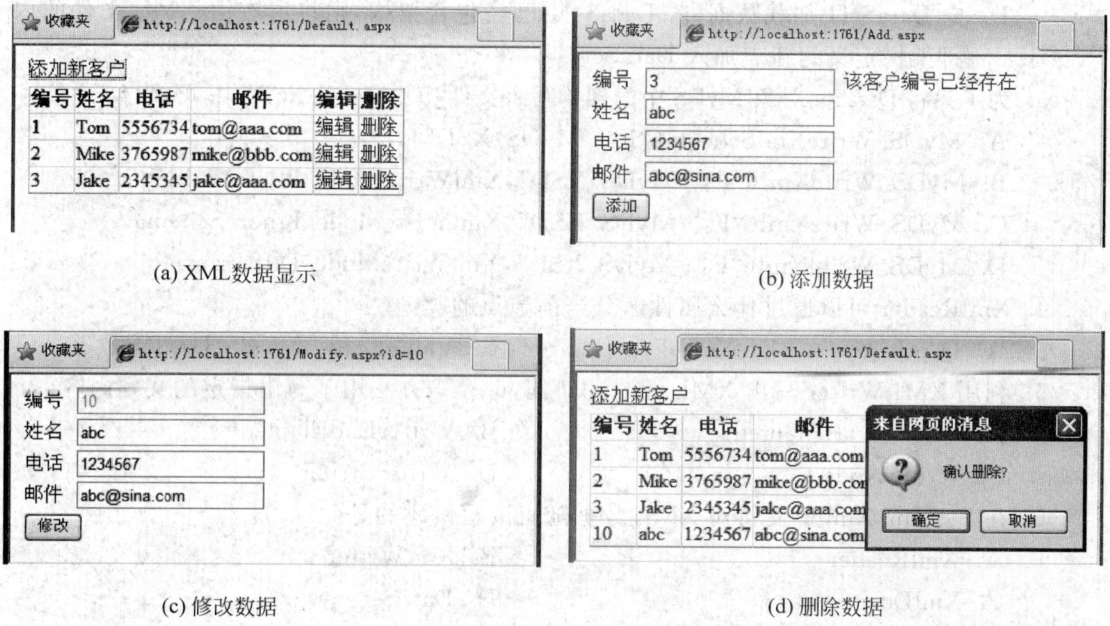

收藏夹 http://localhost:1761/Default.aspx

添加新客户

编号	姓名	电话	邮件	编辑	删除
1	Tom	5556734	tom@aaa.com	编辑	删除
2	Mike	3765987	mike@bbb.com	编辑	删除
3	Jake	2345345	jake@aaa.com	编辑	删除

(a) XML数据显示

收藏夹 http://localhost:1761/Add.aspx

编号 3 该客户编号已经存在
姓名 abc
电话 1234567
邮件 abc@sina.com
添加

(b) 添加数据

收藏夹 http://localhost:1761/Modify.aspx?id=10

编号 10
姓名 abc
电话 1234567
邮件 abc@sina.com
修改

(c) 修改数据

收藏夹 http://localhost:1761/Default.aspx

添加新客户

编号	姓名	电话	邮件
1	Tom	5556734	tom@aaa.com
2	Mike	3765987	mike@bbb.com
3	Jake	2345345	jake@aaa.com
10	abc	1234567	abc@sina.com

来自网页的消息
确认删除?
确定 取消

(d) 删除数据

图 10-17 项目 ch10-11 测试效果

10.6 小　　结

本章阐述了 ADO.NET 中常用的处理 XML 的方法，XML 数据可以和 DataSet 方便地交互，本章首先介绍了如何实现数据集和 XML 的同步。接下来整理了.NET 中处理 XML 的方法，并重点讲解了顺序读写 XML 的方法和利用 DOM 在内存中处理 XML 数据的方法。

10.7 习　　题

一、选择题

1. 在 ADO.NET 中对 XML 的支持，以下说法不正确的是(　　)。
   A. 从 DataSet 读取 XML 格式的数据
   B. 使用 XML 格式的数据填充 DataSet
   C. 为 DataSet 创建 XML 格式的构架描述
   D. 将数据以 XML 格式保存在数据库中

2. Dataset1 为一数据集对象，语句 Dataset1.ReadXml("F:/Dataset1.XML",XmlReadMode.IgnoreSchema)；的作用是(　　)。
   A. 忽略所有 XML 文件的内部架构而根据 XML 数据推断出新的架构。添加到 DataSet1；然后向 DataSet1 加载数据
   B. 从 XML 文件读取数据集数据修改信息，将其合并到 DataSet1 中
   C. 向 DataSet1 加载数据，忽略所有 XML 文件内部架构，并丢弃所有与 DataSet1 现有架构不匹配的数据
   D. 向 DataSet1 加载数据，若 DataSet1 已经包含架构，则将所有由 XML 文件的内部架构定义的新表加入 DataSet1

3. 为了只将 DataSet 对象 MyDS 中的架构写入文件"F:/MyDS.XSD"中，可执行(　　)。
   A. MyDS.WriteXmlSchema("F:/MyDS.XSD")
   B. MyDS.WriteXml("F:/MyDS.XSD",XmlWriteMode.WriteXmlSchema)
   C. MyDS.WriteXml("F:/MyDS.XSD",XmlWriteMode.IgnoreSchema)
   D. MyDS.WriteXml("F:/MyDS.XSD",XmlWriteMode.DiffGram)

4. XmlReader 可以通过什么属性区分当前节点的类型(　　)。
   A. Depth　　B. NodeType　　C. ValueType　　D. Type

5. 利用 XMLWriter 写出 XML 元素的时候，(　　)方法用于写出指定的文本内容。
   A. WriterStartElement　　B. WriterEndElement
   C. WriterNode　　D. WriterString

6. 在 System.Xml 中支持对 XML 数据随机读写修改的是(　　)。
   A. XmlReader　　B. XmlWriter
   C. XmlDocument　　D. DataSet

7. (　　)方法向子节点列表的结尾添加新的子节点。

A. AppendChild() B. CloneNode()

C. InsertBefore() D. RemoveChild()

8. (　　)方法判断当前节点是否拥有子节点。

A. HasChildNodes B. HasAttributes

C. InnerXml D. Value

9. Xmldocument 类中用于返回特定 XPath 表达式的所有节点列表的方法是(　　)。

A. ChildNodes B. GetElementById

C. SelectNodes D. SelectSingleNode

10. 以下关于 XML 程序开发的分析,错误的是(　　)。

A. XmlReader 支持快速、高效的读取 XML 数据

B. XmlDocument 支持往返、读写 XML 数据

C. XmlReader 读取 XML 数据比 XmlDocument 更快

D. XmlReader 读取 XML 数据比 XmlDocument 需要更多内存

二、填空题

1. 要返回存储在 DATASET 中数据 XML 表示形式,应该使用________方法。

2. 不使用任何参数创建一个空 XmlDocument 对象的代码是________。

3. WriteXml 类有两个重载方法,一个重载方法的参数是带有文件路径和名称的字符串,另一个重载方法的参数是模式,这个模式是一个 XmlWriteMode 枚举,如果要写入内联模式,应该使用________。

4. 在.NET Framework 中________命名空间为处理 XML 提供基于标准的支持。

5. 在.NET Framework 中用________方法将 XmlDocument 对象的内容保存到文件中。

6. 在.NET Framework 中用________方法将 XML 文件中的内容加载到 XmlDocument 对象中。

7. 在 XmlDocument 对象中用________方法创建新元素。

8. DOM 树结构中的每一个节点由________对象表示。

9. 修改 XML 数据的步骤是________,________,最后保存到 XML 文档中。

10. 在利用 XmlDocument 修改 XML 的时候,用一个新节点来替换子节点的方法是________。

三、顺序读取 XML 文件通常需要执行哪些步骤?

四、顺序写入 XML 文件通常需要执行哪些步骤?

五、使用 DOM 接口编写程序,对 XML 文档中出现的元素个数进行统计并显示结果。

六、基于第 9 章中设计的 XML 文件,实现 XML 数据的显示、插入、修改和删除。

图书资源支持

感谢您一直以来对清华版图书的支持和爱护。为了配合本书的使用，本书提供配套的资源，有需求的读者请扫描下方的“书圈”微信公众号二维码，在图书专区下载，也可以拨打电话或发送电子邮件咨询。

如果您在使用本书的过程中遇到了什么问题，或者有相关图书出版计划，也请您发邮件告诉我们，以便我们更好地为您服务。

我们的联系方式：

地　　址：北京市海淀区双清路学研大厦 A 座 701

邮　　编：100084

电　　话：010－62770175－4608

资源下载：http://www.tup.com.cn

客服邮箱：tupjsj@vip.163.com

QQ：2301891038（请写明您的单位和姓名）

资源下载、样书申请

书圈

扫一扫，获取最新目录

用微信扫一扫右边的二维码，即可关注清华大学出版社公众号“书圈”。